全国高职高专教育规划教材

计算机应用基础案例教程

Jisuanji Yingyong Jichu Anli Jiaocheng

赵　丽　陈　红　主　编
陈辉江　和海莲　盛国栋　副主编

高等教育出版社·北京
HIGHER EDUCATION PRESS　BEIJING

内容提要

本书是针对计算机公共基础课程编写的教材，以“突出应用，强调技能”为目标，以实践性、实用性为编著原则，以“工学结合”为切入点，采用“案例驱动”的方式设计教材体系，以任务为载体承载理论知识，在教学情境实施过程中加强教师对学生的引导。

本书主要内容有计算机基础知识、中文操作系统 Windows XP、中文字处理软件、电子表格应用软件、演示文稿制作软件、Internet 网络应用以及多媒体与常用工具应用。

本书内容丰富、技术实用、图文并茂、通俗易懂，并配有相应的实例与练习。实例设计独特新颖，内容真实有用，具备很强的可读性、可操作性和可用性，使学生通过课程中各种应用实例的学习，具备通过计算机获取信息、传输信息、处理信息和应用信息的能力，培养学生良好的信息素养和计算机应用能力。

本书可作为高职高专院校、中等职业院校、成人高等学校的计算机公共基础课教材，还可作为自学计算机操作的入门参考教材，或者在计算机应用培训、办公自动化培训及各类计算机基础培训班使用。

图书在版编目（CIP）数据

计算机应用基础案例教程/赵丽，陈红主编. —北京：高等教育出版社，2011.8

ISBN 978-7-04-033165-3

Ⅰ. ①计… Ⅱ. ①赵… ②陈… Ⅲ. ①电子计算机—高等职业教育—教材 Ⅳ. ①TP3

中国版本图书馆 CIP 数据核字（2011）第 154607 号

策划编辑 杨 苹　　责任编辑 刘 洋　　封面设计 张雨微　　版式设计 王艳红

插图绘制 尹 莉　　责任校对 杨雪莲　　责任印制 韩 刚

出版发行 高等教育出版社
社　　址 北京市西城区德外大街 4 号
邮政编码 100120
印　　刷 北京市朝阳展望印刷厂
开　　本 787 mm × 1092 mm 1/16
印　　张 12.25
字　　数 290 千字
购书热线 010-58581118
咨询电话 400-810-0598
网　　址 http://www.hep.edu.cn
http://www.hep.com.cn
网上订购 http://www.landraco.com
http://www.landraco.com.cn
版　　次 2011 年 8 月第 1 版
印　　次 2011 年 8 月第 1 次印刷
定　　价 29.00 元（含光盘）

物 料 号 33165-00

前　言

本书主要培养学生的计算机应用能力，提高学生的信息素养，满足高职院校高素质技能型人才培养的需要。为了适应计算机技术的飞速发展以及高职高专计算机教育形势发展的需要，培养更多高端技能性专门人才，我们组织了一批经验丰富、长期从事计算机公共基础教学的教师，精心编写了本书。

本书以“工学结合”为切入点，采用“案例驱动”的方式设计教材体系，以任务为载体承载理论知识，在教学情境实施过程中加强教师对学生的引导。每个教学情境有：案例分析、提出任务、解决方案、相关知识点、实现方法、案例总结、课后练习等环节。

全书以介绍目前社会上应用较广泛的计算机操作基本技能为主，兼顾介绍计算机科学的最新知识，同时也考虑了在校学生参加全国计算机等级考试、新疆维吾尔自治区计算机等级考试和其他应用证书考试的需要，选择了 Windows XP 和 Office 2003 为重点内容，同时介绍了网络和常用工具软件的新知识，应用计算机进行信息处理的基本手段和方法，提高学生综合利用办公软件的水平，培养学生使用计算机工具进行文字处理、数据处理、信息处理的能力。

本书以“突出应用，强调技能”为目标，以实践性、实用性为编著原则，面向应用，凸显高职特色。将高职高专计算机公共基础的教学与社会需求结合起来，每个学习情境的内容包括知识要点、能力要点、知识内容、知识体系、实例与练习，在知识拓展中对最新的与计算机公共基础有关的知识进行补充讲解。为适应现在许多学生已经有一定计算机基础知识的现状，本书各部分相对独立，可以单独学习。

书中的案例由学校和企事业单位实际工作中的具体案例整合改编，以学习情境贯穿整个教学过程，用有实用背景的学习性工作任务做实训强化，使课程内容模块化、教学案例工作化、课程内容层次化、零散知识整合化。

本书源于计算机公共基础课程的教学实践，凝聚了一线任课教师的教学经验和科研成果，旨在为高职高专院校的学生提供一本既有一定理论知识又注重操作技能培养的实用教材。

本书包括 7 个学习情境，由新疆 4 所高职院校（新疆农业职业技术学院、昌吉职业技术学院、新疆伊犁职业技术学院、新疆警官高等专科学校）合作完成。本书由赵丽、陈红担任主编，陈辉江、和海莲、盛国栋担任副主编，赵丽统稿。

昌吉职业技术学院的陈红、和海莲、王萍、鲍豫鸿老师编写了学习情境 1，新疆警官高等专科学校的万琼、盛国栋、安尼瓦尔·加马力老师编写了学习情境 2，新疆农业职业技术学院的赵丽老师编写了学习情境 3、学习情境 6、知识拓展与附录，新疆农业职业技术学院的李桂珍、张萍老师编写了学习情境 4，新疆农业职业技术学院的窦琨、罗丹老师编写了学习情境 5，新疆伊犁职业技术学院的陈辉江、陈群、姜天军、阿不都外力、黄志玲、游海英老师编写了学习情境 7。

本书在编写过程中参考了大量的教材和资料，在此向相关作者表示衷心的感谢。

本书可作为高职高专院校、中等职业院校、成人高等学校的计算机公共基础课教材，还可作为自学计算机操作的入门参考教材，或者在计算机应用培训、办公自动化培训及各类计算机基础培训班使用。

本书的编写和出版得到了高等教育出版社的大力支持，在此表示感谢！

由于时间仓促和作者水平有限，书中难免存在一些错误和疏漏，恳请专家、读者不吝批评指正。另外，需要授课用电子课件的读者请发送邮件至 dubing@hep.com.cn 索取。

编　者

2011 年 4 月

目　录

学习情境 1：计算机基础知识

学习情境 1.1：计算机系统组成

内容导入

21 世纪，人类社会进入了一个全新的时代——信息时代。信息技术的迅猛发展和日益普及，促进了社会信息化进程。快速化、数字化、网络化、集成化是信息社会的主要特点。计算机技术作为信息技术的核心，在信息处理中发挥着巨大的作用，几乎应用到社会的各个领域，并影响和改变着人们的工作、学习和生活方式。

本学习情境主要介绍计算机发展史及应用领域，以及计算机硬件系统和软件系统的组成。

1.1.1 计算机系统组成案例分析

小张同学是职业技术学院大一的学生，经过了初中、高中的计算机学习，掌握了一些理论知识，会使用计算机上网查找资料，制作简单的电子报刊、演示文稿，渴望进一步了解计算机内部结构、工作原理等知识。

1.1.2 任务的提出

本节的任务就是让学生了解计算机的起源与发展历程，以及计算机在信息社会中的应用。掌握计算机的组成和计算机硬件系统、软件系统的构成，计算机的基本工作原理。

1.1.3 解决方案

通过对案例进行分析，主要解决以下几个问题：

① 计算机发展史及分类、特性等。

② 计算机硬件系统构成。

③ 计算机软件系统构成。

④ 计算机工作原理。

首先介绍计算机的起源、发展阶段、分类、发展展望、特性与应用等。

其次介绍计算机系统组成，计算机硬件系统的构成。

最后介绍计算机软件系统构成及计算机的工作原理、计算机的基本工作过程。

1.1.4 相关知识点

1. 计算机发展史

世界上第一台现代电子计算机 ENIAC 1946 年 2 月 14 日诞生于美国，功率 150 kW，由 17 000 多只电子管，10 000 多只电容器，7 000 多只电阻，1 500 多个继电器组成，占地 160 m^2，质量 30 t，是名副其实的庞然大物。

- ✧ 优点：每秒能够完成加法运算 5 000 次。利用它计算炮弹从发射到进入轨道的 40 个点仅用 3 s，而用手工操作台式计算机则需 7～10 h，速度提高到 8 400 倍以上。
- ✧ 缺点：不能存储程序，使用十进制数，且必须在机外用线路连接来编排程序。

（1）电子计算机的发展

自从 ENIAC 问世以来，电子计算机技术不断发展和创新，经历了几代的发展变化。传统的换代是以构成计算机的电子元器件（硬件）的更新为标志的，电子计算机的发展共分为 4 个阶段：

- ✧ 第 1 阶段：电子管计算机（1946—1957 年）。
- ✧ 第 2 阶段：晶体管计算机（1958—1964 年）。
- ✧ 第 3 阶段：集成电路计算机（1965—1970 年）。
- ✧ 第 4 阶段：大规模和超大规模集成电路计算机（1971 年至今）。

（2）计算机发展趋势

展望未来的计算机发展，整体趋势是：巨型化、微型化、网络化、智能化、多媒体化。

- ✧ 巨型化：是指为满足尖端科学领域的需要，发展高运算速度、大存储容量和功能更强大的巨型计算机。
- ✧ 微型化：是指采用更高集成度的超大规模集成电路，技术上将微型计算机的体积做得更小。
- ✧ 网络化：是对传统独立式计算机领域的挑战，网络技术将分布在不同地点的计算机互联起来。在计算机上工作的人们可以共享资源。
- ✧ 智能化：是指发展能够模拟人类智能的计算机，这种计算机应该具有类似人的感觉、思维和自我学习能力。这就是第 5 代计算机。
- ✧ 多媒体化：使计算机能更有效地处理文字、图形、动画、音频、视频等多种形式的信息，使人们更自然、有效地使用信息。

2. 计算机的分类

计算机可分为巨型机、大型机、小型机、微型机、服务器和工作站。

① 巨型机：巨型机运算速度快，存储容量大，结构复杂，价格昂贵，主要用于尖端科学研究领域，如核武器、反导弹武器、空间技术、大范围天气预报、石油勘探等。

② 大型机：大型机规模仅次于巨型机，有极强的综合处理能力，主要应用于大银行、政府部门、大型制造厂或公司、计算机中心和计算机网络中。

③ 小型机：小型机的特点是规模较小，结构简单，成本较低，操作简便，维护容易，既

可用于科学计算和数据处理，又可用于生产过程自动控制和数据采集及分析处理。

④ 微型机：微型机体积更小，价格更低，通用性更强，灵活性更好，可靠性更高，使用更加方便，它是目前应用最广泛的机型。

⑤ 服务器：一般具有大容量的存储设备和丰富的外部接口，运行网络操作系统，要求较高的运行速度，为此很多服务器都配置双 CPU。服务器常用于存放各类资源，为网络用户提供丰富的资源共享服务。

⑥ 工作站：是介于微型机与小型机之间的一种高档微型计算机，其运算速度比微型机快，且有较强的联网功能。主要用于特殊的专业领域，例如图像处理、计算机辅助设计等。

一般单位和家庭使用的大多是微型机。微型计算机设计先进（总是率先采用高性能处理器）、软件丰富、功能齐全、价格便宜，应用非常广泛，除了台式的，还有膝上型、笔记本型、掌上型、手表型等。

3．计算机的特性与应用

（1）计算机的基本特性

① 运算速度快：第一台电子计算机的运算速度是 5 000 次/秒，小型机为几百万次/秒，巨型机可以达到几十亿甚至几百亿次/秒。

② 运算精度高：计算机内部采用二进制进行运算，计算的精确度取决于字长和算法。从理论上讲，计算机的运算精度是不受限制的。

③ 具有逻辑判断能力：二进制的采用，使得计算机可以进行逻辑运算并作出判断和选择，在某种程度上更接近于“人脑”。

④ 具有超强的记忆能力：计算机的存储器中可以存储海量的数据，这是人脑所不能及的。

⑤ 具有自动控制能力：计算机具有逻辑判断能力和记忆能力，使得计算机可以在无须人为干预的情况下自动按照程序设定完成既定任务。

⑥ 具有网络功能：大型企事业单位可以通过计算机进行信息处理，并通过网络实现信息传输和共享。目前最大、应用范围最广的因特网（Internet），连接了全世界 190 多个国家和地区的几千万台计算机。网上的所有计算机用户可共享网上资料、交流信息、互相学习。

（2）计算机的应用

① 科学计算：科学计算也称为数值计算，主要是将计算机用于科学研究和工程技术中提出的数学问题的计算，是计算机的传统应用领域，例如，气象预报、地震探测、导弹卫星轨迹的计算等。

② 数据处理：数据处理也称信息处理，是对大量非数值数据（文字、符号、声音、图像等）进行加工处理，例如，编辑、排版、分析、检索、统计、传输等。数据处理广泛应用于办公自动化、情报检索、事务管理等工作。近年来，利用计算机来综合处理文字、图形、图像、声音等多媒体数据已成为计算机最重要的发展方向。目前数据处理已成为计算机应用的主流。

③ 过程控制：过程控制又称实时控制，指用计算机及时采集动态的监测数据，并按最佳值迅速地对控制对象进行自动控制或调节。不仅可以大大提高控制的自动化水平，而且可以提高控制的及时性、准确性和可靠性。主要应用于冶金、石油、化工、纺织、水电、机械、航天等工业领域，在军事、交通等领域也得到了广泛的应用。

④ 企业管理：计算机管理信息系统的建立，使各企业的生产管理水平上了新的台阶。大型企业生产资源规划管理软件（如 MRP Ⅱ）的开发和使用，为企业实现全面资源管理、生产自动化和集成化、提高生产效率和效益奠定了牢固的基础。

⑤ 电子商务：电子商务是指通过计算机和网络进行的商务活动。计算机网络的建成，使得金融业务率先实现自动化，电子货币将传统的货币交易方式变为“电子贸易”，不仅方便快捷，且减少了现金的流通量，避免了货币交易的风险和麻烦。以银行为例，自动化的实现可使银行每日处理上百万笔业务，交易价值达上百万美元。

⑥ 数据库应用：数据库应用是计算机应用的基本内容之一。任何发达国家，从国民经济信息系统和跨国科技情报网到个人的亲友通信、银行储蓄，均与数据库打交道。办公自动化与生产自动化也离不开数据库的支持。

⑦ 人工智能：也称智能模拟，是将人脑进行演绎推理的思维过程、规则和采取的策略、技巧等编制成程序，在计算机中存储一些公理和规则，然后让计算机去自动进行求解。主要应用在机器人、专家系统、模拟识别、智能检索等方面，此外还在自然语言处理、机器翻译、定理证明等方面得到应用。

⑧ 文化教育：利用高速信息公路网可实现远距离交互式教学和与多媒体结合的网上教学。它改变了传统的以教师课堂传授为主、学生被动学习的方式，使学习的内容和形式更加丰富灵活，同时也加强了信息处理、计算机通信技术和多媒体等方面内容的教育。

⑨ 计算机模拟：是用计算机程序代替实物模型来做模拟实验。既广泛应用于工业部门，也适用于社会科学领域。20 世纪 80 年代末出现的“虚拟现实（VR）”技术将成为 21 世纪初期最有前景的新技术之一。

⑩ 计算机辅助系统：包括计算机辅助设计、计算机辅助制造和计算机辅助教育等。

- ✧ 计算机辅助设计（CAD）：是指用计算机帮助各类设计人员进行工程或产品设计。例如，飞机、船舶、建筑、机械和大规模集成电路设计等。
- ✧ 计算机辅助制造（CAM）：是指用计算机进行生产设备的管理、控制和操作的技术。
- ✧ 计算机辅助教育（CBE）：包括计算机辅助教学（CAI）、计算机辅助测试（CAT）和计算机管理教学（CMI）。主要应用有网上教学和远程教学。

⑪ 信息高速公路：信息高速公路实际上是一个交互式多媒体网络，它将信息通过通信设施传递到网络所连接的用户终端，从而使人们获得信息的方式发生根本变化。

人们使用的 Internet 就是以计算机为核心的跨地区、多用户、大容量、高速度的交互式综合网络体系。

⑫ 娱乐：随着微型机的发展，计算机娱乐也更加丰富，主要有以下内容：

- ✧ 播放影碟，听音乐，聊天，游戏和在线影视。
- ✧ 在影视界，可用计算机产生电影特效，使得电影效果更好。

4．计算机系统的基本组成

一套完整的计算机系统由硬件系统和软件系统两大部分组成，两者不可分割。没有配备软件的计算机叫“裸机”，不能供用户直接使用。而没有硬件对软件的物质支持，软件的功能则无法发挥。所以硬件和软件相互结合构成了一个完整的计算机系统，只有硬件和软件相结合才能充分发挥计算机系统的功能，如图 1.1 所示。

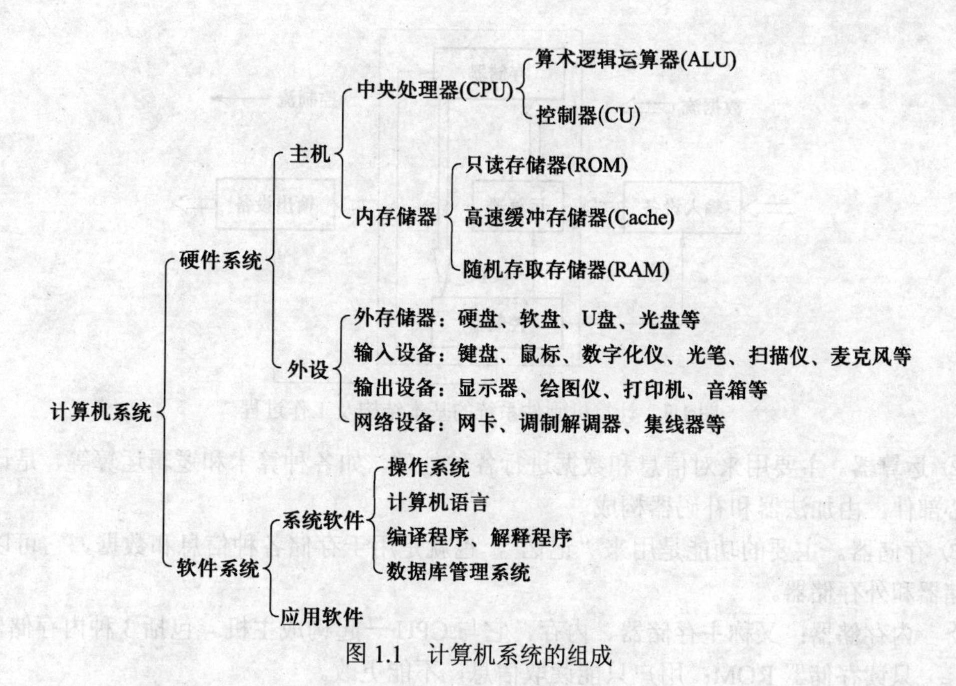

图 1.1　计算机系统的组成

✧　硬件：是指计算机的各种看得见、摸得着的实实在在的装置，是计算机系统的物质基础。

✧　软件：是指所有应用计算机的技术，是看不见、摸不着的程序和数据，但用户能感觉到它的存在。

硬件系统是计算机系统的物理基础，没有硬件，软件就无从谈起。两者层次关系如图 1.2 所示。

软件系统是在硬件系统的基础上，为了更有效地使用计算机而配置的。软件与硬件的关系并不是绝对的，计算机中的任何一个操作，既可以由软件来实现，也可以由硬件来实现，任何一条指令的执行也是如此。计算机系统软件与硬件的功能可以互相转化，互为补充。随着技术的不断发展，软件和硬件之间的界限将变得越来越模糊。

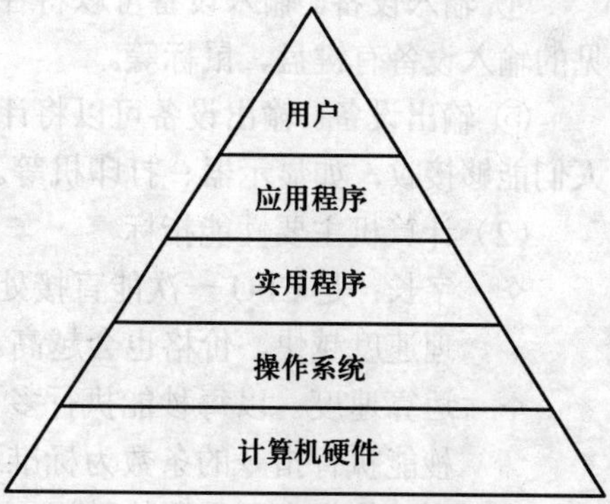

用户
应用程序
实用程序
操作系统
计算机硬件

图 1.2　计算机系统的层次关系

5. 计算机硬件系统的构成

（1）计算机硬件系统的基本构成

计算机的硬件系统基本上沿袭冯·诺依曼提出的传统框架，由运算器、控制器、存储器、输入设备和输出设备 5 大基本部件构成，如图 1.3 所示。计算机的基本功能是接受计算机程序的控制来实现数据的输入、计算、输出等一系列操作。

① 控制器。能够控制中央处理器乃至整个计算机硬件系统的工作，是计算机的指挥中心。

✧　构成：主要包括指令寄存器、指令译码器、时序信号发生器、程序控制器等。

✧　功能：识别、分析并执行各种指令。

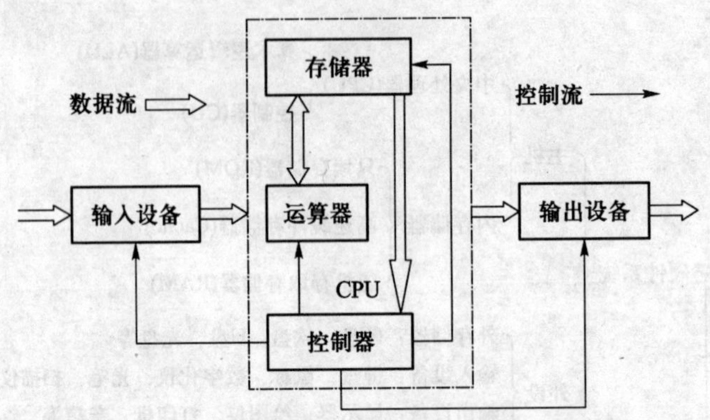

图 1.3　计算机硬件系统的基本结构及工作过程

② 运算器。主要用来对信息和数据进行各种处理，如各种算术和逻辑运算等，是计算机的核心部件，由加法器和补码器构成。

③ 存储器。主要的功能是用来“记忆”，也就是用于存储各种信息和数据，它可以分为内存储器和外存储器。

✧ 内存储器：又称主存储器、内存，它与 CPU 一起构成主机。包括 3 种内存储器。
  只读存储器 ROM：用户只能读取信息，不能更改。
  随机存储器 RAM：可不断进行各种读、写操作。
  高速缓冲存储器 Cache。

✧ 外存储器：也称辅助存储器、外存，是内存的延伸和拓展。它存储容量大，通常容量为几十吉字节，可用来存储 CPU 暂时不会用到的信息和数据。外存只与内存交换信息，而 CPU 则只和内存交换信息。外存主要有磁盘存储器、光盘存储器、软盘存储器等。

④ 输入设备。输入设备可以将各种外部信息和数据转换成计算机可以识别的电信号。常见的输入设备有键盘、鼠标等。

⑤ 输出设备。输出设备可以将计算机内部处理后得出的电信号形式的信息传递出来，让人们能够接收，如显示器、打印机等。

（2）计算机主要性能指标

✧ 字长：是 CPU 一次能直接处理的二进制数据的位数。字长越长，运算精度越高，处理速度越快，价格也会越高。

✧ 运算速度：以每秒能执行多少指令为标准。现在一般采用两种计算方法：一种以每秒能执行指令的条数为标准；另一种则是具体指明执行整数四则运算指令和浮点四则运算指令所需要的时间。

✧ 内存容量：指计算机系统所配置的内存共可存放多少字节，它反映了计算机的记忆能力和处理信息的能力。一般计算机内存是指 RAM，不包括 ROM。

✧ CPU 主频：也叫工作频率，是 CPU 内核电路的实际运行频率。主频的高低在很大程度上决定了 CPU 的运算速度。主频越高，则一个时钟周期里完成的指令数越多，CPU 的运算速度也就越快。

✧ CPU 外频：即 CPU 总线频率，是由主板为 CPU 提供的基准时钟频率，即系统总线、CPU 与周边设备传输数据的频率。

✧ 指令系统功能：它的强弱在很大程度上决定了 CPU 处理数据的能力。

✧ 外部设备的配置：是衡量一台计算机综合性能的重要技术指标。

✧ 软件的配置：很多任务是通过软件应用来完成的。

6. 计算机软件系统的构成

软件是在硬件设备上运行的各种程序以及有关资料，主要由程序和文档两部分组成。微型机的软件系统由两大部分组成：系统软件和应用软件。

（1）系统软件

系统软件指管理、监控和维护计算机资源（包括硬件和软件）的软件。它是为整个计算机系统所配置的、不依赖于特定应用领域的通用性软件。它扩大了计算机的功能，提高了计算机的工作效率。系统软件必不可少，一般由生产厂家或专门的软件开发公司研发，其他程序都在它的支持下编写和运行。系统软件主要包括操作系统和计算机语言等。

① 操作系统。操作系统（Operating System，OS）是直接运行在裸机上的最基本的系统软件，是系统软件的核心，其他软件必须在操作系统的支持下才能运行。它控制和管理计算机系统内各种软、硬件资源，合理有效地组织计算机系统的工作。常用到的操作系统有 DOS、UNIX、Windows（95、98、2000、XP）等。

② 计算机语言。计算机语言通常分为机器语言、汇编语言和高级语言。

✧ 机器语言（Machine Language）：是一种用二进制代码表示机器指令的语言。它是计算机硬件唯一可以识别和直接执行的语言。

✧ 汇编语言（Assemble Language）：是指用反映指令功能的助记符来代替难懂、难记的机器指令的语言。其指令与机器语言指令基本上是一一对应的，是面向机器的低级语言。用汇编语言编出的程序称为汇编语言源程序（计算机无法执行），须翻译成机器语言目标程序执行（汇编过程）。

✧ 高级语言（Advanced Language）：是独立于机器的算法语言，接近于人们日常使用的自然语言和数学表达式，并具有一定的语法规则。用高级语言编写的源程序在计算机中也不能直接执行，通常要翻译成机器语言的目标程序才能执行。常用的高级语言有 Basic、Fortran、C 和 Pascal 等。

计算机只能直接识别和执行机器语言程序。非机器语言的程序必须通过解释或翻译成与其相对应的机器指令后，才能被计算机执行。一般将用高级语言或汇编语言编写的程序称为源程序，而将已翻译成机器语言的程序称为目标程序，不同高级语言编写的程序必须通过相应的语言处理程序进行翻译。

计算机将源程序翻译成机器指令时，通常有两种翻译方式：编译方式和解释方式，具体如图 1.4 所示。经编译方式编译的程序执行速度快、效率高。

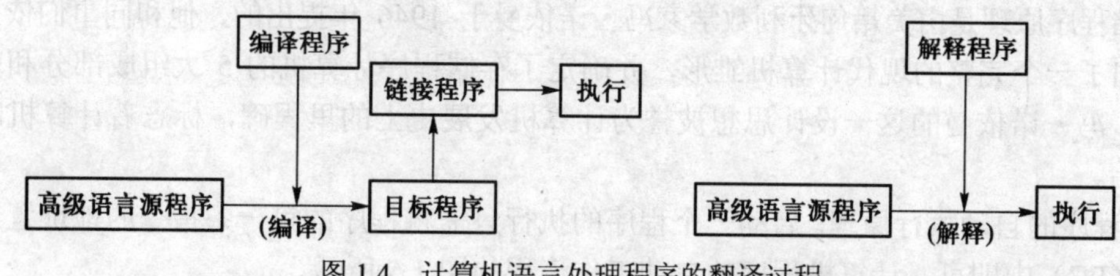

图 1.4　计算机语言处理程序的翻译过程

③ 数据库管理系统（DBMS）。完成数据库中对于数据的管理。当前流行的关系型（DBMS）有 FoxPro、Access、Oracle、Sybase 等。

④ 各种实用工具程序。实用工具程序能配合各类其他系统软件为用户的应用提供方便和帮助。如磁盘及文件管理软件、杀毒软件等。在 Windows 的附件中也包含了一些系统工具，包括磁盘碎片整理、磁盘清理等实用工具程序。

（2）应用软件

应用软件是指为解决用户某个实际问题而编写的程序和有关资料。应用软件可分为通用软件和专用软件，前者往往具有一定的通用性，为各行各业的人所使用，如 Microsoft Word、Adobe Photoshop 等；后者没有通用性，只完成某一特定的任务，往往是针对某行业、某用户的特定需求而专门开发的，如某个公司的 ERP 系统。

① 办公软件包。办公软件包包括文字处理、桌面排版、电子表格处理、商务图表、演示软件等。如 Microsoft Office 中的 Word、Excel、Access 等。常用的办公软件包的结构功能与应用将在学习情境 3 中详细介绍。

② 多媒体制作软件。多媒体制作软件是用于录制、播放、编辑声音和图像等多媒体信息的一组应用程序。包括处理声音的 Wave Studio、Mixer 等软件和处理图像的 VFW（Video For Windows）以及 Photoshop、AutoCAD、3DS、PowerPoint、Authorware、FrontPage、Flash 等。

③ 其他应用软件。如辅助财务管理、大型工程设计、建筑装潢设计、服装裁剪、网络服务工具以及各种各样的管理信息系统等。

7. 计算机的基本工作原理

按照冯・诺依曼机型“存储程序”的概念，计算机的工作过程就是执行程序的过程。要了解计算机是如何工作的首先要知道计算机指令和程序的概念。

（1）计算机的指令

指令就是由二进制代码表示的，要求计算机完成各种操作的命令。一条指令对应一种操作。指令系统是指某一台计算机能执行的所有指令。

（2）计算机的程序

程序就是完成既定任务的一组指令序列，计算机按照程序规定的流程依次执行一条条的指令，最终完成程序所要实现的目标。

（3）计算机的工作原理

① 存储程序原理。计算机利用存储器（内存）来存放所要执行的程序，再通过 CPU 依次从存储器中取出程序中的每一条指令，并加以分析和执行，直到完成全部指令任务为止。这就是计算机的“存储程序”工作原理。

存储程序原理是由美籍匈牙利数学家冯・诺依曼于 1946 年提出的，他和同事们依据此原理设计出了一个完整的现代计算机雏形，并确定了存储程序计算机的 5 大组成部分和基本工作方法。冯・诺依曼的这一设计思想被誉为计算机发展史上的里程碑，标志着计算机时代的真正开始。

② 程序的自动执行原理。启动一个程序的执行只需将程序的第一条指令的地址置入程序计数器（PC）中即可。计算机程序的自动工作流程如图 1.5 所示。

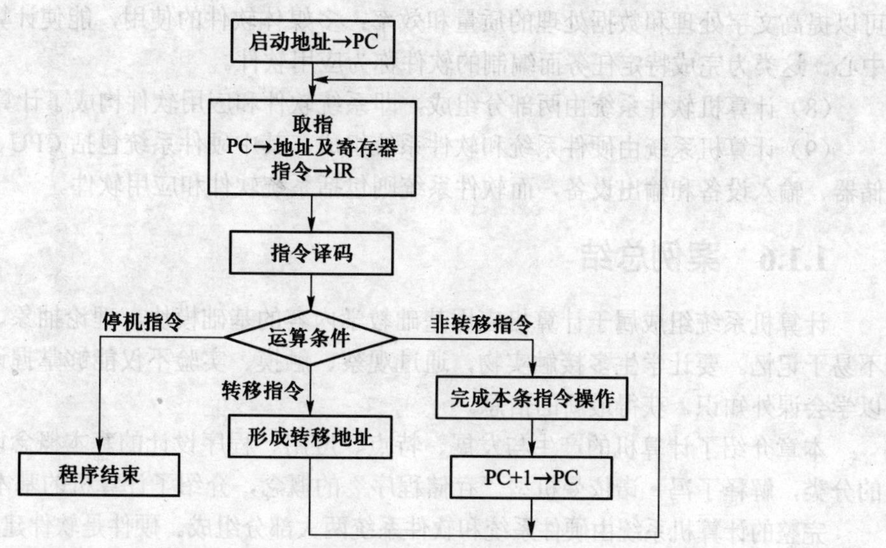

图 1.5　计算机程序的自动执行流程

（4）计算机的基本工作过程

计算机的工作过程实际上是快速地执行指令的过程。用户首先必须根据某任务要求编写相应的程序，通过输入设备将程序和数据送到计算机的存储器中存储起来；程序运行后，计算机从存储器依次取出指令，送往控制器进行分析，并根据指令的功能向各有关部件发出各种操作控制信号；最终的运算结果要送到输出设备输出。

1.1.5　实现方法

（1）学生自学计算机发展史、发展趋势、系统组成、冯·诺依曼机型 5 大部件结构图，提示学生利用网络更有效地学习，帮助学生形成正确的知识概念及培养自学能力。

（2）让家中有计算机的同学列出计算机的配置，教师归纳一个实用的计算机硬件系统包括的部分：主机（CPU、内存储器）、输入设备（鼠标、键盘）、输出设备（显示器、打印机）、外存储器（硬盘、光盘）。

（3）教师逐一将这些硬件设备安装到计算机机箱中，就组装成一台计算机了。启动计算机后，计算机无法正常工作，为什么呢？看来计算机只有硬件系统是不够的。

（4）计算机系统是由计算机硬件和计算机软件两部分组成，缺一不可。软件系统是计算机系统的灵魂，没有软件，计算机是发挥不了应有的作用的。

（5）同学们的计算机中安装了许多软件，这些软件的功能是不一样的，所起的作用也不同，那么，软件系统可以分成几部分呢？

（6）教师引导，每位同学计算机中安装的软件都不一样，但其中有一个软件大家都安装了，就是 Windows XP 操作系统，把这类对计算机的各类资源进行控制、管理并向用户提供各种服务的软件称为系统软件。

（7）Windows XP 操作系统等系统软件只能提供最基本的功能，而计算机中安装的其他大量的软件极大地增强了计算机的功能，如学习软件可以使计算机成为学习的工具；办公软件可以提高文字处理和数据处理的质量和效率；多媒体软件的使用，能使计算机成为家庭娱乐中心。这类为完成特定任务而编制的软件称为应用软件。

（8）计算机软件系统由两部分组成，即系统软件和应用软件构成了计算机软件系统。

（9）计算机系统由硬件系统和软件系统组成，其中硬件系统包括 CPU、内存储器、外存储器、输入设备和输出设备，而软件系统则包括系统软件和应用软件。

1.1.6 案例总结

计算机系统组成属于计算机应用基础教学内容的基础模块，理论抽象、枯燥，难理解，不易于记忆。要让学生多接触实物，通过观察、触摸、实验不仅能够掌握课内知识，而且可以学会课外知识，获得最新的信息。

本章介绍了计算机的产生与发展、特点、应用、程序设计的基本概念以及程序设计语言的分类，解释了冯・诺依曼机型“存储程序”的概念，介绍了计算机的基本工作过程。

完整的计算机系统由硬件系统和软件系统两大部分组成。硬件是软件建立和依托的基础，软件是计算机系统的灵魂，两者相结合才能充分发挥计算机系统的功能。硬件系统由运算器、控制器、存储器、输入设备和输出设备 5 大基本部件构成。通常把软件分为系统软件和应用软件，而系统软件又分为操作系统和实用系统软件。系统软件是用来管理、监控和维护计算机的软件。应用软件是指为解决用户某个实际问题而编写的程序和有关资料，如数据库应用软件、文字处理软件、图形图像处理软件等。常用的应用软件有办公软件包、多媒体制作软件和其他应用软件。

1.1.7 课后练习

（1）计算机的发展经历了哪几个阶段？

（2）举出 6 个计算机的应用领域。

（3）简述冯・诺依曼型计算机的组成与工作原理。

（4）简述计算机软件系统的组成和分类。

学习情境 1.2：计算机选购和日常维护

内容导入

随着计算机应用越来越广以及计算机知识的不断普及，计算机已经逐渐成为很多人工作、生活的必备工具。选购计算机的关键是满足使用者的使用需求，在这个前提下，根据计算机性能的优劣、价格的高低、商家服务质量的好坏等具体问题来最终决定计算机的配置方案，即确定计算机硬件的构成情况。

本情境首先介绍了各种计算机配件的选购方法。通过本情境的学习，读者可以独立制订计算机配置方案，并完成计算机配件的选购，帮助读者在计算机组装维护之路上迈出第一步。

1.2.1 选购计算机案例分析

小张进入职业学院开始了专业学习，为了更好地掌握专业知识，他想购置一台计算机，他知道计算机将会一直伴随他度过职业人生，帮助他提高工作质量和工作效率，丰富他的日常生活。那么了解这台计算机的配置和功能是十分必要的。

1.2.2 任务的提出

本节的任务就是让学生通过市场调研配置一台适合自己的计算机。怎么才能按自己的需求量身定制一台计算机，性价比高又能满足自己学习工作的需求呢？

1.2.3 解决方案

确定配置方案时，必须考虑以下几个要点：

✧ 明确使用者购买计算机的目的。
✧ 确定购买计算机的预算。
✧ 确定购买品牌机还是兼容机。
✧ 购买台式机还是笔记本计算机。

首先，需要考虑应用场合。如果计算机的主要用途是移动办公或者用户可能经常外出，那么笔记本计算机无疑是最好的选择。台式机无论如何都无法满足"动"的要求，但是，如果只是普通用户，台式机则是较好的选择。

其次，需要考虑价格的因素。笔记本计算机的价格相比台式机来说还是要高出很多，超出不少人的承受能力。很多想配置笔记本计算机的人都是因为其的价格而放弃，虽然市场上也有价格偏低的笔记本计算机，但价格与质量、服务总是捆绑在一起，低端笔记本计算机的性能总是无法让人满意。

然后，再来考虑性能要求，相同档次的笔记本计算机与台式机比起来性能还是有一定的差距，并且笔记本计算机的升级性很差。对于希望不断升级计算机，以满足更高性能要求的用户来说，笔记本计算机是无法实现这一点的，除非另购新机。

在充分考虑以上三点之后，根据具体的情况就可以决定是选择台式机还是笔记本计算机了。

最后，还需要考虑售后服务。如果用户希望得到优质的售后服务，必须付出相应的成本，这是市场经济的要求。

1.2.4 相关知识点

在组装计算机之前，必须了解计算机的有关性能指标，以便于明确装机目标，制订配件选购策略。

1. CPU 的选购

CPU 的性能直接关系到整机的速度，所以 CPU 的选购非常重要。选择 CPU 有 3 个方面需要考虑。一是考虑购买计算机的用途，二是考虑 CPU 主频和核心的性能，三是考虑 CPU 的包装方式和售后服务，如图 1.6 所示。

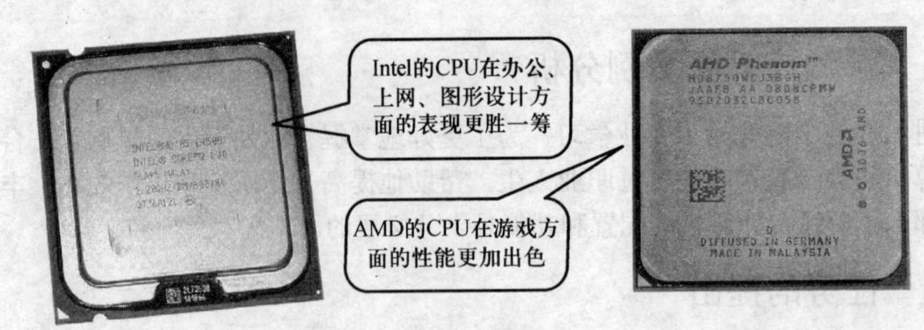

图 1.6　CPU

CPU 分盒装和散装两种，盒装 CPU 内含质量保证书和一个 CPU 散热器，算上散热器的价格，两者价格相差不大，但盒装 CPU 可以享受更完善的售后服务，得到更好的质量保证。

2．主板的选购

选购主板时，应主要考虑 3 个因素，一是品牌；二是主板的技术指标，例如，和自己希望选择的 CPU 相匹配，支持什么规格的内存，带有哪些接口；三是主板的做工。目前，著名主板品牌有华硕、技嘉、微星等。大多数计算机外设都使用 USB 接口，所以主板提供的 USB 接口越多越好。最好还提供 1394 接口，以便连接一些高速的视频设备。

3．内存的选购

由于内存对计算机的稳定运行至关重要，因此，挑选内存时应首先选择名牌内存；其次，应根据所选主板选择内存的规格与容量。

目前著名的内存品牌有金士顿（Kingston）、金邦（GeIL）、威刚（Vitesta）和金泰克（KINGTIGER）等。若主板支持，最好选择 DDR2 内存。同时，由于操作系统和应用软件越来越庞大，对内存的占用越来越多，因此，为了提高计算机运行速度，所选内存条的容量最好在 1 GB 以上，如图 1.7 所示。

4．显卡的选购

如果用户只是用计算机来上网、进行文字处理、看电影等，一般的显卡均能满足要求。如果追求便宜的话，选购集成显卡的主板也可以。如果希望用计算机来制作三维动画或玩一些高档 3D 游戏，那么，就应当选购一款中高档显卡。

选购显卡时，要注意的参数是：显示芯片、总线规格、核心频率、显存大小、显存频率、提供的接口类型以及散热方式等，如图 1.8 所示。

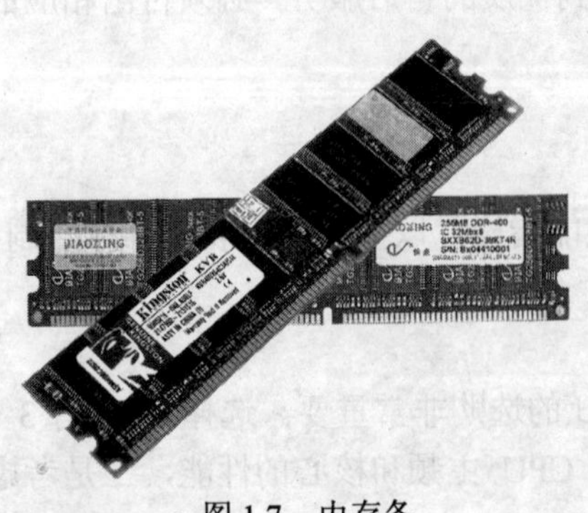

图 1.7　内存条

图 1.8　显卡

5．硬盘与光驱的选购

对于硬盘来说，用户在选购时主要关注其容量、转速、磁头平均寻道时间、缓存容量、接口、单碟容量等几个指标就可以了，选购时，不仅要考虑硬盘容量，还要考虑硬盘的接口、缓存容量、售后服务等其他因素。

光存储设备又叫光盘存储器，简称光驱。按读取（或写入）光盘的类型可分为 CD-ROM、DVD-ROM 和刻录机。衡量其性能指标的最重要参数是数据传输率，其他还有平均寻道时间、数据传输模式、CPU 占用时间、缓存容量以及纠错能力等。

6．显示器的选购

选购什么样的显示器取决于计算机的用途，如果主要用计算机从事平面或动画设计，最好还是选择 CRT 显示器，因为 CRT 显示器具有色彩纯正、反应快的特点。如果计算机主要用来办公、玩游戏，那就选择一款液晶显示器。

✧ CRT 显示器的技术指标主要包括显示器的尺寸、分辨率、刷新率、点距等。对于 17 英寸显示器来说，在 1 280 × 1 024 分辨率下，显示器的刷新率应不低于 85 Hz；另外，无论是 17 英寸还是 19 英寸显示器，显示器的点距最好不大于 0.2 mm，以获得细腻的画质。

✧ 液晶显示器的主要技术指标包括尺寸、分辨率、响应时间、色彩数、可视角度、点距、亮度、对比度、接口等。就目前来讲，液晶显示器的尺寸应不低于 17 英寸，最佳分辨率应高于 1 280×1 024，响应时间要小于 10 ms，色彩数应高于 16.2 M，可视角度应大于 120°，点距应小于 0.25 mm，平均亮度应高于 300 nits，对比度应高于 400:1，并提供 DVI 与 D-Sub 双接口。

7．机箱电源的选购

（1）机箱

首先看其是否牢固，再看其材质，制作机箱的钢板板材至少要有 1.2 mm 厚；还需要看其前面板提供了几个 USB 和音频接口；最后需要看机箱内部的散热和扩展能力，如图 1.9 所示。

图 1.9 机箱

（2）电源

首先应选择合适的电源版本；其次看品牌，国内著名的电源品牌有航佳、多彩、长城、世纪之星、大水牛、金河田等；要根据计算机配置选择合适的电源功率，看分量是否足够重，并通过散热孔观察里面的元件做工是否精细，最后看是否通过了3C认证，如图1.10所示。

图1.10 电源

8．鼠标与键盘的选购

衡量键盘和鼠标质量的唯一标准就是手感，例如，高质量的鼠标移动非常灵活和准确，高质量的键盘按键应该软、硬适中。

9．装机原则

✧ 适用：根据自身使用需求来确定装机方案。

✧ 够用：选购计算机时不要一味求新、求贵，计算机能满足自己的要求即可。

✧ 好用：计算机的易用性要好。

✧ 耐用：一方面指计算机的“健康与安全性”，另一方面也强调计算机的可扩展性和更新换代。

✧ 受用：指品牌、服务、价格等在内的一个感性概念。例如，目前市场中的一些低价配件，尽管价格降低了，但配套服务几乎没有。

1.2.5 实现方法

（1）选择要搭建A平台（AMD的处理器）还是I平台（即Intel处理器）。

（2）选择主板，主板要支持要求的搭配功能硬件，如显卡、声卡等。其中内存的选择就是根据主板能够支持的内存型号来购置，还有自己的需求。如果要配高端机型，就需要购买能支持高频率的内存的主板。

（3）键盘和鼠标的选配。

（4）显示器的选择。

（5）机箱和电源的选配，电源的选配尤为重要。

（6）配置主机。

1.2.6 案例总结

本情境主要介绍了根据实际需求确定计算机配置方案的方法和原则，之后介绍了计算机各种配件的选购方法。选购计算机配件需要长期的经验积累，建议读者要多了解最新的硬件信息，并多收集硬件识别与选购的资料，逐步熟悉和掌握计算机硬件的选购方法和技巧。

1.2.7 课后练习

☎ 制订计算机选购方案：

（1）如何确定计算机选购的配置方案，都有哪些基本原则？

（2）制订两套计算机的选购方案，一套主要用于办公室办公（文档处理等），另一套用于3D动画开发人员的工作计算机。

（3）到电脑城或电子商城实地了解各种主要计算机配件价格，比较各种产品之间的差异。

☎ 通过学习，学生还可自己动手组装计算机。

学习情境 2：
中文操作系统 Windows XP

操作系统是管理计算机硬件与软件资源的程序，同时也是计算机系统的内核与基石。操作系统担负着管理与配置内存、决定系统资源供需的优先次序、控制输入与输出设备、操作网络与管理文件系统等重要职责。

操作系统管理计算机系统的全部硬件资源和软件资源，使计算机系统所有资源最大限度地发挥作用，为用户提供方便、有效、友善的服务界面。操作系统是一个庞大的管理控制程序，大致包括 5 个方面的管理功能：进程与处理机管理、作业管理、存储管理、设备管理、文件管理。目前微机上常见的操作系统有 DOS、OS/2、UNIX、XENIX、Linux、Windows、Netware 等。

学习情境 2.1：文件与文件夹的管理

内容导入

操作系统是控制其他程序运行，管理系统资源并为用户提供操作界面的系统软件的集合。

本情境以中文版 Windows XP 操作系统为例，学习 Windows XP 操作系统的主要功能及其使用方法，主要内容包括文件与文件夹的管理和快捷方式与回收站管理等。

2.1.1 文件与文件夹的管理案例分析

本案例主要涉及文件和文件夹的管理、用户的管理与安全设置的相关功能，可以通过将不同类型、不同用途的文件在非系统盘进行分类存放解决文件的管理，通过用户的添加、密码的设置及其权限分配解决用户的管理与安全问题。

2.1.2 任务的提出

王磊和弟弟王凯考取了同一所大学的软件专业，为了方便他们俩平时的课程学习，妈妈帮他们买了一台笔记本计算机，王凯在使用计算机的过程中经常把一些文件随意乱放，导致需要使用该文件时往往不知道去哪里找，同时随意安装一些软件，而且把外观、主题和桌面设计成他喜欢的风格。王磊不喜欢弟弟所设置的模式并且不赞同他把文件随意乱放。王凯想设置两个用户，这样他和哥哥就可以各自用自己的用户环境了。王磊和王凯该如何下手管理好他们各自的文件呢？

2.1.3 解决方案

通过对案例中兄弟俩使用计算机的需求进行分析，给他们提出了一套解决方案：

① 首先按不同途径、不同类型在 F 盘上建立不同的文件夹，如“资料”、“娱乐”、“电影”等，然后再将文件和子文件夹创建或者移动到相关的文件夹中，如将桌面上的文件“个人简历.doc”移动到相应文件夹。

② 对重要的数据经常进行备份，如将“学习”文件夹复制到移动 U 盘或移动硬盘上。

③ 对于一些没有用的文件和文件夹应及时删除，如将桌面上的文件“snoopy.rar”删除，定时清理回收站。

④ 当查找所需要的文件时，如“Windows XP 安装操作步骤.doc”，可以使用搜索工具按文件名、时间、类型、大小等进行搜索。

⑤ 需要时可以对文件及文件夹的重要属性重新设置。如将文件隐藏。

⑥ 增加一个用户账户王凯，并给两个账户分别设置密码。

⑦ 重新设置王凯的用户界面。

2.1.4 相关知识点

1. 文件和文件夹

文件是有名称的一组相关信息的集合，可用来保存各种信息。用文字处理软件制作的文档、用计算机语言编写的程序以及计算机中的各种多媒体信息，都是以文件的形式存放在外部存储介质中的。

任何一个文件都有一个名字，称为文件名，文件的操作依据文件名进行。文件名一般由主文件名和扩展名两部分组成，其格式为：<主文件名>.[扩展名]。主文件名往往是代表文件内容的标识，而扩展名表示文件的类型，如扩展名“.exe”表示可执行类型文件，扩展名“.sys”表示系统文件或设备驱动程序文件，扩展名“.txt”表示文本文件。Windows XP 中的文件名可以长达 255 个字符，因而可以直接用中文做文件名。

Windows XP 文件名的命名规则如下：

① 文件名中的英文字母不分大小写，文件名中可以使用汉字。

② 文件名最多可有 255 个字符。

③ 一般文件名都有 3 个字符的文件扩展名，用以标识文件的类型和创建该文件的程序。有时虽然不显示文件扩展名，但不同类型的文件的图标不同，仍可区分文件的类型。

④ 文件名不能出现以下字符：\ / : * ？ ” < >|。

有时候，需要对若干个文件执行相同的操作，例如一次删除多个文件或复制某类文件等。为了简化操作，提高操作速度，可使用文件通配符。使用通配符的文件实际对应多个文件。一般有两种通配符，即“*”和“？”。

“*”：使用星号代替 0 个或多个字符。

“？”：使用问号代替一个字符。

文件夹是用于存储程序、文档、快捷方式和其他子文件夹的存储容器，不同类型的文件存放于不同的文件夹中，文件夹的命名规则与文件命名规则相同。

2．文件和文件夹的处理

在对文件或文件夹进行复制、移动和删除之前要先选定进行操作的对象。选定一个文件或文件夹只需要单击对象就可以了。

- ✧ 选择多个连续的文件或文件夹，单击开头的第一个文件或文件夹，然后按住 Shift 键的同时单击要选择的最后一个文件或文件夹，也可以直接通过拖动鼠标的方法。
- ✧ 选择不连续的文件或文件夹，单击第一个文件或文件夹，然后按住 Ctrl 键的同时，依次单击要选择的文件或文件夹。
- ✧ 要选择大部分文件或文件夹而少数不选的时候，可以先选定少数不用选择的文件或文件夹，然后在菜单栏上选择“编辑”→“反向选择”命令，这样就可以选中要选择的大部分文件或文件夹了。
- ✧ 要选定所有的文件或文件夹的时候，可以在菜单中选择“编辑”→“全部选择”命令或者使用组合键 Ctrl + A 即可选中全部对象。

文件和文件夹的复制操作是将选定的对象从源位置复制到目的位置，操作完成后源位置上仍有源文件和文件夹。移动操作是将选定的对象从源位置剪切到目的位置，操作完成后原位置中的源文件和文件夹将消失。

3．用户的添加和删除

Windows XP 操作系统提供对多用户的支持，在一个系统当中可以添加多个用户账户，不同的用户登录同一台计算机有不同的权限即拥有不相同的对计算机软、硬件的操作权限，方便用户的使用和管理。

4．用户密码的设置

可以为不同的用户设置不同的密码，以保护重要的计算机设置。

2.1.5 实现方法

1．文件和文件夹的新建

（1）在 F 盘根目录下面创建一个新的文件夹，文件夹的名称为：资料。操作步骤如下：

① 双击桌面上“我的电脑”图标，在“我的电脑”窗口中双击打开 F 盘。

② 在 F 盘的空白处右击，在弹出的快捷菜单中选择“新建”→“文件夹”命令，如图 2.1 所示。

③ 在出现的“新建文件夹”中输入文件夹名称“资料”。在文件夹以外的地方单击或者按回车键，文件夹就新建好了。

（2）在“资料”文件夹下创建一个记事本类型的文件，文件名称为“日记.txt”。操作步骤如下：

① 双击打开“资料”文件夹，在空白处右击，在弹出的快捷菜单中选择“新建”→“文本文档”命令。

② 在新建文本文档中输入名称“日记.txt”即可。

2．文件和文件夹的重命名

把 F 盘下的“资料”文件夹下的记事本类型文件“日记.txt”更名为“写实.txt”，“资料”

文件夹更名为“学习”。操作步骤如下：

① 双击打开F盘下的“资料”文件夹，选中其中的“日记.txt”文件。

② 右击，在弹出的快捷菜单中选择“重命名”命令，选中“日记.txt”将其改为“写实.txt”（注意不要更改或者删除它的类型名“.txt”），也可以使用快捷键F2或者是选中文件后再单击进行重命名。

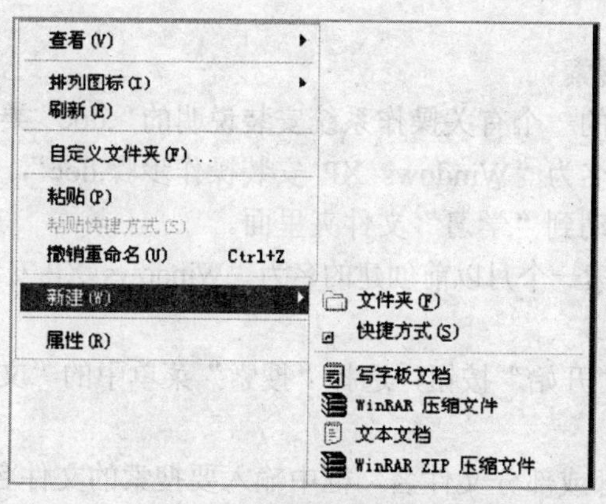

图 2.1 新建文件夹菜单

注意：当对文件进行重命名时，如果删除了它的类型名会导致系统无法识别它是哪种类型的文件，如果文件的类型名被隐藏起来了，可以选择菜单栏中的“工具”→“文件夹选项”命令，打开“文件夹选项”对话框，选择“查看”选项卡，取消“高级设置”中的“隐藏已知文件类型的扩展名”选项，这样就可以看到所有文件的类型名了。

③ 单击工具栏上的“向上”按钮回到上一级目录，选中“资料”文件夹。

④ 右击，在弹出的快捷菜单中选择“重命名”命令，选中“资料”将其改为“学习”。

注意：当文件或者文件夹处于被打开状态时是不能对其重命名的，必须关掉以后才能重命名。

3．文件和文件夹的移动、复制

（1）将桌面上的文件“徽标.doc”移动到F盘下的“学习”文件夹里面。操作步骤如下：

① 右击桌面上要移动的文件“徽标.doc”，在弹出的快捷菜单中选择“剪切”命令或者直接按键盘上的组合键Ctrl+X。

② 双击打开F盘，打开“学习”文件夹，在空白处右击，在弹出的快捷菜单中选择“粘贴”命令或按键盘上的组合键Ctrl+V，即可将文件移动到“学习”文件夹里面。

注意：在Windows里面进行移动操作的时候，也可以使用鼠标直接拖动源文件或文件夹到目的盘或者文件夹。

（2）将F盘下的“学习”文件夹复制到可移动磁盘（U盘）的“备份资料”文件夹中。

操作步骤如下：

① 右击选择要复制的“学习”文件夹，在弹出的快捷菜单中选择“复制”命令或者直接按键盘上的组合键Ctrl+C。

② 打开可移动磁盘（U盘），找到名为“备份资料”的文件夹，双击打开，在空白处右击，在弹出的快捷菜单中选择“粘贴”命令或者按键盘上的组合键Ctrl+V，将文件复制到“备份资料”文件夹里面。

4．文件和文件夹的搜索

王凯一个月以前下载的一个有关操作系统安装说明的“.doc”类型的文件忘了保存在什么地方了，王凯只记得文件名为“Windows XP 安装操作步骤.doc”，现在他想利用系统里面的搜索工具找到它，然后移动到“学习”文件夹里面。

（1）在所有磁盘中搜索一个月以前创建的名为“Windows XP安装操作步骤.doc”的文件。操作步骤如下：

① 单击任务栏中的“开始”按钮，选择“搜索”菜单中的“文件或文件夹”命令，打开“搜索结果”窗口。

② 在窗口左边“全部或部分文件名”框中输入要搜索的文件名“Windows XP安装操作步骤.doc”。

③ 在“什么时候修改的”选项中选择“上个月”。在“大小是”选项中选择“不记得”。

④ 单击下方的“搜索”按钮，开始查找，搜索的结果将被显示在右侧“搜索结果”窗口中。

注意：查找文件或文件夹的时候，当忘记了文件名的时候可用字符“?”代替文件名当中的一个字符，用“*”代替多个字符。

（2）在所有磁盘中搜索文件第二个字符为“a”的任意类型的文件。操作步骤如下：

在如图2.2所示的搜索窗口中，在左窗格的“全部或部分文件名”下输入要搜索的文件名“?a*.*”，单击下方的“搜索”按钮，开始查找，搜索的结果将显示在“搜索结果”右窗格中。

5．文件和文件夹属性的设置

选定文件或文件夹后，可用以下方法打开选定文件和文件夹的“属性”对话框：

（1）在文件或文件夹上右击，在弹出的快捷菜单上选择“属性”命令。

（2）在资源管理器的菜单栏上选择“文件”→“属性”命令。

（3）在文件或文件夹上按Alt+Enter组合键。

“属性”对话框，如图2.3所示。显示文件夹的名称、位置、大小、包括的文件夹或文件数、创建的日期等常规信息。

文件或文件夹的属性常用的有只读、隐藏和存档3种，复选框中有“√”表示选中该属性。其中，“只读”表示该类型的文件或文件夹只能显示不能修改，为了防止文件或文件夹被别人修改、意外删除，可把属性设置为“只读”。“存档”表示该类型的文件可读写、删除，用户建立一个新文件或修改旧文件时，系统会把该文件设置为“存档”属性，当备份文件时，会去掉存档属性，但是，如果用户又修改了这个文件，则它又获得了存档属性。设置存档属性需单击“高级”按钮，打开“高级属性”对话框，如图 2.4 所示，将“可以存档文件夹”的复选框打钩。

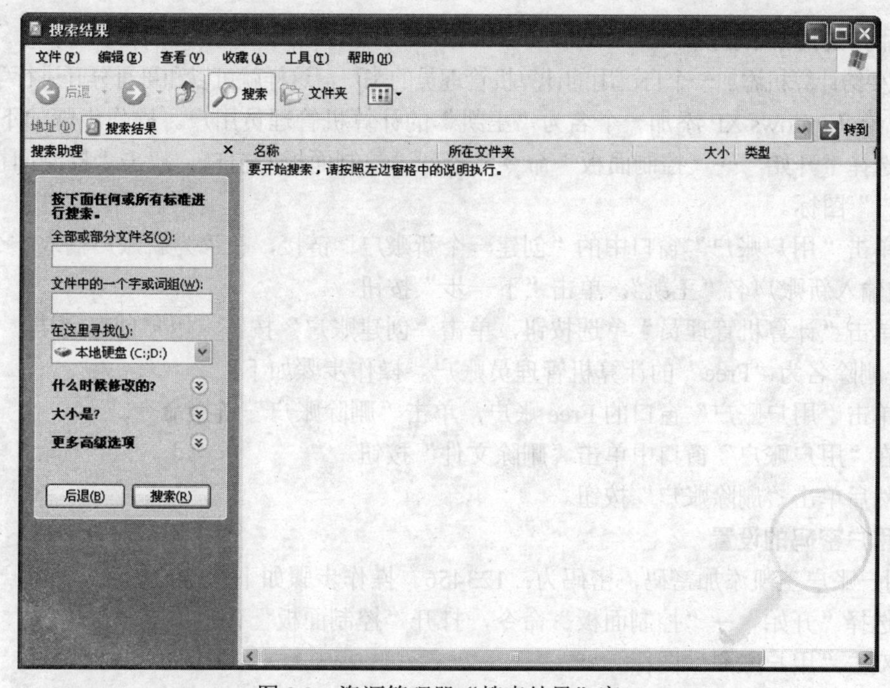

图 2.2　资源管理器“搜索结果”窗口

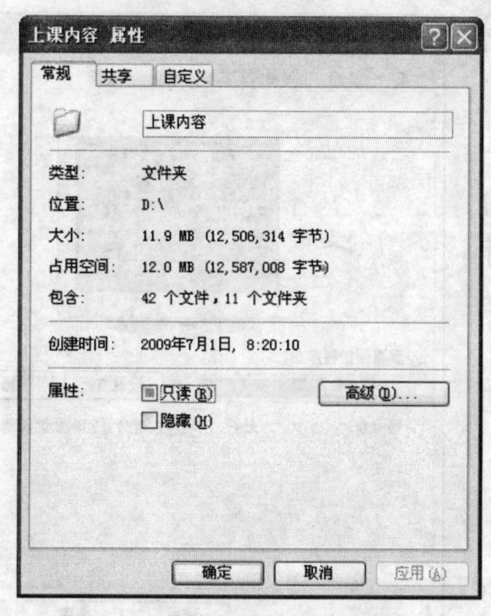

图 2.3　文件“属性”对话框

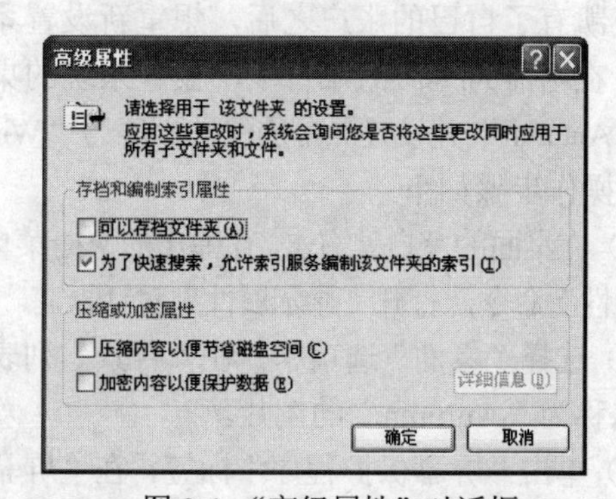

图 2.4　“高级属性”对话框

“隐藏”表示该类型的文件或文件夹被隐藏起来，不再显示，因而安全性高。某些重要的文件或配置文件、系统文件都为隐藏文件。若在“文件夹选项”对话框“查看”选项卡中选择“不显示隐藏文件”单选项，则“隐藏”属性的文件或文件夹不被显示。

注意：如果要设置高级属性，则可在属性对话框中单击“高级”按钮，打开“高级属性”对话框进行设置。

6．用户的添加和删除

王凯要给计算机添加一个自己用的计算机管理员的账户，这样就可以和哥哥分开进行学习了。

（1）给 Windows XP 添加一个名为“王凯”的计算机管理员用户。操作步骤如下：

① 选择“开始”→“控制面板”命令，打开“控制面板”窗口，双击“控制面板”上的“用户账户”图标。

② 单击“用户账户”窗口中的“创建一个新账户”链接，在“为新账户输入一个名称”文本框中输入新账户名“王凯”，单击“下一步”按钮。

③ 单击“计算机管理员”单选按钮，单击“创建账户”按钮，用户创建完毕。

（2）删除名为“Free”的计算机管理员账户。操作步骤如下：

① 单击“用户账户”窗口的 Free 账户，单击“删除账户”链接命令。

② 在“用户账户”窗口中单击“删除文件”按钮。

③ 然后单击“删除账户”按钮。

7．用户密码的设置

给用户账户王凯添加密码，密码为：123456。操作步骤如下：

① 选择“开始”→“控制面板”命令，打开“控制面板”窗口。

② 双击“用户账户”图标。

③ 单击“用户账户”窗口中的“王凯”计算机管理员账户，单击“创建密码”链接命令。

④ 在“输入一个新密码”和“再次输入密码以确认”栏中输入密码：123456，单击“创建密码”按钮，操作完成。

8．用户桌面的设置

王凯有了自己的账户之后，想重新设置系统的桌面。在当前为王凯的账户下，设置系统的桌面背景为“Autumn”并设置屏幕的保护程序为“Windows XP”。操作步骤如下：

① 在桌面的空白处右击，在弹出的快捷菜单中选择“属性”命令，打开“显示属性”对话框。

② 选择“桌面”选项卡，在“背景”列表框中选择名称为“Autumn”的图片。

③ 单击“屏幕保护程序”标签，在“屏幕保护程序”下拉列表框中选择“Windows XP”选项，如图 2.5 所示。

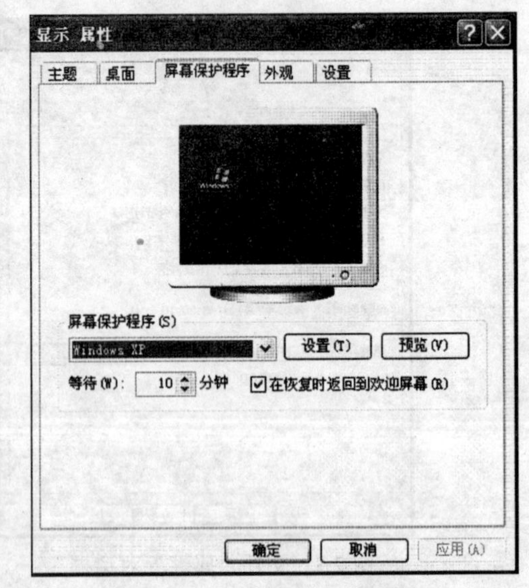

图 2.5 “显示属性”对话框

2.1.6 案例总结

本次任务主要介绍 Windows XP 操作系统中对文件和文件夹的建立、重命名、移动、复制、搜索以及对用户的添加、删除、密码设置、用户桌面设置等基本操作。

通过对文件和文件夹的基本操作实现对文件的合理化管理。

通过对不同用户的设置可以实现不同用户对个性化桌面的要求。

对文件和文件夹进行操作时，注意选择对象。包括文件和文件夹的建立、重命名、移动、复制、搜索、删除、还原等。

文件管理是任何操作系统必备的基本功能，由操作系统中的文件管理程序完成，具体的功能主要有：

按用户的要求建立或删除文件。

按用户的要求对文件进行打开、关闭、读、写、查找等操作。

对文件进行保护，禁止未经许可就对文件进行操作。

对文件的内容进行复制、输出、编辑、比较等操作。

对文件的目录进行管理。

2.1.7 课后练习

（1）根据文件类型、用途及来源的不同，分别创建不同的文件夹及子文件夹，以方便文件管理。如在 D 或 E 盘创建 student 文件夹，在该文件夹下创建 study、music、films、personal_information 等文件夹。在 study 文件夹中创建 study1、study2 文件夹。

（2）在 Windows 文件夹下搜索文件名为 mspaint.*且文件大小不大于 500 KB 的所有文件，将搜索到的文件复制到 study1 文件夹中，并将文件 mspaint.exe 改名为“画图.exe”。

（3）在运行框分别运行程序文件 Winword.exe、Excel.exe、Powerpnt.exe、Mspaint.exe，观察它们分别是什么应用程序，搜索程序文件 Winword.exe、Excel.exe、Powerpnt.exe、Mspaint.exe。

学习情境 2.2：快捷方式创建与回收站管理

内容导入

快捷方式是 Windows XP 中一个重要的概念。通常是指 Windows XP 桌面上或窗口中显示的一个图标，双击这个图标可以迅速地运行一个应用程序，完成打开某个文档或文件夹的操作。使用快捷方式的最大好处是用户可以快速而方便地进行某个操作。

回收站主要用来存放用户临时删除的文档资料，管理好回收站，打造富有个性功能的回收站可以更加方便日常的文档维护工作。

本节以 Windows XP 为例，学习为文件和文件夹建立快捷方式以及进行回收站管理。

2.2.1 创建快捷方式案例分析

在使用 Windows XP 时，如果暂时要离开一会儿，而又不希望别人使用计算机，可以将桌面锁定，这样别人想解除锁定，就必须输入密码才行，所以锁定桌面是保护个人隐私和数据的一种有效方式。

王凯是医院中管理病人档案的计算机操作员，因为工作流动性比较大，经常会暂时走开，这时就需要锁定桌面。要锁定桌面，通常的做法是按下组合键 Ctrl+Alt+Del，打开“Windows 任务管理器”对话框，然后选择“关机”→“锁定计算机”命令，或者直接按组合键 Windows+L。可是习惯了使用鼠标操作的用户，会更希望在桌面上有一个能够锁定计算机的快捷方式，通过双击它而达到锁定计算机的目的。

王凯可以在桌面上为程序“rundll32.exe user32.dll，LockWorkStation”创建一个桌面快捷方式，当王凯暂时离开计算机时，可以通过双击桌面快捷图标达到锁定计算机的目的。

2.2.2 任务的提出

在实际工作与学习中，需要经常打开某个磁盘下的一个文件夹，如果每次都要先打开磁盘，然后再打开需要的文件夹和文件，会觉得非常麻烦，如何解决这个问题呢？

王凯在使用计算机的过程中，从来不去整理文件，当某些文件和文件夹不再需要的时候，也不将它们删除。计算机里没用的文件就会越来越多，速度也会越来越慢，王凯想删除这些文件和文件夹，同时清理一下回收站以提高计算机的运行速度，如何进行操作呢？

2.2.3 解决方案

Windows XP 中用户可以为一些经常使用的应用程序、文件、文件夹、打印机或网络中的计算机等创建快捷方式，这样在需要打开这些项目时，就可以通过双击快捷方式快速打开。

读者还要养成良好的使用习惯，及时将计算机里没用的文件删除，放进回收站，再看看回收站里有没有误删除的文件，如果有，将它还原；没有，则清空回收站，释放计算机的空间，提高计算机的运行速度。无用的文件或文件夹也要及时删除，以节省磁盘空间。删除又分为删除和彻底删除两种，一种是把要删除的文件或文件夹放入“回收站”；一种是将彻底删除所选定的文件或文件夹。

2.2.4 相关知识点

1. 快捷方式

快捷方式并不是它所代表的应用程序、文档或文件夹的真正图标，快捷方式是特殊的 Windows XP 文件，它们使用“.lnk”作为文件扩展名，并且每个快捷方式都与一个具体的应用程序、文档或文件夹相联系，用户双击快捷方式的实际效果与双击快捷方式所对应的应用程序、文档或文件夹是相同的。对快捷方式的改名、移动或复制只影响快捷方式文件本身而不影响其所对应的应用程序、文档或文件夹。一个应用程序可有多个快捷方式，而一个快捷方式最多只能对应一个应用程序。

（1）创建桌面快捷方式

用户可以为一些经常使用的应用程序、文件、文件夹、打印机或网络中的计算机等创建桌面快捷方式，这样在需要打开这些项目时，就可以通过双击桌面快捷方式快速打开了。具体操作如下：

① 选择菜单“开始”→“所有程序”→“附件”→“Windows 资源管理器”命令，打开“Windows 资源管理器”窗口。

② 选定要创建快捷方式的应用程序、文件、文件夹、打印机或计算机等。

③ 选择“文件”→“创建快捷方式”命令，或单击右键，在打开的快捷菜单中选择“创建快捷方式”命令，即可创建该项目的快捷方式。

④ 将该项目的快捷方式拖到桌面上即可。

（2）创建文件夹快捷方式

除了在桌面创建快捷方式外，在文件夹中也可以创建快捷方式。具体操作如下：

① 打开所需的文件夹，选择“文件”菜单中“新建”命令。弹出“创建快捷方式”对话框，该对话框让用户指定要创建快捷方式的对象的名字和路径。

② 在“命令行”文本框中输入要创建快捷方式的对象名及其路径。

③ 然后单击“下一步”按钮。按提示操作，依次选定快捷方式的名称、选定图标等，最后单击“完成”按钮。这时 Windows 在当前文件夹中生成相应的快捷方式，并把它显示在文件夹内容框中，也可以拖动到所需的文件中。

2．回收站

回收站是桌面上的一个文件夹。它用来临时保存用户从硬盘上删除的文件、文件夹、应用程序以及快捷方式等对象，回收站是一个存在于各个硬盘驱动器上的隐藏文件夹。

用户删除各种项目，如文件夹、应用程序、各种文档时，为了防止误操作，系统不是直接从硬盘上将它清除，而是将它们送到回收站中，必要时可以从回收站中恢复到原来文件所在的位置。当回收站中的文件积累较多，并且确实无用时，可由用户通过清空回收站的方法将文件进行物理删除。

在“清空回收站”之前，存放在回收站里的对象并没有被真正删除，一旦需要可以从回收站恢复到原来的硬盘位置，回收站中暂存的文件等对象，也可以再予以删除。可以有选择地单个删除，也可以“清空回收站”。从回收站中删除的对象将是永久的删除，不可恢复。当回收站满时，先放入回收站的文件或文件夹将被永久删除。回收站的大小是可以设置的，回收站窗口如图 2.6 所示。

（1）清理回收站

已删除的文件或文件夹虽然被放到了回收站中，但它们实际仍占用了硬盘的空间，所以要及时清理回收站。清理回收站的操作步骤如下：

① 打开“回收站”窗口。

② 选择“文件”菜单中的“清空回收站”命令。

也可以选择单个文件并选择“文件”菜单中的“删除”命令来清除它。这样就永久性地删除了文件或文件夹。

（2）更改回收站属性

在回收站图标上右击，弹出快捷菜单，选择“属性”命令。弹出如图 2.7 所示的对话框。在此对话框中，可进行如下的操作：

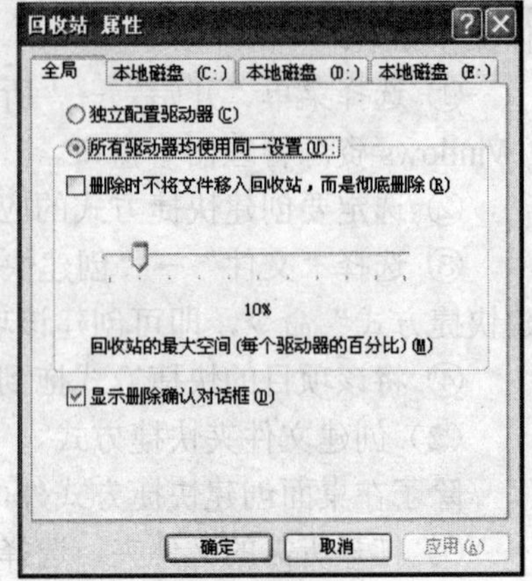

图 2.6 “回收站”窗口　　　　图 2.7 “回收站属性”对话框

① 调整回收站所占硬盘空间大小。

② 是否弹出删除确认对话框。

③ 是否删除为彻底删除。

2.2.5 实现方法

1. 建立快捷方式

（1）在桌面的空白处右击，然后在弹出的快捷菜单中选择“新建”→“快捷方式”命令，打开“创建快捷方式”对话框。

（2）在“创建快捷方式”对话框中输入“rundll32.exe user32.dll，LockWorkStation”，并单击“下一步”按钮，如图 2.8 所示。

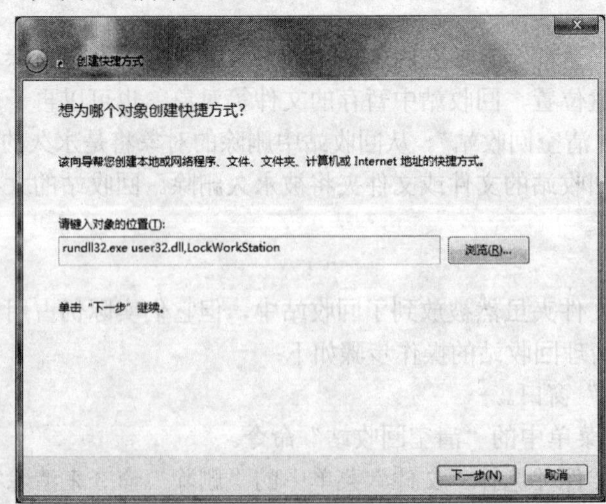

图 2.8　创建快捷方式 1

（3）在“创建快捷方式”对话框中输入快捷方式的名称“锁定桌面”，并单击“完成”按钮。如图 2.9 所示。

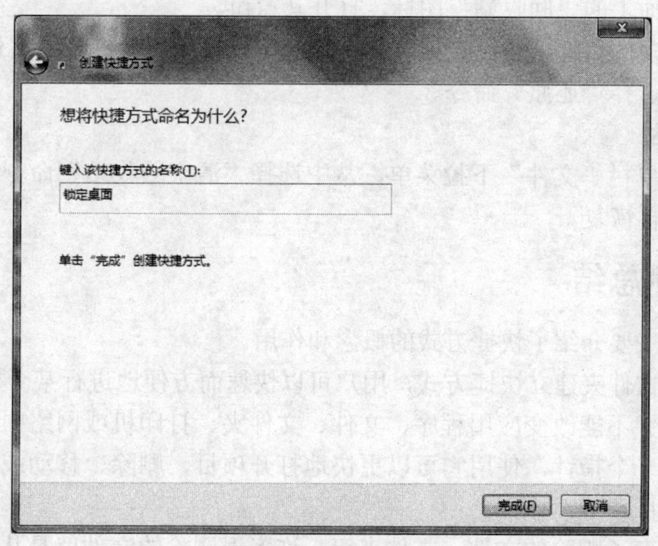

图 2.9　创建快捷方式 2

这样就在桌面上创建了一个名为“锁定桌面”的快捷方式，只要双击它，就可以实现桌面的锁定了。要解除锁定，只需输入在 Windows XP 中的登录用户名和密码即可。

2．删除文件或文件夹

（1）选定文件或文件夹后，在菜单栏上选择“文件”中“删除”命令。

（2）选定文件或文件夹后，按 Delete 键。

（3）右击文件或文件夹，在快捷菜单中选择“删除”命令。

以上 3 种情况均弹出“确认文件夹删除”对话框，如图 2.10 所示，单击“否”按钮放弃删除；单击“是”按钮将删除的文件或文件夹放入回收站。

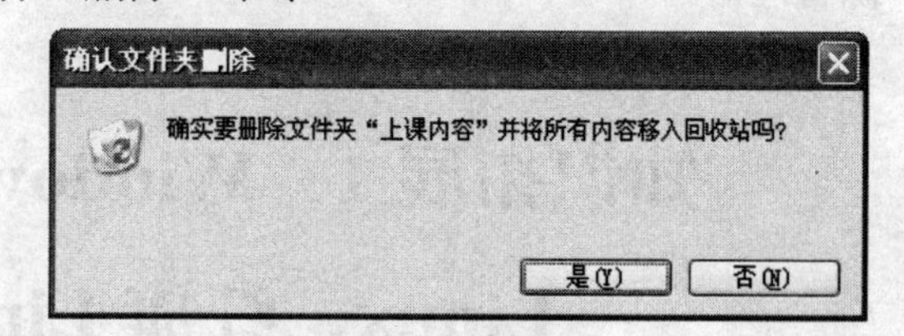

图 2.10　“确认文件夹删除”对话框

3．彻底删除文件或文件夹

（1）选定文件或文件夹后，在菜单栏上选择“文件”中“删除”命令，按住 Shift 键同时单击删除。

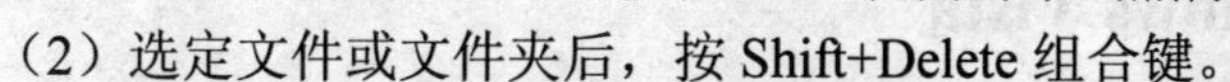

（2）选定文件或文件夹后，按 Shift+Delete 组合键。

（3）右击文件或文件夹，在快捷菜单中选择“删除”命令，按住 Shift 键同时单击删除。

（4）选定文件或文件夹后，用鼠标将选定的文件或文件夹拖到回收站。在拖动时按住 Shift 键。

以上 4 种情况均弹出“确认文件夹删除”对话框，如图 2.11 所示，单击“否”按钮放弃删除；单击“是”按钮将彻底删除所选定的文

图 2.11　“确认文件夹删除”对话框

件或文件夹。

4．恢复回收站中的文件

（1）先双击桌面上的“回收站”图标，打开其窗口。

（2）右击要恢复的目标，弹出快捷菜单，或选中该目标后，打开“文件”下拉菜单。

（3）在菜单中选择“还原”命令。

5．清空回收站

打开回收站菜单栏“文件”下拉菜单，从中选择“清空回收站”命令，回收站中的对象完全被删除，不可再恢复。

2.2.6 案例总结

（1）本次任务主要介绍了快捷方式的概念和作用。

（2）为文件和文件夹建立快捷方式，用户可以快速而方便地进行某个操作。

（3）快捷方式并不能改变应用程序、文件、文件夹、打印机或网络中计算机的位置，它也不是副本，而是一个指针，使用它可以更快地打开项目，删除、移动或重命名快捷方式均不会影响原有的项目。

（4）回收站保存了删除的文件、文件夹等。许多误删除的文件就是从它里面找到的。这些项目将一直保留在回收站中，直到清空回收站。

2.2.7 课后练习

☎ 在桌面上为 Windows XP 中自带的小工具计算器建立快捷方式，以方便今后经常使用。

☎ 在桌面上建立一个“资源管理器”快捷方式，以便能从桌面上迅速启动 Windows 资源管理器。

☎ 清理回收站。

知识拓展 1：Windows Vista、Windows 7、Linux、红旗 Linux 操作系统简介

一、中文操作系统 Windows Vista

Windows Vista 是 Microsoft 的新一代操作系统，它是比 Windows XP 更安全、品质更高的 Windows 系统。本节将介绍 Windows Vista 的桌面与外观、发展和特点，对 Windows Vista 及与 Windows XP 的区别有基本了解。要求学会 Windows Vista 基本操作、搜索的使用、资源管理器的使用以及设置与调整系统。Windows Vista 桌面如图 2.12 所示。

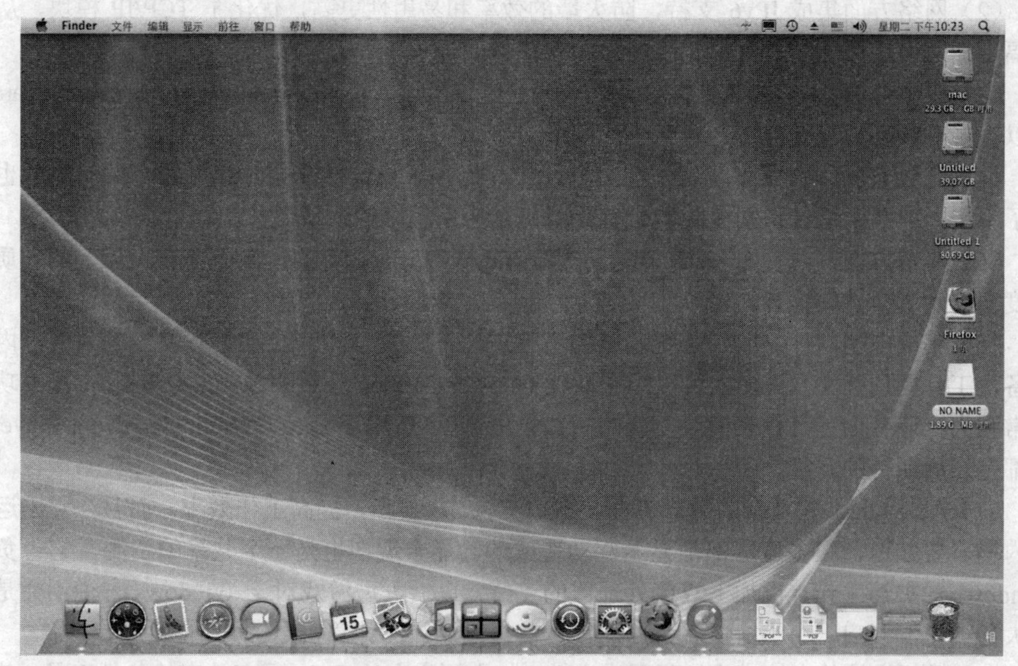

图 2.12 Windows Vista 桌面

1．Windows Vista 的发展

Windows Vista 是微软 Windows 操作系统的一个版本。微软在 2005 年 7 月 22 日正式公布了这一名字，之前操作系统开发代号为 Longhorn。Windows Vista 的内部版本是 6.0（即 Windows NT 6.0）。2006 年 11 月 8 日，Windows Vista 开发完成并正式进入批量生产。此后的两个月仅向 MSDN 用户、计算机软硬件制造商和企业客户提供。2007 年 1 月 30 日，Windows Vista 正式对普通用户出售，同时也可以从微软的网站下载。

2．Windows Vista 的特点

与 Windows XP 相比，Windows Vista 在界面、安全性和软件驱动集成性上有了很大的改进。

（1）操作系统核心进行了全新修正。Windows XP 和 Windows 2000 的核心并没有安全性方面的设计，因此只能一点点打补丁，而 Windows Vista 在这个核心上进行了很大的修正。例如在 Windows Vista 中，部分操作系统运行在核心模式下，而硬件驱动等运行在用户模式下，核心模式要求非常高的权限，这样一些病毒木马等就很难对核心系统进行破坏。

Windows Vista 上的“haep”设计更先进，方便了开发者，提高了他们的效率。在电源管理上也引入了睡眠模式，让 Windows Vista 可以永不关机，而只是极低电量消耗地待机，启动起来非常快，比现在的休眠效率高多了。

内存管理和文件系统方面引入了 SuperFetch 技术，可以把经常使用的程序预存入到内存，提高性能，此外后台程序不会夺取较高的运行等级，不用担心一个突然后台程序运作影响其他操作。因为硬件驱动运作在用户模式，驱动坏了系统也没事，而且装驱动不用重启。

（2）网络方面集成 IPv6 支持，防火墙的效率和易用性更高，优化了 TCP/IP 模块，从而大幅增加网络连接速度，对于无线网络的支持也加强了。

（3）媒体中心模块将被内置在 Home Premium 以上版本中，用户界面更新、支持 CableCard，可以观看有线高清视频。

（4）音频方面，音频驱动工作在用户模式，提高了稳定性，同时速度和音频保真度也提高了不少，内置了语音识别模块，带有针对每个应用程序的音量调节。

（5）显示方面，内置 DirectX 10，这是 Windows Vista 独有的，向下兼容，显卡的画质和速度会得到革命性的提升。

（6）集成应用软件：取代系统还原的新 SafeDoc 功能让用户自动创建系统的映像，内置的备份工具更加强大，许多人可以用它取代 Ghost；Outlook 升级为 Windows Mail，搜索功能非常强大，还有内置日程表模块，新的图片集程序、Movie maker、Windows Media Player11 等都是众所期待的升级。

（7）Aero Glass 以及新的用户界面，窗口支持 3D 显示，提高工作效率。而且，它不运行在内核。要知道，很多蓝屏都是显示驱动造成的。显卡现在也是一个共享的资源，它也负责 Windows 的加速工作，再加上双核处理器的支持，以后大型游戏对于 Windows 来说不会是什么大任务了，开启一个小窗口就可以运行，前提是用户的计算机足够强劲。

（8）重新设计的内核模式加强了安全性，加上更安全的 IE7、更有效率的备份工具，使安全性提高了很多。

二、中文操作系统 Windows 7

Windows 7 是 Microsoft 的新一代操作系统，它是比 Windows XP 更安全、品质更高的 Windows 系统。本节将介绍 Windows 7 的桌面与外观、发展和特点，对 Windows 7 及与 Windows XP 的区别有基本了解。要求学会 Windows 7 基本操作、搜索的使用、资源管理器的使用以及系统和安全参数的设置。Windows 7 的桌面如图 2.13 所示。

1．Windows 7 的发展

根据 Net Applications 的统计，目前 Windows XP 操作系统仍然占据全球 70%多的市场份额。然而，Windows XP 早在 2001 年就已经发布了，虽然具有 3 个服务包（SP1、SP2、SP3），但还是很旧。可以说，虽然微软通过服务包发布新功能、修复程序等，但是 Windows XP 仍然缺乏诸如 Windows 7 和 Windows Vista 中的新功能。

Windows 7 于 2007 年 12 月 20 日发布新技术预览版；2008 年 12 月 12 日发布 Beta 版，即软件评测版（有“发送反馈信息”链接）；2009 年 4 月 9 日发布 Windows 7 Preview1～Preview2 版，（即制造商预览版，在发布“候选版”之前编译完）；2009 年 4 月 21 日发布 RC1 及 RC2 版（候选版）；2009 年 6 月 8 日发布了正式版；2009 年 7 月 14 日发布了 Windows 7 RTM 版（即制造商版）。

与此同时，对于企业用户来讲，Windows XP 还缺乏可靠的安全机制，例如 Windows 7 中的 UAC、IE 浏览器保护模式、BitLocker 加密、TCP/IP 堆栈验证和加密、地址空间布局随机化等。

图 2.13　Windows 7 桌面

2．Windows 7 的特点

（1）更加简单：Windows 7 让搜索和使用信息更加简单，包括本地、网络和互联网搜索功能，直观的用户体验更加高级，还会整合自动化应用程序提交和交叉程序数据透明性。Windows 7 做了许多方便用户的设计，如快速最大化、窗口半屏显示、跳跃列表、系统故障快速修复等，这些新功能令 Windows 7 成为最易用的 Windows。

（2）更加安全：Windows 7 包括改进的安全和功能合法性，还会把数据保护和管理扩展到外围设备。Windows 7 将改进基于角色的计算方案和用户账户管理，在数据保护和坚固协作的固有冲突之间搭建沟通桥梁，同时也会开启企业级的数据保护和权限许可。

（3）更好的连接：Windows 7 进一步增强移动工作能力，无论何时、何地、任何设备都能访问数据和应用程序，开启坚固的特别协作体验，无线连接、管理和安全功能会扩展。性能和当前功能以及新兴移动硬件将得到优化，多设备同步、管理和数据保护功能将被拓展。最后，Windows 7 将带来灵活计算基础设施，包括胖、瘦、网络中心模型。

（4）更低的成本：Windows 7 将帮助企业优化它们的桌面基础设施，具有无缝操作系统、应用程序和数据移植功能，并简化 PC 供应和升级，进一步朝完整的应用程序更新和补丁方面努力。Windows 7 还包括改进的硬件和软件虚拟化体验，并扩展了 PC 自身的 Windows 帮助和 IT 专业问题解决方案诊断。

（5）更加快速：Windows 7 大幅缩减了 Windows 的启动时间，据实测，在 2008 年的中低端配置下运行，系统加载时间一般不超过 20 s，这与 Windows Vista 的 40 余秒相比，是一个很大的进步。

三、Linux 操作系统

Linux 是一类 UNIX 计算机操作系统的统称。Linux 操作系统的内核的名字也是“Linux”。Linux 操作系统是自由软件和开放源代码发展中最著名的例子。严格来讲，Linux 这个词本身只表示 Linux 内核，但在实际上人们已经习惯了用 Linux 来形容整个基于 Linux 内核，并且使用 GNU 工程各种工具和数据库的操作系统。

1. Linux 操作系统的发展

在 20 世纪 70 年代，UNIX 体系的源程序大多是可以任意流传的。互联网的基础协议 TCP/IP 就是产生于那个年代。在那个时期，人们在创作各自的“程序作品”中享受着从事科学探索、创新活动所特有的那种激情和成就感。那时的程序员，如同作家一样，急于“发表”自己的程序作品，并不专注于保守“机密”，以换取钱财。

1991 年，Linux Torvalds 写了个小程序，取名为 Linux，放在互联网上。他表达了一个愿望，希望借此搞出一个操作系统的“内核”来。这完全是一个偶然事件。但是，在互联网上，Linux 刚一“露头”，便被广大的追随者们看中，把它“加工”成了一个功能完备的操作系统，叫做 GNULinux。源代码开放程序包括各种品牌发行版的出现，极大地推动了 Linux 的普及和应用。

在国际范围内 Linux 的开发，都超越国界经由互联网进行。通常，按照一定规律，每周发布一个 Linux 开发版，供全世界开发者参照。Linux 体系发行版是由特定序列号的 Linux（内核）及属于 GNU 体系源码开放的功能性支撑模块和一些运行于 Linux 上的商用软件所集成的。发行版整体集成版权归相应的发行商所有。Linux 发行版的发行商（称为 Linux 发行商）一般并不拥有其发行版中各软件模块的版权，发行商关注的应该只是发行版的品牌价值，以含于其中的集成版的质量和相关特色服务进行市场竞争。严格讲来，Linux 发行商并非必须是独立软件开发商。它本质上属于一种新兴的 IT 行业。

近些年来，Linux 操作系统发展迅猛，尤其是在中高端服务器上得到了广泛的应用，国际上很多有名的硬、软件厂商都毫无例外地与之结盟、捆绑，将之用作自己的操作系统。

2. Linux 操作系统的特点

(1) 自由软件

首先，Linux 可以说是作为开放源码的自由软件的代表，作为自由软件，它有两个特点：一是它开放源码并对外免费提供；二是爱好者可以按照自己的需要自由修改、复制和发布程序的源码，并公布在 Internet 上，因此 Linux 操作系统可以从互联网上很方便地免费下载得到，这样可以省下购买 Windows 操作系统的一笔不小的资金。而且由于可以得到 Linux 的源码，所以操作系统的内部逻辑可见，这样就可以准确地查明故障原因，及时采取相应对策。在必要的情况下，用户可以及时地为 Linux 打“补丁”，这是其他操作系统所没有的优势。同时，这也使得用户容易根据操作系统的特点构建安全保障系统，不用担心来自那些不公开源码的“黑盒子”式系统预留“后门”的意外打击。而且，Linux 上运行的绝大多数应用程序也是免费可得的，用了 Linux 就再也不用担心“使用盗版软件”的指责了。

（2）极强的平台可伸缩性

Linux 可以运行在 386 以上及各种 RISC 体系结构机器上。Linux 最早诞生于微机环境，一系列版本都充分利用了 X86CPU 的任务切换能力，使 X86CPU 的性能发挥得淋漓尽致，而这一点连 Windows 都没有做到。Linux 能运行在笔记本计算机、微机、工作站，甚至巨型机上，而且几乎能在所有主要 CPU 芯片搭建的体系结构上运行（包括 Intel/AMD 及 HP-PA、MIPS、PowerPC、UltraSPARC、ALPHA 等 RISC 芯片），其伸缩性远远超过了 NT 操作系统目前所能达到的水平。

（3）是 UNIX 的完整实现

从发展的背景看，Linux 与其他操作系统的区别是，Linux 是从一个比较成熟的操作系统 UNIX 发展而来的，UNIX 上的绝大多数命令都可以在 Linux 里找到并有所加强。可以认为它是 UNIX 系统的一个变种，因而 UNIX 的优良特点如可靠性、稳定性、强大的网络功能、强大的数据库支持能力以及良好的开放性等都在 Linux 上一一体现出来。且在 Linux 的发展过程中，Linux 的用户能大大地从 UNIX 团体贡献中获利，它能直接获得 UNIX 相关的支持和帮助。

（4）真正的多任务多用户

只有很少的操作系统能提供真正的多任务能力，尽管许多操作系统声明支持多任务，但并不完全准确，如 Windows。而 Linux 则充分利用了 X86CPU 的任务切换机制，实现了真正多任务、多用户环境，允许多个用户同时执行不同的程序，并且可以给紧急任务以较高的优先级。

（5）完全符合 POSIX 标准

POSIX 是基于 UNIX 的第一个操作系统簇国际标准，Linux 遵循这一标准，这使 UNIX 下许多应用程序可以很容易地移植到 Linux 下，反之亦然。

（6）丰富的图形用户界面

Linux 的图形用户界面是 Xwindow 系统。Xwindow 可以做 Windows 下的所有事情，而且更有趣、更丰富，用户甚至可以在几种不同风格的窗口之间来回切换。

（7）强大的网络功能

实际上，Linux 就是依靠互联网才迅速发展了起来，Linux 具有强大的网络功能也是自然而然的事情。它可以轻松地与 TCP/IP、LANManager、Windows for Workgroups、Novell Netware 或 Windows NT 网络集成在一起，还可以通过以太网或调制解调器连接到 Internet 上。

Linux 不仅能够作为网络工作站使用，更可以胜任各类服务器，如 X 应用服务器、文件服务器、打印服务器、邮件服务器、新闻服务器等。

（8）开发功能强

Linux 支持一系列的 UNIX 开发，它是一个完整的 UNIX 开发平台，几乎所有的主流程序设计语言都已移植到 Linux 上并可免费得到，如 C、C++、Fortran77、ADA、PASCAL、Modual2 和 Modual 3、Tcl/TkScheme、SmallTalk/X 等。

四、红旗 Linux

红旗 Linux 是由北京中科红旗软件技术有限公司开发的一系列 Linux 发行版，包括桌面版、工作站版、数据中心服务器版、HA 集群版和红旗嵌入式 Linux 等产品。目前在中国各软件专卖店可以购买到光盘版，同时官方网站也提供光盘镜像免费下载。红旗 Linux 是中国较大、较成熟的 Linux 发行版之一，操作界面如图 2.14 所示。

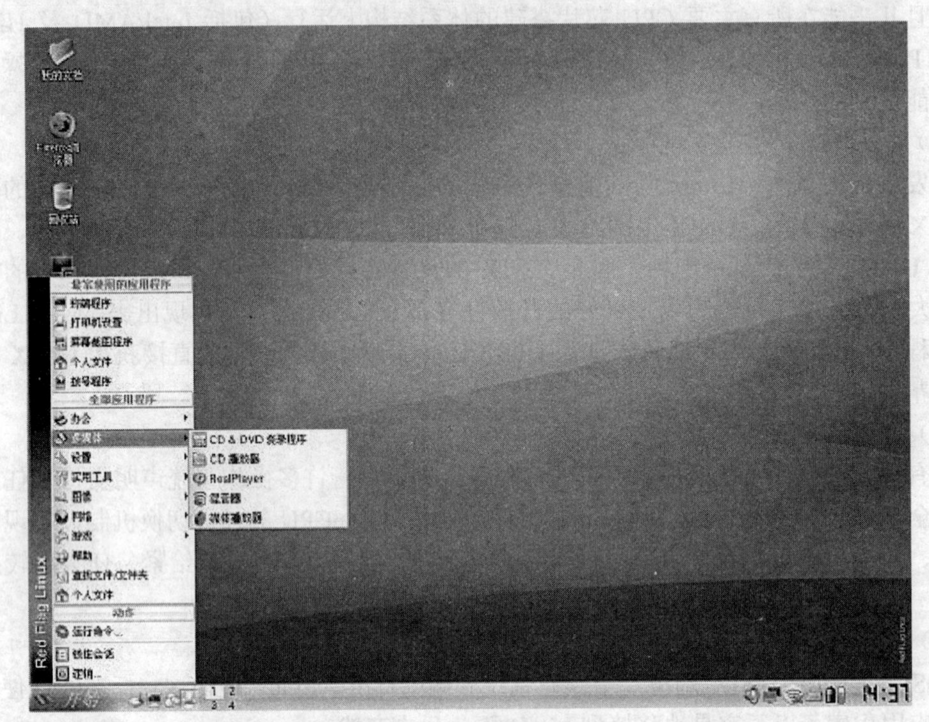

图 2.14　Linux 操作界面

1．红旗 Linux 的发展

20 世纪 80 年代末，个人计算机开始进入中国。当时包括中国政府部门在内的所有个人计算机安装的几乎全部是微软的 DOS 操作系统。1992 年海湾战争和 1999 年北约未经联合国授权对南斯拉夫联盟进行军事打击，成功运用信息战瘫痪了对方几乎所有通信系统。这使得中国政府很多人认为，由于伊拉克和南联盟各部门使用的计算机操作系统 100%是微软和其他外国公司的操作系统，虽然没有证据说明美国的计算机软件公司和通信公司在这场信息战中向美国军方提供了某些后门或计算机病毒，但如果有自己独立的计算机操作系统及相应的软件，在信息战中将不容易受到攻击。于是中国科学院软件研究所奉命研制基于自由软件 Linux 的自主操作系统，并于 1999 年 8 月发布了红旗 Linux 1.0 版。最初主要用于关系国家安全的重要政府部门。

2000 年 6 月，中国科学院软件研究所和上海联创投资管理有限公司共同组建了北京中科红旗软件技术有限公司，信息产业部于 2001 年 3 月通过中国电子信息产业发展研究院（CCID）北京赛迪创业投资有限公司向该公司注资，使其总注册资金达到 96 万美元。

随着 Linux 进入关键行业的计算环境，用户对系统的要求也越来越严格。为了满足这种不断增长的要求，红旗软件对服务器操作系统产品线进行了全新的优化，推出了红旗 Linux 服务器 4 系列产品。该产品包含了众多的研发成果，进一步体现了红旗服务器操作系统在管理性、可用性、可靠性和扩展性上的优势。

作为红旗 Linux 服务器 4 系列的核心产品，Red Flag Advanced Server 4.1（红旗高级服务器 4.1）的定位是企业级的网络和应用服务器。该产品可运行在带有 2～32 路 CPU 的 SMP 架构和最大 64 GB 内存的 IA 架构服务器上。它提供了标准 Linux 网络服务，并能稳定运行业界主流的商业应用。此外，该产品还可以作为完整的 Linux 软件开发平台。

2．红旗 Linux 的特点

✧ 完善的中文支持，与 Windows 相似的用户界面。

✧ 通过 LSB3.0 测试认证，具备了 Linux 标准基础的一切品质。

✧ 农历的支持和查询；X86 平台对 Intel EFI 的支持。

✧ Linux 下网页嵌入式多媒体插件的支持，实现了 Windows Media Player 和 RealPlayer 的标准 JavaScript 接口，参考 Windows ASF 格式规范编写了 ASF/WMV Marker 的支持，保证了基于 Windows 编写的在线多媒体播放网页的支持；界面友好的内核级实时检测防火墙。

✧ 前台窗口优化调度功能，通过内核级资源调度和前台窗口的自动跟踪工具，保证了前台窗口在合理的范围内以最大的系统资源运行。

学习情境3：
中文字处理软件

文字处理是计算机在办公自动化应用中的一个重要方面。一个优秀的文字处理软件可以使用户方便、高效地输入、编辑、修改文章，并且在所编辑的文章中插入公式、表格和图形，这是在纸上写文章所无法相比的。

Word 2003 是 Office2003 办公软件中的一个组件，也是目前最常用的文字处理软件，具有文字编辑、图形处理、图文混排、表格处理等功能，常用于制作各种类型的文档。Word 充分利用 Windows 的图形界面，使用户轻松地处理文字、图形和数据，创建出多种图文并茂、赏心悦目的文档，实现真正的“所见即所得”。

学习情境 3.1：制作个人自荐书

内容导入

本节以 Word 2003 制作与编辑个人自荐书为例，学习 Word 的主要功能及其使用方法，主要内容包括 Word 2003 文档的建立与保存、文档的输入与编辑、文档格式化、表格处理、图形处理、Word 2003 的其他功能等。

3.1.1 制作个人自荐书案例分析

韩慧是国际合作学院旅游英语专业 2007 届的毕业生，她因为精心设计制作出一份精美的“个人自荐书”，向用人单位成功推销自己，所以在激烈的人才竞争中占有了一席之地。现在来看看她制作的“个人自荐书”，如图 3.1 所示。

3.1.2 提出任务

在本节中，将利用 Word 2003 的图文表混排等功能，制作一份“个人自荐书”。所以本节课的任务就是让每个学生自己动手制作一份“个人自荐书”，目的是去参加人才招聘会求职，但是如何才能制作出一份精美的“个人自荐书”呢？

个人自荐书

尊敬的领导：

您好！

首先衷心感谢您在百忙之中抽出宝贵的时间来阅读我的自荐书。

我是新疆农业职业技术学院2007届的一名毕业生，所学专业是旅游英语。在面临择业之际，我怀着一颗赤诚的心和对事业的执着追求，真诚地推荐自己。

我热爱英语专业，在校期间我刻苦学习专业知识，积极进取，在各方面严格要求自己，并且以社会对人才的需求为导向，使自己向复合型人才的方向发展。在课余时间，我还进行了一些知识储备和技能训练，自学了演讲与口才等知识，努力使自身适应社会需求。

我性格开朗、自信，为人真诚，善于与人交流，踏实肯干，责任心很强，具有良好的敬业精神，并敢于接受具有挑战性的工作。一个人只有不断地培养自身能力，提高专业素质，拓展内在潜能，才能更好地完善自己，充实自己，更好地服务于社会。不是所有的事情都要靠"聪明"才能完成，成功更青睐于勤奋、执着、脚踏实地的人。

也许在众多的求职者中，我不是最好的，但我可能是最合适的。"自强不息"是我的追求，"脚踏实地"是我做人的原则，我相信我有足够的能力面对今后工作中的各种挑战，真诚希望您能给我一个机会来证明我的实力，我将以优秀的业绩来答谢您的选择！

此致

敬礼！

自荐人：韩慧

个人简历

姓名	韩慧	性别	女	族别	汉	
政治面貌	团员	年龄	20	籍贯	新疆	
专业	旅游英语		毕业学校	新疆农业职业技术学院		
联系电话	123456789		email	Hanhui@163.com		
联系地址	新疆昌吉市文化东路29号				QQ	123456
个人介绍	平时喜欢看书或听听音乐，当然为了锻炼自己，偶尔也会打工。					
家庭介绍	我家是三口之家，父亲和母亲都是平凡的人，但他们在我心中并不是平凡的人。					
专业介绍	我们处在信息时代，信息技术飞速发展，世界经济也快速发展，为了加强对外交流与沟通，随着我国经济的不断发展，我们旅游英语专业的学生也非常欠缺，所有这些都与英语和旅游专业息息相关、密不可分，英语和计算机信息技术越来越深刻全面的影响和改变着人们的生活。					
获得奖励	三好学生、优秀干部					
就业方向	翻译、导游					
特长	音乐，看书		爱好	英语，俄语，写作		
备注						

图3.1　个人自荐书样例

3.1.3　解决方案

通过对案例中的个人自荐书进行分析，个人自荐书具有以下特点：

（1）整体效果特点：美观大方、简洁明快、一目了然、图文并茂、内容完整。

（2）内容特点：包含图片、表格、艺术字、页面边框、字体格式设置、段落格式设置等知识的应用。

一份完整的自荐书由 5 个部分构成：标题（封面）、求职信、履历表、推荐表、附件。

第 1 页：封面设计，封面用学院的风景图片和艺术字点缀，并简单地介绍求职者的基本信息，如毕业院校、所学专业、联系方式和联系电话等。封面是自荐书的首页，要求给用人单位布局美观大方、信息清楚明白的印象。

第 2 页：自荐信，即写给应聘公司负责人的一封信，其内容主要包括对自己的介绍，在校学习情况、社会实践情况展示以及求职条件等，大学几年来对所学知识的总结等，要求语句通顺，无错别字，字数不少于 1 000 字。标题字体为黑体、三号字，居中排，正文字体大小设置为小四号字。自荐书是毕业生向用人单位自我推荐的关键材料。

第 3 页：个人信息表，个人简历以表格的形式给出，主要介绍求职者的基本情况、才能特长、求职意向等。要求该表的高度不低于该页面的五分之一。

第 4 页：成绩统计表，列出大学所有课程名和成绩。

第 5 页：个人简历表，该表设计内容包括实习经历、个人特长等。

3.1.4　相关知识点

1．Word 界面

如图 3.2 所示，即中文 Word 的主窗口，从中可以了解 Word 窗口的基本结构：

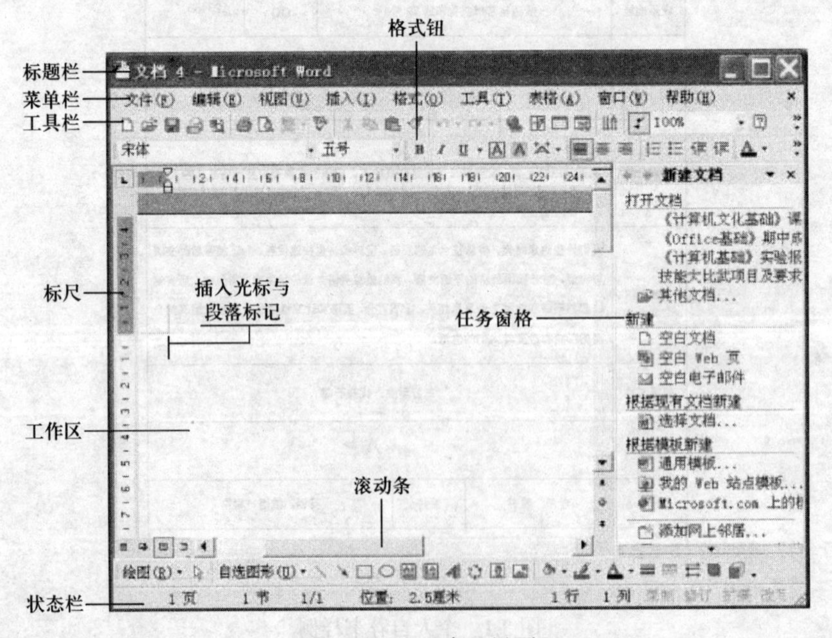

图 3.2　Word 窗口界面

（1）标题栏：标题栏在窗口的最上面，它包含应用程序名“Microsoft Word”和正在被编辑的文档名“文档 4”。

（2）菜单栏：菜单栏上列出了 Word 的一级菜单名称，包括文件、编辑、视图、插入、格式、工具、表格、窗口和帮助，它反映了 Word 的一些基本功能。

（3）工具栏：工具栏上显示软件的一些基本功能和所选定工具的快捷按钮。利用这些按钮，用户可以方便地使用多数常用功能、命令和工具。

（4）工作区：在工作区内显示了所编辑文档的内容。

（5）状态栏：在状态栏中，显示出一些反映光标当前位置（如行、列），文档共有多少页，目前是第几节、第几页，当前处于插入状态还是改写状态等信息。

2．分页符的使用

当文字或图形填满一页时，Microsoft Word 会插入一个自动分页符并开始新的一页。单击新页的起始位置，选择“插入”菜单中的“分隔符”命令，弹出“分隔符”对话框，选择“分页符”选项。如图 3.3 所示。

3．字符格式化

选中要设置格式的字符，如“字体设置”。选择菜单“格式”→“字体”命令，打开“字体”对话框，选择“字体”选项卡，如图 3.4 所示。

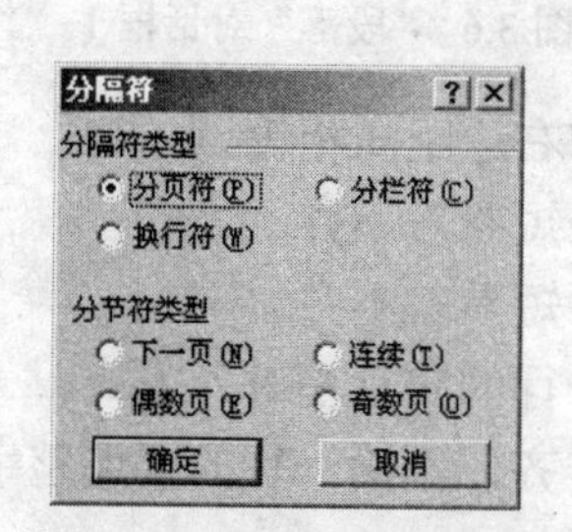

图 3.3 “分隔符”对话框

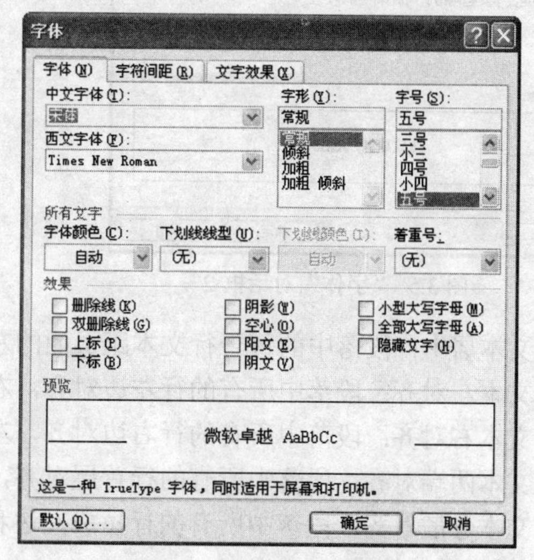

图 3.4 “字体”对话框 1

（1）设置字体、字形、字号

在“中文字体”下拉列表框中选择“宋体”等字体；“字形”列表框中选择“加粗”等字形；“字号”列表框中选择“小四”等字号，单击“确定”按钮。

（2）设置特殊字符效果

✧ 选中文中字符，在图 3.4 中单击“着重号”下拉列表框右侧的向下箭头，在列表中单击着重号标记，即可给所选字符加上着重号。

✧ 在效果框中，选择“上标”、“下标”、“阴影”、“空心”等复选框，可以给所选字符设置上标和下标，添加阴影和空心效果。

✧ 在效果框中，选择“删除线”、“双删除线”、“阳文”、“阴文”等复选框，可以给所选字符添加删除线、双删除线、阳文和阴文等效果。

（3）设置字符的缩放和间距

在“字体”对话框中选择“字符间距”选项卡，如图 3.5 所示。

4．段落格式化

选择菜单“格式”→“段落”命令，打开“段落”对话框，可以进行以下格式设置：

（1）设置对齐方式

Word 提供的对齐方式有：文本居中、文本左对齐、文本右对齐、文本两端对齐、文本分散对齐，如图 3.6 所示。

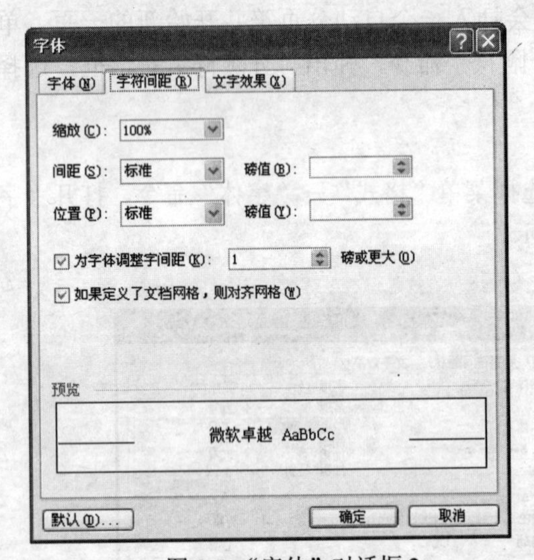

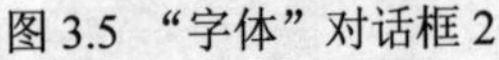
图 3.5 “字体”对话框 2

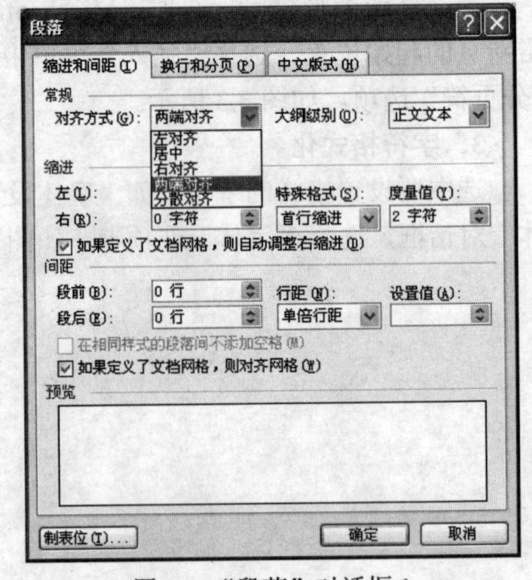

图 3.6 “段落”对话框 1

① 文本居中：段落中的每一行文本距页面的左边距离和右边距离相等。

② 文本左对齐：段落中所有的行左边对齐，右边根据长短参差不齐。

③ 文本右对齐：段落中所有的行右边对齐，左边根据长短参差不齐。

④ 文本两端对齐：段落中所有的行首尾对齐，但不满一行的实行左对齐方式。

⑤ 文本分散对齐：段落中所有的行拉成左边和右边一样齐，不满一行的要调整字间距。

（2）设置段落缩进

段落缩进是指更改段落边界的起止位置，导致空白区的增加、文本区的减小，使此段落区别于其他段落。在 Word 中提供了 4 种段落缩进方式：

① 首行缩进：只对段落第一行左边界向右缩进。

② 悬挂缩进：除段落首行外，其余行的左边界向右缩进。

③ 左缩进：整个段落的左边界向右缩进一定的距离。

④ 右缩进：整个段落的右边界向左缩进一定的距离。

（3）设置行间距和段间距

在“间距”栏的“段前”和“段后”框中分别进行选择，即可设置该段的段间距。单击

“行距”右侧的向下箭头，在弹出的下拉列表中选择“固定值”选项，在“设置值”框中输入或选择磅值。如图 3.7 所示。

5. 图片的使用

Word 在剪辑库中包含了大量的剪贴画，用户可以直接将它插入到文档中，也可以从软盘、硬盘、光盘或网络上，将图片文件插入到自己的文档中。对于引入文档中的对象也可以进行编辑处理，图片的编辑如同编辑文档那样，必须先选定图片，再对图片执行相应的操作。

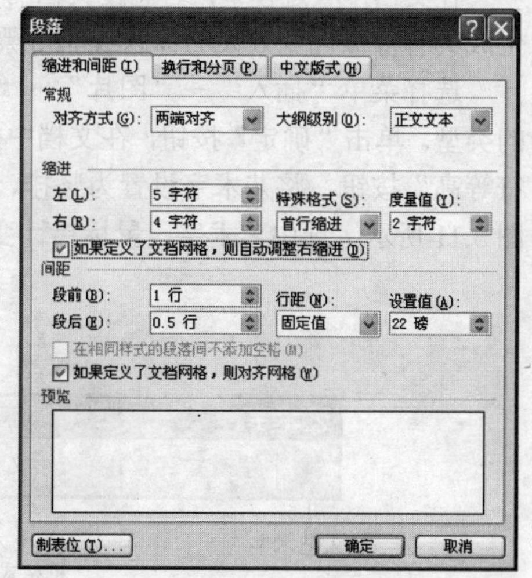

图 3.7 “段落”对话框 2

将插入点定位于要插入图片的位置；选择菜单“插入”→“图片”→“来自文件”命令，如图 3.8 所示，打开“插入图片”对话框；双击要插入的图片素材，图片进入文档中，同时屏幕上出现“编辑图片”工具栏；选择菜单“格式”→“图片”命令（双击图片、选中对象单击右键在弹出的快捷菜单中选择“设置图片格式”命令或者单击“图片”浮动工具栏上的“设置图片格式”按钮），均能弹出“设置图片格式”对话框，也可以直接利用“图片”工具栏编辑处理图片。例如，图片的缩放及旋转、图片的环绕（即图片与文字的位置关系）及对齐方式、裁剪及图像控制等，如图 3.9 和图 3.10 所示。

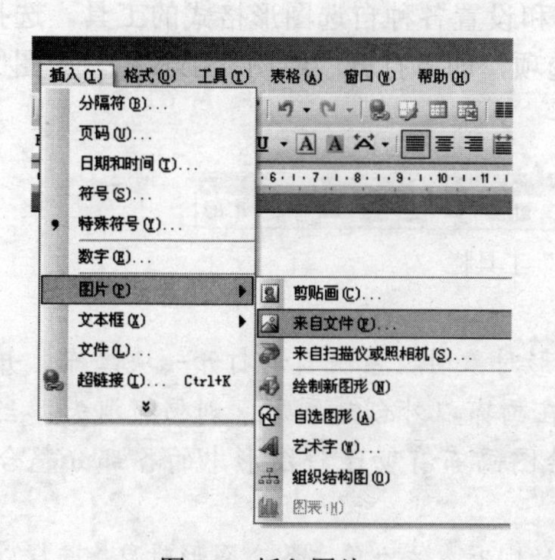

图 3.8 插入图片

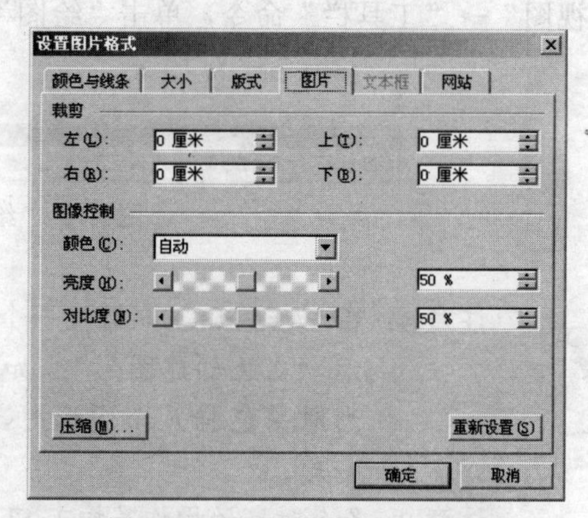

图 3.9 “设置图片格式”对话框

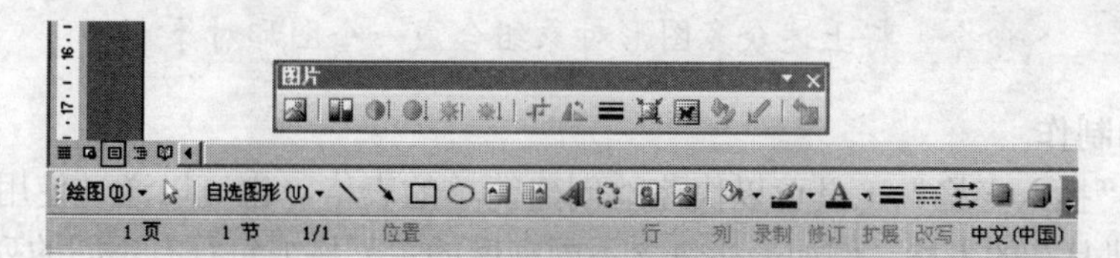

图 3.10 “图片”工具栏

6．艺术字的使用

在文档排版过程中，若想使文档的标题生动、活泼，可使用 Word 提供的“艺术字”功能，生成具有特殊视觉效果的标题或非常漂亮的文档。

选择菜单“插入”→“图片”→“艺术字”命令，打开“艺术字”对话框，选择艺术字的类型。单击“确定”按钮，在文档中插入艺术字。单击“艺术字”工具栏上的“竖排”、“字符等高”按钮，将艺术字设置为竖排、字符等高，可设置为“四周型环绕”等各种版式，如图 3.11 所示。选中艺术字，鼠标指针变成四个箭头形状时，拖动鼠标可调整其位置。

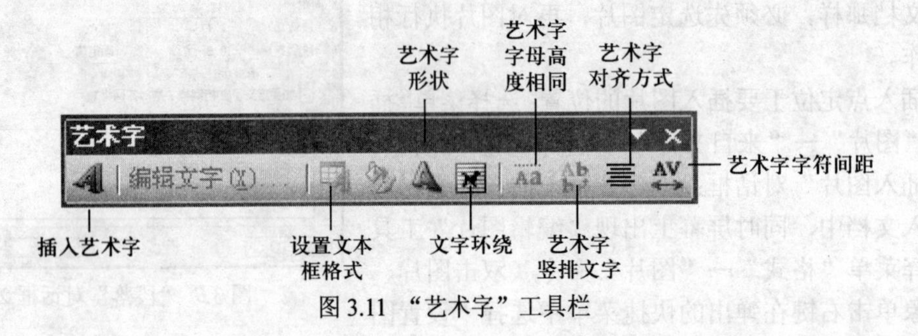

图 3.11 “艺术字”工具栏

7．绘制图形

“绘图”工具栏的“自选图形”菜单提供了 100 多种能够任意改变形状的自选图形，图形对象包括自选图形、图表、曲线、线条和艺术字。用户可以在文档中重新调整图形大小，对其进行旋转、叠放、填充文字、颜色、图案，并与其他图形组合成更为复杂的图形。

“绘图”工具栏上有绘制处理各种自选图形和设置各种自选图形格式的工具。选择菜单“视图”→“工具栏”命令，单击“绘图”选项，即可打开“绘图”工具栏。如图 3.12 所示。

图 3.12 “绘图”工具栏

注意 1： 在 Word 2003 中插入一个图形对象时，系统自动打开一块画布，并显示“在此创建图形”。如果在画布以外创建图形，则画布消失。当图形对象包括几个图形时，绘图画布有助于将图形中的各部分整合在一起。

注意 2： 多个对象的操作是按下 Shift 的同时，依次单击各个图形对象，选择以上所有对象，单击鼠标右键，在弹出的快捷菜单中选择“组合”→“组合”命令，将上述众多图形对象组合成一个图形对象。

8．表格的制作

通过使用“插入表格”工具可以快速地创建简单的表格，也可以通过使用“绘制表格”工具来快速创建复杂的表格，例如表格包含不同高度的单元格或每行有不同的列数，如图 3.13 所示。

图 3.13 “表格和边框”工具栏

将插入点定位到要制作表格的地方，选择菜单“表格”→“插入”→“表格”命令，打开“插入表格”对话框，在“表格尺寸”选项区设置“列数”和“行数”，单击“确定”按钮，表格插入文档中，如图 3.14 所示。

9．页面设置

选择菜单“文件”→“页面设置”命令，打开“页面设置”对话框，设置打印文档时使用的纸张大小、进纸方向和来源，如图 3.15 所示。

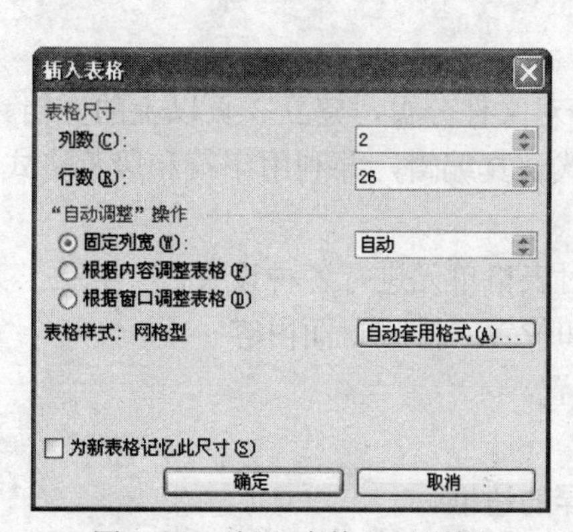

图 3.14 “插入表格”对话框

图 3.15 “页面设置”对话框

10．打印预览

选择菜单“文件”→“打印预览”命令，可预览页面的整体布局，如图 3.16 所示。

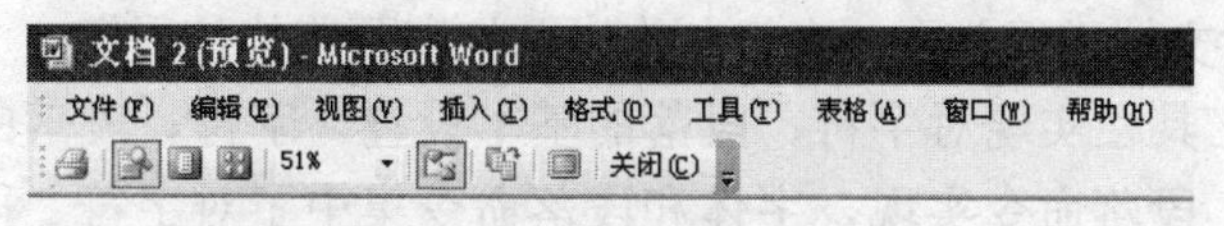

图 3.16 “打印预览”工具栏

单击常用工具栏上的“打印预览”按钮，进入“打印预览”窗口。文档内容缩小到整页显示，再次单击鼠标，文档内容恢复初始显示比例。单击“打印预览”工具栏上“全屏显示”按钮，可以全屏显示文档内容。单击“打印预览”工具栏上“关闭”按钮，退出打印预览视图。

11．打印

接通打印机电源，打开开关，放入打印纸，选择菜单“文件”→“打印”命令，打开“打印”对话框，就可以实现打印输出了，如图 3.17 所示。

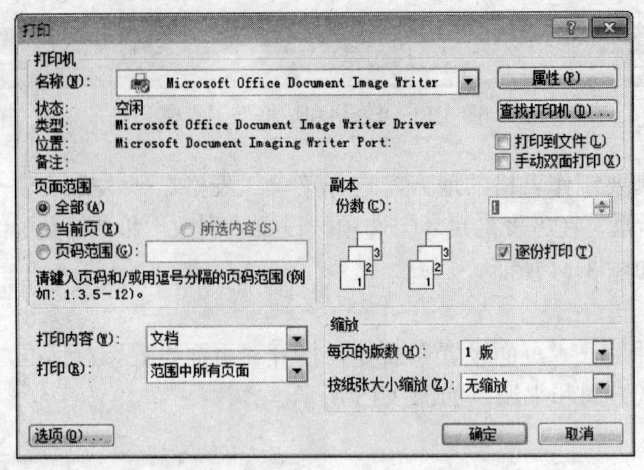

图 3.17 “打印”对话框

3.1.5 实现方法

（1）启动 Word 建立一个新文件后，使用分页符对文件分页，建立 3 页以上的文档。

（2）输入自荐书的内容，根据应用文撰写的格式认真编辑，并利用字符和段落格式化功能对自荐书进行排版。

（3）制作表格型个人简历，输入个人信息，并对表格单元进行各种设置。

（4）在封面中，插入图片和艺术字并调整大小和位置，排版封面内容。

① 插入艺术字，使用艺术字工具栏进行各项设置。

② 插入图片，使用图片工具栏进行各项设置。

（5）利用绘图工具栏为个人自荐书添加风格各异的边框。

（6）对排版完成的个人自荐书进行打印预览，并打印输出。

3.1.6 案例总结

（1）本次任务主要介绍了对 Word 文档的排版，包括字符格式、段落格式和页面格式的设置，图片的处理，对文档进行分页、表格制作以及打印预览的使用等。

（2）通过格式工具栏实现对字符、段落的基本设置。字符、段落的复杂设置则应使用格式菜单中的字体、段落命令实现，字体和段落命令集中了对字符、段落进行格式化的所有命令。

（3）文档中的分页和分节的设置可以给文档的设计带来极大的方便。

（4）编辑表格时，注意选择对象。包括表格和单元格的插入、删除、移动、对齐、合并和拆分等。

（5）图片的使用在修饰文档中有着极其重要的作用，可以通过图片工具栏对图片进行处理。在进行图文混排时，正确地设置图片的文字环绕方式，能够随心所欲地美化文章。

（6）打印预览可以确定打印效果是否满意，打印设置包括选取打印机、设置打印范围、打印份数、缩放比例等。

对文档进行排版时因遵循以下原则：

（1）对字符和段落进行排版时，要根据内容多少适当调整字体、字号、字间距、段间距，使内容在页面中分布合理，既不要留太多空白，也不要太拥挤。

（2）在文档中适当地使用表格将使文档更加清晰、整洁、有条理。

（3）适当地用图片点缀文档将会使文档增色不少，但必须把握好图片与文字的主次关系，不要喧宾夺主。

总之，版面设计具有一定的技巧性和规范性，在进行版面设计时，应多观察实际生活中各种出版物的版面风格，以便设计出具有实用性的文档来。

3.1.7 课后练习

☎ 制作一份完整精美的个人自荐书：

（1）用适当的图片、文字等对象，设计、制作一份与自己的专业和学校相关的封面。

（2）根据自己的实际情况输入一份自荐书，并对自荐书的内容进行字符格式化及段落格式化。

（3）制作一份表格型的个人简历，将自己的学习经历及个人信息（班级、姓名、性别、学号、个人兴趣、爱好、民族、政治面貌、家庭住址、联系电话等）分类列出。

☎ 通过学习，还可以对日常学习和工作中的实习报告、学习总结、申请书、工作计划、公告文件、调查报告、请假条等文档进行排版和打印。

学习情境 3.2：制作电子小报

内容导入

电子小报在日常工作、学习中应用非常广泛，它是用 Word 编辑排版的，包括广告版面设计、各种电子小报版式等内容，电子小报制作的目的主要是为了展示围绕主题所展开的图文并茂的内容。其排版设计难度虽然不是很大，但是更需要注重版面的整体规划、艺术效果和个性化创意，具有特殊的要求。

本节是以让学生制作一份“电子小报”为任务，把“电子小报”作为载体，将图文混排的知识点融合到“电子小报”的制作过程中。介绍 Word 中如何对报纸杂志的版面、素材进行规划和分类，如何运用文本框、表格、分栏、图文混排、艺术字等对电子小报进行艺术化排版设计。

3.2.1 制作电子小报案例分析

学院要举办校园文化艺术节，同学们准备参加电子小报的设计比赛，主题是“校园与文化”，怎么开始制作这份电子小报？先欣赏 2010 会审班的王芳和李艳两位同学已经制作好的以“校园与文化”为主题的电子小报，如图 3.18 和图 3.19 所示。

图 3.18 电子小报 1

图 3.19 电子小报 2

3.2.2 任务的提出

校园里创办的电子小报由于运用了现代化的媒体，并将其与各种知识信息进行恰到好处的“整合”，能锻炼学生多方面的能力，在激发学生学习计算机兴趣方面更显示出它的优势，一份好的电子小报有一定的宣传示范作用。如何才能制作出一份美观大方的“电子小报”呢？

3.2.3 解决方案

通过对案例中的“电子小报”进行分析，分析出小报最直接的表现形式是版面。版面少的有2版，多的有十几版。下面分别对组成版面的各主要部分加以介绍：

1．版面的组成

（1）报头

报刊中最重要的部分是报头。报头主要写清楚报头名称、主编、日期、期数等，还可适当插入一些图片。在设计报头的色彩时应注意，要突出字的色彩。

（2）标题

标题是各篇稿件的题目。标题主要起突出报刊重点，引导读者阅读的作用。在形式上主题所用字号要大，地位要突出。

（3）专栏

专栏是由若干篇有共性的稿件组成的相对独立的版面。一般以精巧的头花（也叫专栏标题）统领，并用边线勾出，为版面中独具特色的小园地。

（4）文字

文字是小报的基本单位。小报的文本一般都采用六号字、宋体，少数采用五号字，一般不使用繁体字。为了便于读者阅读，在页面中一般采用分栏形式。为了将文章与文章区分开来，一般都采用简单的文字框边线，或用不同颜色的文字、底纹色块来加以区别。

在文字的排版方式上，应尽量照顾读者的阅读习惯。横排时，从左到右，从上到下；竖排时，从上到下，从右到左。

（5）花边

花边是用来将文章与文章隔开，美化版面而设立的。因此，在设计上要以造型简单为好。纹样不要复杂，色彩不要多样，整个版面不宜变换花边太多，一篇文章尽可能只用一种花边，边线数也应少些。

（6）插图

为了活跃版面，在编排与设计时可在版面中适当插入一些图片。这是由于图形在视觉上比文字更具直观性。插图既突出本栏目的主题，又可获得理想的装饰效果。不过，在编排时也要考虑插图在版面中所占面积和分布情况。

版面上的稿件多呈不规则的多边形，稿件之间相互穿插，这种结构的特点使版面较为活泼。

2．版面的美化

要设计一个美观的版面，应考虑以下几点：

（1）图文并茂：图片不仅可以美化版面，而且可以辅助文字说明，还可以吸引读者视线，增强宣传效果。

（2）长短搭配：有意识地在一个版面上选用不同体裁的稿件，易于解决长短搭配问题。如果一个版面需要两篇长文稿，可采用加插图、插题等方式予以“短化”；如果一个版面短文稿过多，可采用加专栏或大标题方式把它们组织起来，加以“长化”。

（3）排列多样：在一个版面上，各篇稿件的安排要富于变化。如果两个标题都采用横标题形式，则不要放在同一行内，以免碰题。如果两个图片放在同一版中，应注意不要放在同一行、同一列中，以免读者对比误解。

（4）各具特色：版面与版面之间也要风格各异。

电子小报的版面要生动、活泼、新颖；尽量做到图文并茂，给读者以形式美感为第一印象。版面的编排与设计，应以主题明确突出、版面生动活泼为目的。

稿件的字数多少，必须与版面安排结合起来考虑。如果原文的字数太少，那么可以通过适当增大标题字号、添加图片的形式来解决；如果原文的字数太多，就要编辑对原文进行删减。

3．排版须知

（1）首先通过页面设置来设置页面的页边距、纸张大小、纵横方向等，并设置适当的页眉和页脚。

（2）当需要对文档的每个版面进行不同的布局设计时，应根据各个版面的内容，用表格或文本框进行规划。由于文本框可以彼此分离、互不影响，便于单独处理，而且设置文本框的艺术框线效果比表格方便，所以用文本框进行规划更加灵活方便。

（3）文档正文的整体设计，要突出艺术性，做到美观协调。为此，应尽可能插入艺术字、图片以实现图文混排；某些文本框或绘图画布的边框可适当采用带图案的线条，在适当的地方插入少量的艺术横线进行板块分割，可以使整体版面更加丰富多彩、生动活泼。

（4）为使文档页面排版更加灵活，同时也为了阅读方便，对于较长的文档经常运用分栏方法，把文档内容分列于不同的栏中。需要注意的是：在表格或文本框的一个方格内的文字是不能分栏的。

（5）如果要制作带艺术框线的“分栏”效果，可以将两个文本框进行连接，并将它们进行适当摆放，再对文本框或绘图画布设置适当的艺术框线，这样可以使版面设计更加多姿多彩。

（6）文档排版设计完毕后，应该把最后的结果打印出来，可以单页打印，也可以把两个A4版面拼在一起，打印在一张A3纸上，还可以实现正反面打印；可以打印全部内容，也可以只打印部分内容，甚至只打印当前页。

总之，对于电子小报的整体设计，最终要达到如下效果：版面均衡协调、图文并茂、生动活泼，颜色搭配合理、淡雅而不失美观；版面设计不拘一格，充分发挥想象力，体现自己的特点和创造力。

3.2.4 相关知识点

1．页面设置

选择菜单“文件”→“页面设置”命令，打开“页面设置”对话框，设置打印文档时使用的纸张大小、进纸方向和来源，如图 3.20 所示。

2．文本框

“文本框”可以看做是特殊的图形对象，主要用来在文档中建立特殊文本。例如在广告、报纸新闻等文档中，通常利用文本框来设计特殊标题。Word 提供了两种类型的文本框：横排和竖排文本框。竖排文本对于中国古典诗词的竖排形式非常适用。

方法 1：选择菜单“插入”→“文本框”命令，选择横排文本框或竖排文本框，如图 3.21 所示。

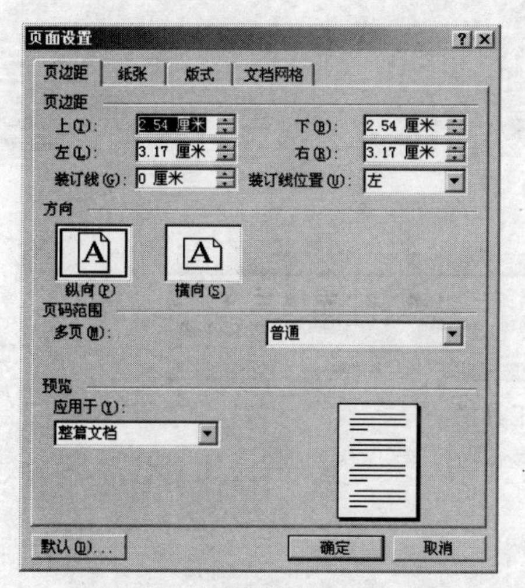

图 3.20 “页面设置”对话框

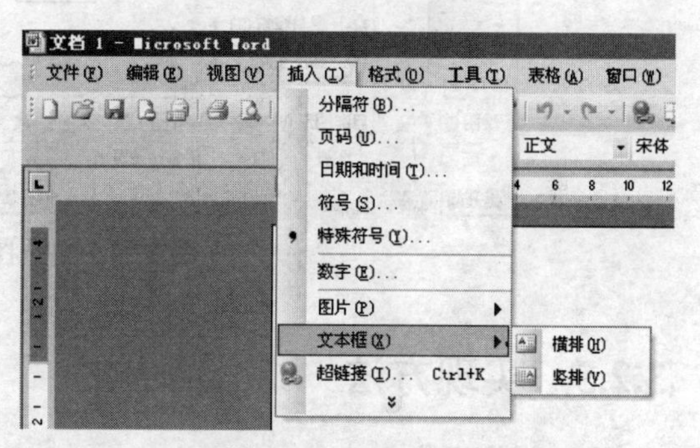

图 3.21 插入文本框

方法 2：打开绘图工具栏，选择文本框就可以绘制文本框，如图 3.22 所示。

绘图(D)▾ 自选图形(U)▾

图 3.22 绘图工具栏

3．分栏

将文档中的文本分成两栏或多栏，是文档编辑中的一个基本方法，一般用于排版。选择菜单“格式”→“分栏”命令，打开“分栏”对话框，如图 3.23 所示。

可以在报纸编辑中，将报纸的版面划分为若干栏。横排报纸的栏是由上而下垂直划分的，每一栏的宽度相等。一个版面按几栏分版是固定的。这种相对固定的、宽度相同的栏称为基本栏。每一个报纸都有相对固定的分栏制，依是否有利于读者的阅读，是否有利于表现报纸的特点决定。

✧ 如果是全篇分栏，选择菜单“格式”→“分栏”命令。

✧ 如果是部分分栏，那么先选择要分栏的段落再分栏。

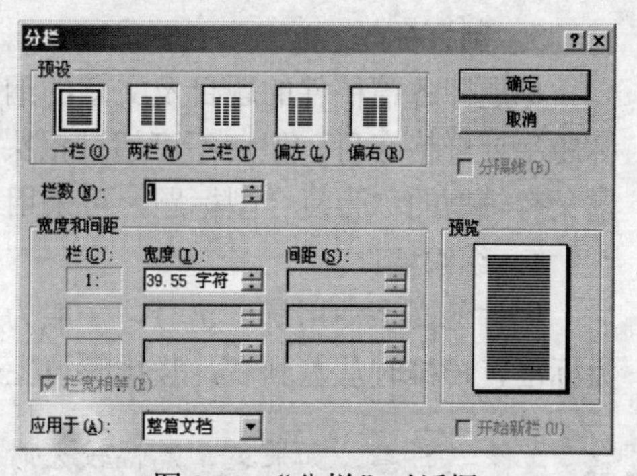

图 3.23 “分栏”对话框

✧ 如果要光标以后的部分分栏，分栏时选插入点之后。

✧ 文本框内不能分栏。

4．自选图形

单击“绘图”工具栏中的“自选图形”按钮，出现如图 3.24 所示。在打开的菜单中选择绘制的类型，主要包括线条、基本形状、箭头总汇、流程图、星与旗帜、标注等。当鼠标指针变成一个十字形时，拖动鼠标即可完成绘制。利用“绘图”工具栏上的其他按钮可对已绘制图形进行编辑修改。

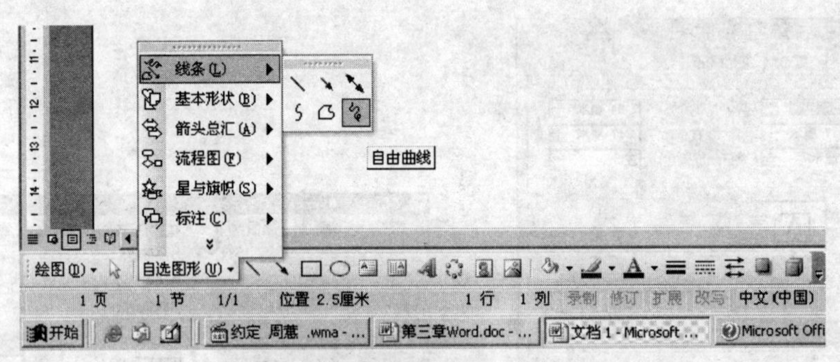

图 3.24　自选图形工具栏

3.2.5　实现方法

1．设计制作报头

报头包括报刊名称、主办单位、期刊号、主编、发行日期、期刊数、邮发代号、版数等。

设计报头的注意事项：报头大小可占整个版面约五分之三的宽度，七分之一的高度。报头的形式可以是只有文字；或是以文字为主，配图案或花纹；或是以图为主，配报头文字。

2．编写刊头

刊头比报头要小得多，色彩上也要素淡得多。大小与版面同宽，约占 1～2 行的高度，内容包括刊头文字部分、版号、日期、刊头说明等。

3．制订标题

标题即各篇稿件的题目及文章的纲要。标题的作用是突出文章重点，吸引读者的注意力。标题字要鲜艳夺目，但切不可超过报头。如果只有主题没有辅题的称为单一型标题。既有主题又有辅题的称为复合型标题，可采用不同大小的字来表现。

4．组织稿件

稿件的文字使用统一字号，一般为宋体 5 号或 6 号字。稿件的编排以符合读者阅读习惯为标准，横排时从左到右，竖排时自上而下，从右到左。

注意：如果文章篇幅较大时，可以采用分栏编排，文章与文章之间以文本框的形式加以区分。

5. 设计报花

报花多用在文章的结束部分，故也称尾花。其作用是点缀装饰、补白、活跃版面。

6. 布置版面

版面设计的风格最能体现报纸的特色。一份好的小报应该在版面的设计上有独特表现方式，使读者深受吸引，给人以美好的感受。包括选材是否得当，编排是否得体，风格是否一致等方面。

（1）对文档进行版面设置（设置纸张大小、页边距、页眉）。

（2）对所有素材进行分类，并决定每篇文章（或图片）应该分布在哪一个版面。

（3）对每个版面进行整体的布局规划。

（4）按顺序对每个版面的每篇文章进行具体的排版。

电子小报制作步骤：

第一步：整体框架和刊头制作

包括纸张设置、版面安排、刊头制作

第二步：栏目制作

使用文本框和自选图形框制作各个栏目，导入栏目内容，对栏目进行适当修饰。

第三步：整体调整

对小报整体布局进行调整。对各栏文字、图形、栏目框等进行协调，合理选择颜色搭配。

3.2.6　案例总结

（1）本次任务使学生基本掌握 Word 的操作技能：文稿的编辑、文字与段落的设计、艺术字与图片的插入、表格的输入、对象框、页面设置等。

（2）学生在电子报制作的过程中发现 Word 操作中还存在的问题，以进一步学习；同时，能够将所学知识用于实际问题的解决，做到信息技术与其他学科或知识的整合。

（3）了解制作小报的流程，通过学生动手操作，体验创造与实践的快乐，培养和提高学生审美情趣。

（4）学生在解决问题的过程中，进一步积累感性认识，通过分析、总结，上升到理性认识。

3.2.7　课后练习

☎ 制作一份完整精美的电子小报：

从互联网上搜取资料，下载所需的资源，用适当的文本框、图片、文字等对象，设计、制作一份以“校园与文化”为主题的电子小报。

☎ 通过本章的练习，在以后的学习、工作、生活中，如果遇到要制作介绍学校、院系、班级的宣传小报，或者要制作公司的内部刊物、宣传海报时，相信读者会得心应手、游刃有余。

学习情境 3.3：制作毕业论文

内容导入

Word 2003 不仅具有文字编辑、图文混排等实用功能，还可以在其中插入页眉、页脚，给图片添加带编号的题注，自动生成目录等，这些功能常用于长文档编排的场合，如论文的格式排版、书稿编排、商业企划书的制作等。

本节中，将利用 Word 的以上功能，根据毕业论文的格式要求，完成一篇毕业论文的排版。通过训练与学习，掌握论文排版的技巧。这些技巧不只在论文写作中可以使用，在其他文档时也可以使用。

3.3.1　制作毕业论文案例分析

成丽是信息技术分院 2009 级的一名毕业生，学校关于“毕业生毕业论文格式”的要求很严格。她按照要求认真完成了毕业论文的排版，顺利毕业，图 3.25 是她排好的毕业论文。

新疆农业职业技术学院

新疆农業職業技术學院

毕业论文

学生姓名：成丽

专业班级：2006 高职应用

论文名称：大学生社会适应能力研究

指导教师：赵丽

目录

目录……A
摘　要……i
Abstract……ii
导　论……1
大学生社会适应能力的概述……3
1. 大学生社会适应能力的定义……3
2. 大学生社会适应能力的表现层次……4
2.1 内在心理层次……4
2.2 外在行为层次……5
大学生社会适应能力的构成……6
认知能力……6
独立生活能力……6
学习能力……7
人际交往能力……7
应对挫折能力……8
实践能力……9
大学生社会适应能力的现状与分析……9
大学生的认知能力及分析……9
大学生社会认知的主要内容……9
大学生社会认知的主要不足……10
大学生的独立生活能力及分析……11
大学生的学习能力及分析……14
大学生学习能力的再认识……14
大学生学习能力的现状分析……15
大学生的人际交往能力及分析……17
大学生人际交往的现状分析……17
大学生人际交往障碍形成的原因……18
大学生的应对挫折能力及分析……19
大学生产生挫折的原因……19
大学生“挫折心理”的行为表现……20
大学生的实践能力及分析……21
大学生实践能力的现状分析……21
大学生实践能力弱的原因……22
大学生社会适应能力研究的启示……24
改变教育观念……24
注重大学生的参与性……24
加强适应教育……24
提高大学生社会适应能力的途径……25
强化认知训练……25

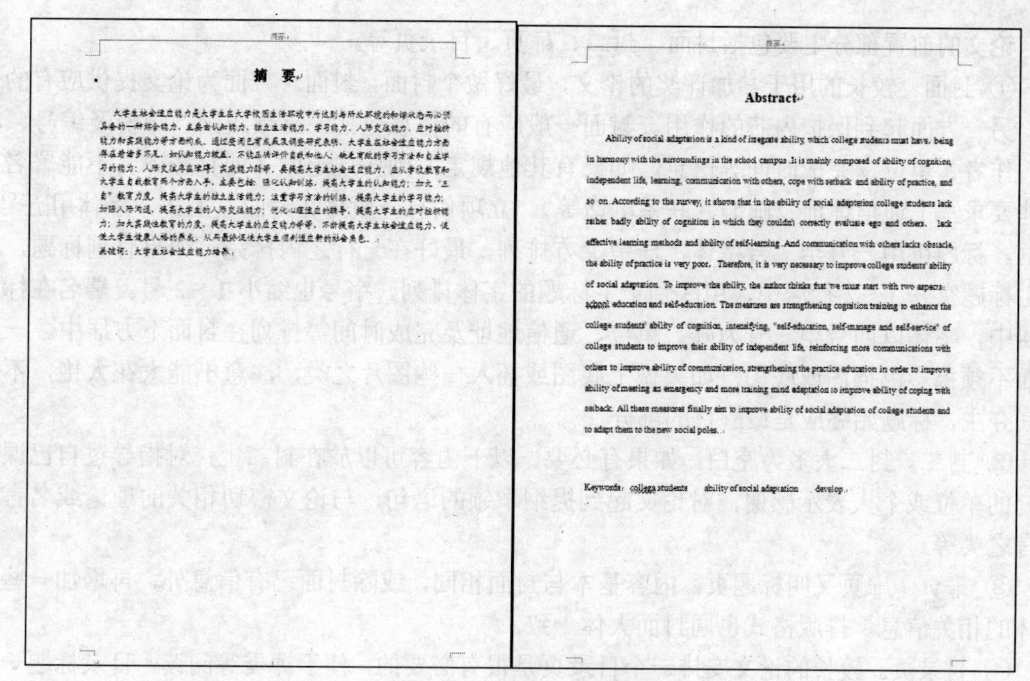

摘 要

大学生社会适应能力是大学生在大学校园生活环境中为达到与所处环境的和谐状态而必须具备的一种综合能力，主要由认知能力、独立生活能力、学习能力、人际交往能力、应对挫折能力和实践能力等方面构成。通过查阅已有成果及调查研究表明，大学生在社会适应能力方面存在着诸多不足，如认知能力较差，不能正确评价自我和他人；缺乏有效的学习方法和自主学习的能力；人际交往存在障碍，实践能力较弱。要提高大学生社会适应能力，应从学校教育和大学生自我教育两个方面入手，主要包括：强化认知训练，提高大学生的认知能力；加大“三自”教育力度，提高大学生的独立生活能力；注重学习方法的训练，提高大学生的学习能力；加强人际沟通，提高大学生的人际交往能力；优化心理适应的疏导，提高大学生的应对挫折能力；加大实践性教育的力度，提高大学生的应变能力等等，不断提高大学生社会适应能力，促使大学生健康人格的养成，从而最终促使大学生顺利适应新的社会角色。

关键词：大学生社会适应能力培养

Abstract

Ability of social adaptation is a kind of integrate ability which college students must have, being in harmony with the surroundings in the school campus .It is mainly composed of ability of cognition, independent life, learning, communication with others, cope with setback and ability of practice, and so on .According to the survey, it shows that in the ability of social adaptation college students lack rather badly ability of cognition in which they couldn't correctly evaluate ego and others. lack effective learning methods and ability of self-learning .And communication with others lacks obstacle, the ability of practice is very poor. Therefore, it is very necessary to improve college students' ability of social adaptation. To improve the ability, the author thinks that we must start with two aspects: school education and self-education. The measures are strengthening cognition training to enhance the college students' ability of cognition, intensifying, "self-education, self-manage and self-service" of college students to improve their ability of independent life, reinforcing more communications with others to improve ability of communication, strengthening the practice education in order to improve ability of meeting an emergency and more training mind adaptation to improve ability of coping with setback. All these measures finally aim to improve ability of social adaptation of college students and to adapt them to the new social poles..

Keywords: collega students ability of social adaptation develop.

图 3.25 毕业论文样例

3.3.2 任务的提出

毕业论文是大学生在毕业前，在有经验的教师指导下，独立撰写的习作性的学术性论文，它是高等院校毕业生提交的一份有一定学术价值的文章，是大学生完成学业的标志性作业，是对学习成果的综合性总结和检阅，是大学生从事科学研究的最初尝试，是在教师指导下所取得的科研成果的文字记录，也是检验学生掌握知识程度、分析问题和解决问题基本能力的一份综合答卷。

但是论文的排版是让许多人头疼的问题，尤其是论文需要多次修改时更加令人头疼。在本节中，将继续利用 Word 2003 的图文表混排等功能，排版一篇毕业论文，掌握论文排版的技巧，使论文排版更加方便和轻松，以便把更多的精力放在论文的内容上。本节的任务就是让每个学生自己动手排版一份毕业论文。

3.3.3 解决方案

论文的排版是让许多人头疼的问题，尤其是许多人对于排版软件的使用不熟练，对于论文的排版格式要求又不很清楚，所以排版出来的论文总让人看了不舒服。论文排版总体要求是：得体大方，重点突出，能很好地表现论文内容，让人看了赏心悦目。

通过对案例中的毕业论文进行分析，具有以下特点：

✧ 整体效果特点：简洁大方、内容完整。

✧ 内容特点：包含封面、目录、摘要、正文、页眉页脚、参考文献等内容。

1．论文的排版方法

（1）前置部分的排版

论文的前置部分主要包括封面、封二、扉页、目录页等。

① 封面。较长的用于参加评奖的论文，最好做个封面。封面一方面为论文提供应有的信息，另一方面起到保护内芯的作用。封面一般应有的信息包括：立项级别、年份及编号、标题、作者、单位、完成时间等信息，如果有其他规定，则按规定做（如有些评奖不能署名，有些要求写上通信地址及邮编、联系电话等）。立项信息一般排在封面左上角，字体用五号，加框。标题可用一号至二号字体，居中上方排列，最好在一行之内排完。如果有副标题，则与主标题空开 1～2 行居中，用区别于主标题的字体排列，字号也缩小 1～2 号。署名在标题下居中，字体以四号至三号为好。单位、通信地址及完成时间等排列在封面下方居中。一般封面不须搞彩色插图或底图，如果做上底图或插入一些图片之类，注意不能太花太艳，不能喧宾夺主，标题始终应是最醒目的部分。

② 封二。封二大多为空白，如果有必要，以下内容可以放在封二上：对指导过自己课题研究的单位或个人表示感谢，对论文起到提纲挈领的语句，与论文密切相关的理论或名言、格言之类等。

③ 扉页。扉页又叫标题页，内容基本与封面相同，或除封面已有信息外，再增加一些更具体的相关信息。排版格式也同封面大体一致。

④ 目录页。较长的论文安排一个目录页是很有必要的，便于评委等阅读。目录标题一般选取正文中的一级标题，或一级至二级标题，并标上页码，页码注意右对齐。标题序号要与正文中的一致。目录一般不要太复杂，不要占用太多页面。

（2）主体部分的排版

主体部分一般包括标题、署名、摘要、关键词、正文、注释和参考文献等。

① 标题。标题排版字体要粗大些，字号应比正文大 2～3 号，排在页眉下空两行后的中间。若有副标题，则排在主标题下居中，前面加破折号，字号小一号，字体最好与主标题有别，不宜比主标题的字体大。

② 署名。在标题下空一行居中排列，字号略大于正文，字体常用楷体等以与正文区别。

③ 摘要。摘要是报告、论文的内容不加注释和评论的简短陈述，一般以 200～300 字为宜。摘要位置一般在署名下空一行处。摘要应作为一段文字排列，字体用仿宋或楷体等与正文区别，开头空两格，段落两端一般各缩进两字间距，“摘要”两字常用黑体加方括号标在段落开头。

④ 关键词。每篇报告、论文选取 3～8 个词作为关键词，另起一行，排在摘要下方，字体、字号及“关键词”三字排法与摘要相同。每个关键词间一般用分号或空格区别，末尾不加标点。

⑤ 正文。正文字体一般用宋体，字号大多用五号或小四号，每个段落开头空两格（包括各层标题）。行间距一般在 3 mm 左右（Word 中一般用 1.5 倍行距）。

正文中的层次标题一般前二级或前三级字体要有变化，如一级标题用黑体，二级标题用楷体，三级标题用仿宋体等。一级标题字号常用大一号或大半号排版，大的层次间还可用空一行排版。各层次标题若用阿拉伯数字连续编码，如“1”、“1.2”、“3.5.1”等，则各层次的标题序号均左顶格排写。

⑥ 注释与参考文献。“注释”与“参考文献”标题字体、字号一般同一级标题，具体注

释与参考文献内容字号一般比正文缩小半号或一号排版。

（3）附件的排版

附件是附于文后的有关文章、文件、图表、索引、资料、问卷内容、测验题目等，许多内容由于过分冗长或与主题关系不很密切，不宜列在论文主体中。附件排版一般比论文主体紧缩些，字号大小应等于或小于论文主体，其他与论文主体排版大致一样。附件较多时，在附件开始页也应有一个附件目录。

2．排版注意事项

（1）如果论文页码不多，前置部分并不一定要有，或只加个封面即可。

（2）封面、标题等不要太花哨，一般以简洁大方为好。

（3）如果论文页码较多，可考虑正反面排版打印。

（4）页码较多的论文，可考虑用页眉标注论文标题及层次标题，如单页用文章标题，双页用层次标题。

（5）不管论文长短，页码均需标注。页码标注由正文的首页开始，作为第 1 页，可以标注在页眉或页脚的中间或右边。论文的前置部分、封三和封底不编入页码。附件部分一般单独编排页码。

（6）封底底色与封面一致为好，若用底图则与封面应有相关性。

（7）若用订书钉装订，两枚钉应分别居于上下沿四分之一处，左缩进 10 mm。

3.3.4 相关知识点

1．项目符号和编号

项目符号和编号是放在文本前的点或其他符号，起到强调作用。项目编号可使文档条理清楚和重点突出，提高文档编辑速度，合理使用项目符号和编号，可以使文档的层次结构更清晰、更有条理。

应用项目符号和编号有两种方法：手工和自动。前者即通过单击“编号”、“项目符号”按钮或“格式”菜单中的“项目符号和编号”命令引用；后者则通过打开“自动更正”对话框后设置“自动编号列表”为输入时的一项“自动功能”来引用：当在段首输入数学序号（一、二；1、2；⑴、⑵等）或大写字母（A、B 等）和某些标点符号（如全角的，、。半角的.）或制表符并插入正文后，按回车输入后续段落内容时，Word 即自动将其转化为“编号”列表，如图 3.26 所示。

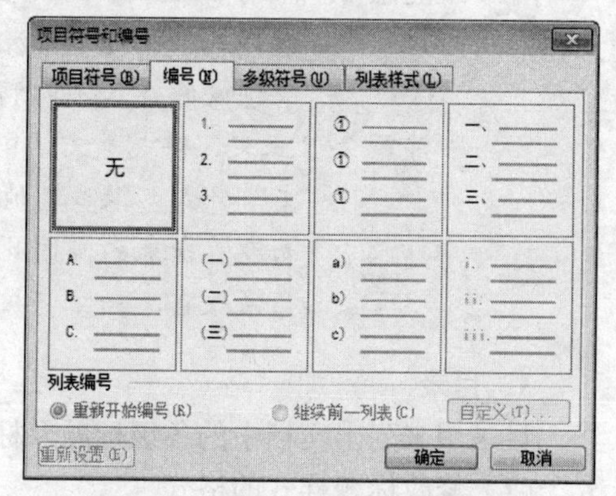

图 3.26 “项目符号和编号”对话框

2．样式

样式就是格式的集合。通常所说的“格式”往往指单一的格式，例如“字体”格式、“字号”格式等。每次设置格式，都需要选择某一种格式，如果文字的格式比较复杂，就需要多次进行不同的格式设置。而样式作为格式的集合，它可以包含几乎所有的格式，设置时只需选择一下某个样式，就能把其中包含的各种格式一次性设置到文字和段落上。

选择菜单“格式”→“样式和格式”命令，在右侧的任务窗格中即可设置或应用格式或样式，如图 3.27 所示。要注意任务窗格底端的“显示”中的内容，在图 3.28 中，“显示”为“有效格式”，则其中的内容既有格式，又有样式。例如，“加粗”为格式，“标题 1”为样式，“标题 1+居中”为样式和格式的混合格式。

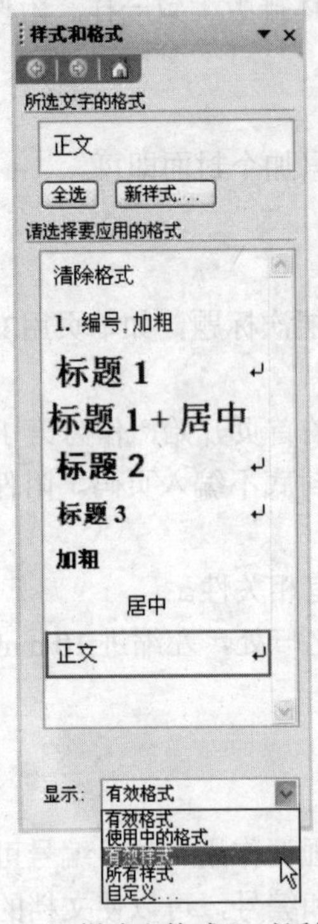

图 3.27 “样式和格式”对话框 1

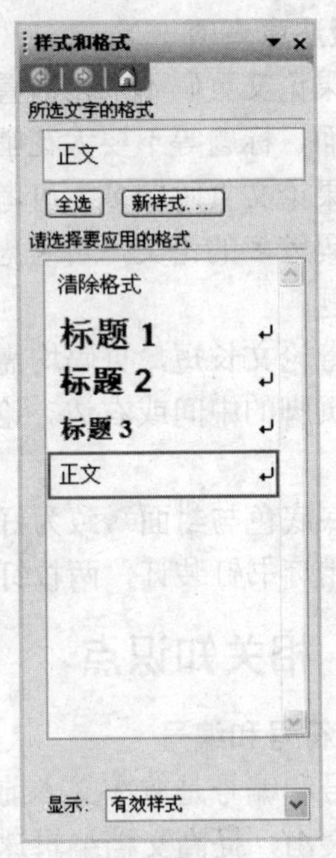

图 3.28 “样式和格式”对话框 2

注意 1：样式在设置时也很简单，将各种格式设计好后，起一个名字，就可以变成样式。而通常情况下，只需使用 Word 提供的预设样式就可以了，如果预设的样式不能满足要求，略加修改即可。

注意 2：“正文”样式是文档中的默认样式，新建的文档中的文字通常都采用“正文”样式。很多其他的样式都是在“正文”样式的基础上经过格式改变而设置出来的，因此“正文”样式是 Word 中的最基础的样式，不要轻易修改它，一旦它被改变，将会影响所有基于“正文”样式的内容。

3. 目录

目录用来列出文档中的各级标题及标题在文档中相对应的页码。目录的制作分 3 步进行：

（1）修改标题样式的格式

通常 Word 内置的标题样式不符合论文格式要求，需要手动修改。在菜单栏上选择菜单“格式”→“样式”命令，列表下拉框中选所有样式，点击相应的标题样式，然后点更改可修改的内容，包括字体段落制表位和编号等，按论文格式的要求分别修改标题 1～3 的格式。

（2）在各个章节的标题段落应用相应的格式

章的标题使用标题 1 样式，节标题使用标题 2，第 3 层次标题使用标题 3，使用样式来设置标题的格式还有一个优点，就是更改标题的格式非常方便。假如要把所有一级标题的字号改为小三，只需更改标题 1 样式的格式设置，然后自动更新，所有章的标题字号都变为小三号，不用手工去一一修改。

（3）提取目录

按论文格式要求，目录放在正文的前面，在正文前插入一新页（在第 1 章的标题前插入一个分页符），光标移到新页的开始，添加目录二字，并设置好格式新起一段落，选择菜单“插入”→“引用”→“索引和目录”命令，如图 3.29 所示，打开“索引和目录”对话框，打开目录选项卡，显示级别为 3 级，确定后 Word 就自动生成目录。若有章节标题不在目录中，肯定是没有使用标题样式或使用不当，不是 Word 的目录生成有问题，请去相应章节检查。此后，若章节标题改变，或页码发生变化，只需更新目录即可。

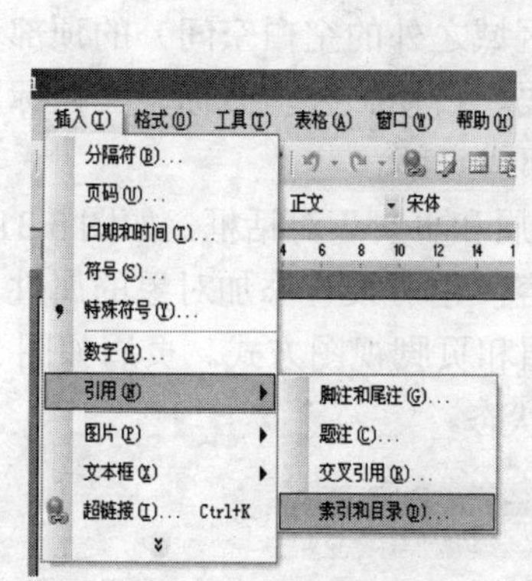

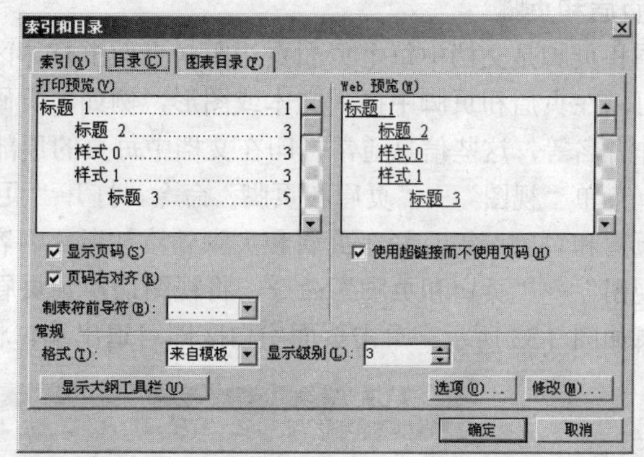

图 3.29　索引和目录对话框

注意： 目录生成后有时目录文字会有灰色的底纹，这是 Word 的域底纹，打印时是不会打印出来的，在“工具”→“选项”的视图选项卡可以设置域底纹的显示方式。

4．节

这里的“节”不同于论文里的章节，但概念上是相似的。节是一段连续的文档块，可用节在一页之内或两页之间改变文档的布局。如果没有插入分节符，Word 默认一个文档只有一个节，所有页面都属于这个节。若想对页面设置不同的页眉页脚，必须将文档分为多个节。

同节的页面拥有同样的边距、纸型或方向、打印机纸张来源、页面边框、垂直对齐方式、页眉和页脚、分栏、页码编排、行号及脚注和尾注。只需插入分节符即可将文档分成几节，然后根据需要设置每节的格式。例如，可将报告内容提要一节的格式设置为一栏，而将后面报告正文部分的一节设置成两栏。

选择菜单“插入”→“分隔符”命令，可以打开“分隔符”对话框，选择分隔符类型，如图 3.30 所示。

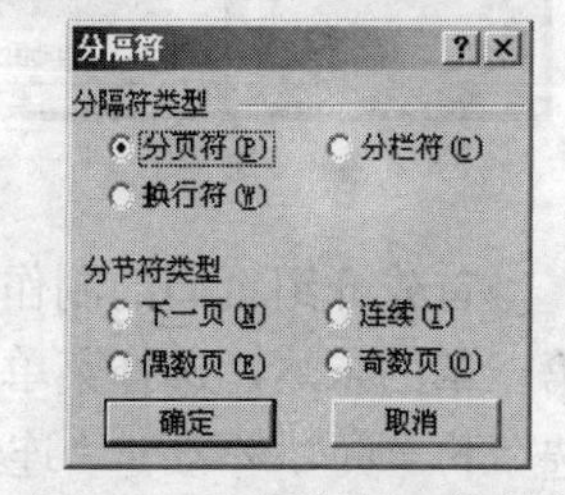

图 3.30 “分隔符”对话框

注意：论文里同一章的页面采用章标题作为页眉，不同章的页面页眉不同，这可以通过每一章作为一个节，每节独立设置页眉页脚的方法来实现。

5．分页符

分页符是用来分页的，分页符后的文字将另起一页。选择菜单“插入”→“分隔符”命令，可以打开“分隔符”对话框，如图 3.30 所示。

论文中各章的标题要求新起一页，放在新页的第一行，这时就可以使用分页符。在前一章的最后放置一个分页符，这样不管前一章的版面有什么变化，后一章的标题总是出现在新的一页上。肯定还有人用敲多个回车的方法来把章标题推到新页！这样做的缺点是显而易见的。若前一章的版面发生了变化，比如删掉了一行，这时后一章的标题就跑到前一章的最后一页的末尾；若增加一行，则后一章标题前又多了一个空行。

6．页眉和页脚

页眉和页脚是文档中每个页面页边距（页面上打印区域之外的空白空间）的顶部和底部区域，可以在页眉和页脚中插入文本或图形，例如，页码、日期、公司徽标、文档标题、文件名或作者名等，这些信息通常打印在文档中每页的顶部或底部。

选择菜单“视图”→“页眉和页脚”命令，打开“页眉和页脚”对话框，如图 3.31 所示，结合“页眉和页脚”工具栏在页眉和页脚处添加所需内容，也可设置添加对象的属性。选择菜单“视图”→“页眉和页脚”命令，将视图切换到页眉和页脚视图方式。页眉如图 3.32 所示，页脚如图 3.33 所示。单击页面空白区即可退出编辑状态。

图 3.31 “页眉和页脚”对话框

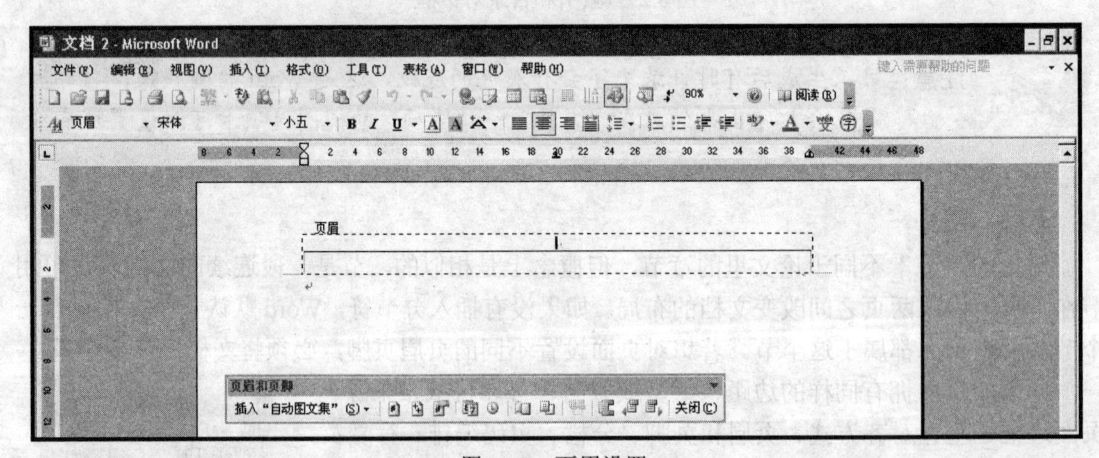

图 3.32 页眉设置

首先介绍页眉的制作方法。在各个章节的文字都排好后，设置第一章的页眉。然后跳到第一章的末尾，选择菜单“插入”→“分隔符”命令，打开“分隔符”对话框，分节符类型选“下一页”，不要选“连续”（除非想第二章的标题放在第一章的文字后面而不是另起一页），若是奇偶页排版根据情况选“奇数页”或“偶数页”。这样就在光标所在的地方插入了一个分节符，分节符下面的文字属于另外一节了。光标移到第二章，这时可以看到第二章的页眉和第一章是相同的，鼠标双击页眉 Word 会弹出“页眉和页脚”工具栏，工具栏上有一个“同前”按钮（图像按钮，不是文字），这个按钮按下表示本节的页眉与前一节相同，而需要的是各章的页眉互相独立，因此把这个按钮调整为“弹起”状态，然后修改页眉为第二章的标题，完成后关闭工具栏。如法炮制制作其余各章的页眉。

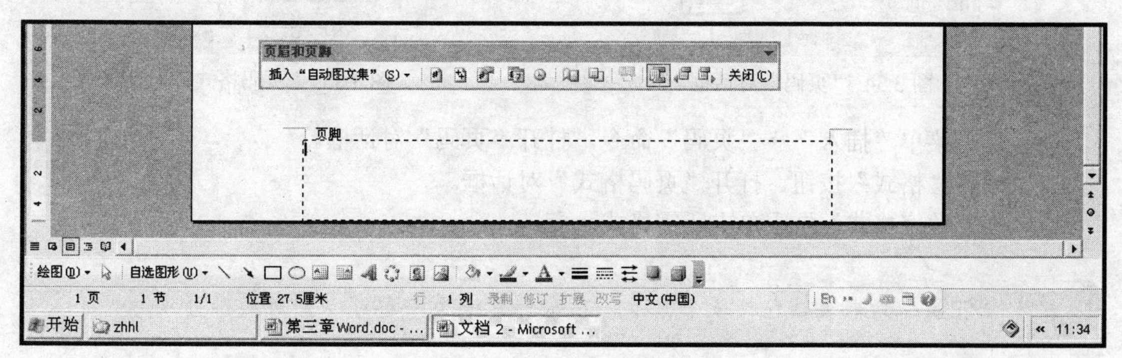

图 3.33　页脚设置

页脚的制作方法相对比较简单。论文页面的页脚只有页码，要求从正文开始进行编号，但是，在正文前还有扉页、授权声明、中英文摘要和目录，这些页面是不需要编页码的，页码从正文第一章开始编号。

✧　首先，确认正文的第一章和目录不属于同一节。

✧　然后，光标移到第一章，选择菜单“视图”→“页眉和页脚”命令，弹出“页眉和页脚”工具栏，切换到页脚，确保“同前”按钮处于弹起状态，插入页码，这样正文前的页面都没有页码，页码从第一章开始编号。

注意 1：页眉段落默认使用内置样式“页眉”，页脚使用“页脚”样式，页码使用内置字符样式“页码”。如页眉页脚的字体字号不符合要求，修改这些样式并自动更新即可，不用手动修改各章的页眉页脚。

注意 2：论文里页眉使用章标题，可以采用将章标题做成书签，然后在页眉交叉引用的方法来维护两者的一致。

7. 页码

选择菜单“插入”→“页码”命令，打开“页码”对话框，如图 3.34 所示。

✧　在“位置”框中，指定是将页码打印于页面顶部的页眉中还是页面底部的页脚中。

✧　在“对齐方式”框中指定页码相对页边距的左右对齐方式，是左对齐、居中还是右对齐；或是相对于页面装订线的内侧或外侧对齐。

✧　如果不希望页码出现在首页，可清除“首页显示页码”复选框。

✧　选择其他所需选项。

如果文档分成许多节（文档的一部分，可在其中设置某些页面格式选项。若要更改例如行编号、列数或页眉和页脚等属性，可创建一个新的节），可单击需要修改页码格式的节或选定多个需要修改页码格式的节，如图 3.35 所示。

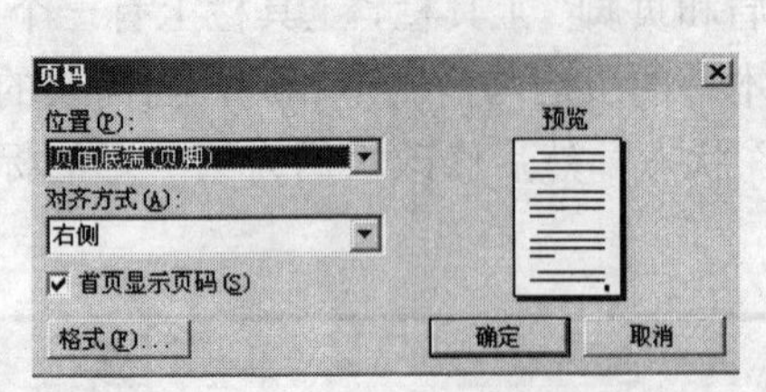

图 3.34 “页码”对话框

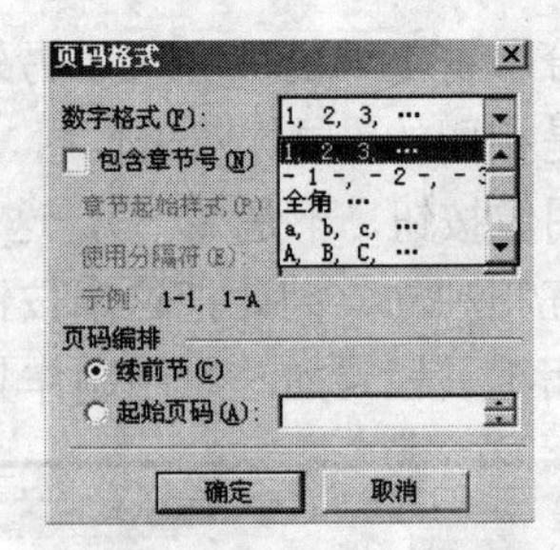

图 3.35 “页码格式”对话框

✧ 选择菜单“插入”→“页码”命令，打开“页码”对话框。

✧ 单击“格式”按钮，打开“页码格式”对话框。

✧ 在“数字格式”框中单击所需格式。

注意：如果文档包括多个章节，在每一章或节中都可以重新编排页码。

8．制表位的使用

制表位是指水平标尺上的位置，它指定了文字缩进的距离或一栏文字开始的位置，使用户能够向左、向右或居中对齐文本行；或者将文本与小数字符或竖线字符对齐。用户可以在制表符前自动插入特定字符，如句号或划线等。

制表位的类型包括：左对齐、居中对齐、右对齐、小数点对齐和竖线对齐等。默认情况下，按一次 Tab 键，Word 将在文档中插入一个制表符，其间隔为 0.74 cm。

9．双击图标

以一个例子作为说明。读者可能需要在论文里画一个简单的流程图，先插入了需要的文本框并加入了相应的文字，排好位置，这时需要用箭头把这些文本框连起来，用鼠标在绘图工具栏点一下箭头图标，然后画一个箭头，再点一下图标，又画一个箭头，第三次点图标，画了第三个箭头……有点麻烦是不是？要是可以连续画该多好！事实上可以做到，用鼠标在箭头图标上双击，然后在需要的地方画箭头，当画完一个箭头时，图标依然保持为嵌入状态，表示可以连续作图。当所有箭头都画完后，再在嵌入的图标上点一下，嵌入的图标弹起，Word 又回到了文字输入状态。不只箭头图标具有这样的功能，其他许多图标都可以如此。当需要把一段特殊的文字格式多次应用时，双击格式刷，连续刷需要的文字，很方便。

3.3.5 实现方法

毕业论文或设计应能表明作者确已较好地掌握了本门学科的基础理论、专业知识和基本技能，并具有从事科学研究工作、工程设计或担负专门技术工作的初步能力。论文或设计的撰写必须遵循正确性、科学性、客观性、公正性、确证性和可读性的原则。

1．毕业论文排版格式要求

（1）页面设置

✧ 纸型：A4 标准纸。

✧ 方向：纵向。

✧ 页边距：上 3.5 cm，下 2.6 cm，左 3 cm，右 2.6 cm。

✧ 页眉：2.4 cm，页脚：2 cm。

操作方法："文件"→"页面设置"。

（2）格式

✧ 正文行距：22 磅。

✧ 首行缩进：每个段落首行缩进 2 个字符。

操作："格式"→"段落"→"行距"→"固定值"→设置值 22 磅。

（3）字体、字号

✧ 标题 1：宋体、三号、加粗。

✧ 标题 2：宋体、四号、加粗。

✧ 标题 3：宋体、小四号、加粗。

✧ 正文部分：宋体、小四。

（4）页眉页脚的设置

✧ 封面不允许设置页眉和页脚。

✧ 目录单独成页，允许多页，页眉设置为"目录"，页脚设置为 1…页脚要连续。

✧ 中文摘要单独分页，允许多页，页眉设置为"中文摘要"，页脚设置为 1…页脚要连续。

✧ 英文摘要单独分页，允许多页，页眉设置为"英文摘要"，页脚要连续中文摘要。

✧ 导论也要单独分页，允许多页，页眉设置为"导论"，页脚设置为 A…页脚要连续。

✧ 正文的页眉设置为"论文的名称"，页脚设置为 1…页脚要连续。

✧ 参考文献页眉设置为"参考文献"，页脚与正文连续。

✧ 致谢页眉设置为"致谢"，页脚与正文连续。

（5）封面、封底：采用学校统一的论文封面（用 157 g 的白铜板纸装订）。

（6）中、英文摘要及关键词：中、英文摘要及关键词单独一页，中文摘要的内容 300 字左右，英文摘要的内容要与中文摘要内容及关键词对应。中、英文关键词 3～5 个左右（摘要及关键词都应该首行空两个字符）。

（7）目录：单独成页，只采用两个层次，即"一"与"（一）"，并标注页码。"目录"两个字用宋体 3 号、粗体、居中，其他用宋体小 4 号字。

（8）正文：每一章开头都要另起页，内容论述用宋体小 4 号字。

（9）图、表标注格式：图标注由图号及图名组成，置于图的正下方，用宋体 5 号字体。

（10）结论（结束语）：结论或结束语作为论文的最后一章（一般控制在 300 字左右）、单独成页，和正文一起编章号（例如：结论）。"结论"两字用宋体 3 号、粗体、居中，叙述的内容用宋体小 4 号字体。

（11）致谢：要求 100～150 字之间，单独成页。"致谢"两个字用宋体 3 号、粗体、居中，叙述内容用宋体小 4 号字体。

（12）参考文献：单独成页，不得少于 10 篇，其中包括 3 篇以上外文文献。"参考文献"四个字用宋体 3 号、粗体、居中，其他用宋体小 4 号字体。其格式如下：

书籍类：序号 作者姓名，书名，出版社，出版年，版次。

杂志类：序号 作者姓名，论文题目，杂志名，年，卷（期）。

例如：

[1] 彭文晋，新技术革命与人才开发，吉林人民出版社，1996年6月，第一版

[2] 余逸群，国内高等教育改革趋势，国际观察，1993年，第三期

2．毕业论文排版步骤

（1）页面设置

✧ 设置纸张的大小与方向。

✧ 设置左右边距、上下边距。

✧ 设置页眉页脚与边距的距离。

（2）使用样式

✧ 对章节、正文等所用到的样式进行定义。

✧ 将定义好的各种样式分别应用于论文的各级标题、正文，完成标题1、标题2、标题3等设置。

✧ 使用样式完成论文中的文字字体、字号等字体格式设置；

✧ 完成段落的行距、首行缩进等段落格式设置。

（3）插入分节符

通过分节符的设置完成分页和分节，根据页眉页脚的设置要求对论文进行分节。

（4）添加页眉页脚

根据论文的排版要求，利用插入域的方法设置页眉和页脚，在不同的节中设置不同的页眉和页脚。

✧ 设置页眉。

✧ 修改页眉的样式。

✧ 调整页眉的位置。

（5）添加目录

✧ 确定要插入目录的位置后，利用具有大纲级别的标题为毕业论文添加目录，选择菜单“插入”→“引用”→“索引和目录”命令完成目录的生成。

✧ 根据排版要求对目录的行距和字体字号进行设置。

✧ 当目录标题或页码发生变化时，注意要及时更新目录。

（6）打印预览

通过打印预览多次浏览修改、观看毕业论文的排版效果，直至满意合格。

3.3.6 案例总结

本节以论文的排版为例，介绍了长文档的排版方法与技巧，重点掌握样式、节、页眉页脚、目录的设置方法。

按照毕业论文的排版要求，利用样式快速设置相应的格式，利用具有大纲级别的标题自动生成目录，灵活插入页眉和页脚等，对毕业论文进行有效的编辑排版，达到预期的目的和效果。

将论文排版素材与排版要求、排版效果提供给学生，要求学生练习排版毕业论文，掌握

论文的排版方法和设置，为毕业前撰写排版自己的毕业论文打好基础，同时也为学生在工作岗位上提供一定的计算机操作基础，提升学生的高级应用能力。

3.3.7　课后练习

☎ 对长文档进行高级排版操作：

（1）制作专业效果的页眉页脚。

（2）为文档添加统一的公司 LOGO。

（3）添加文字水印。

（4）对文档进行密码保护。

知识拓展 2：Word 2007/2010 简介

一、Word 2007

1．Word 2007 的发展

Word 2007 集一组全面的书写工具和易用界面于一体，可以帮助用户创建和共享美观的文档。2006 年发布的 Word 2007，如图 3.36 所示。

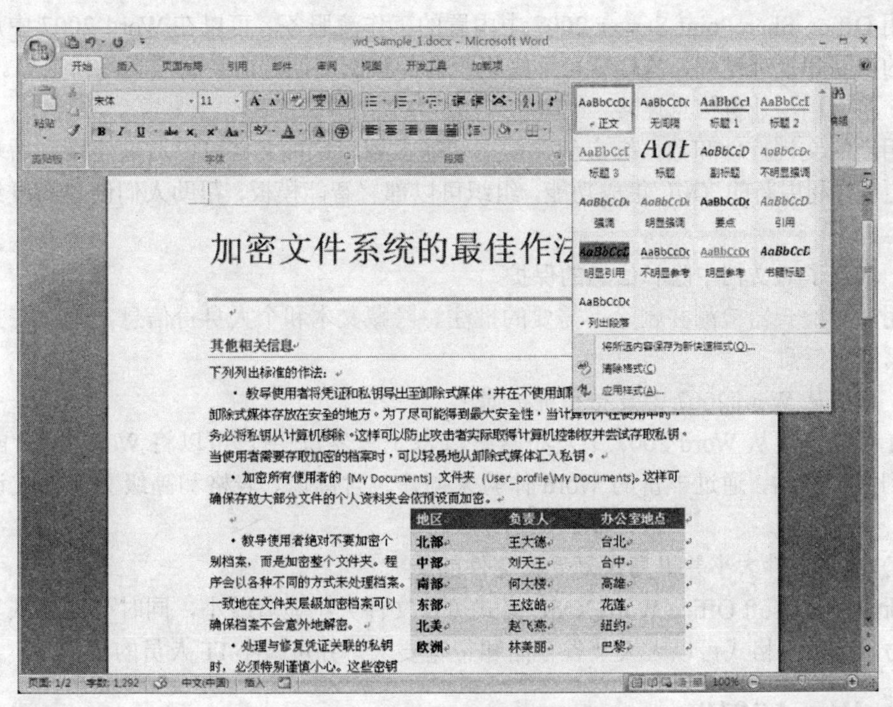

图 3.36　Word 2007 程序窗口

2．Word 2007 的特点

（1）撰写文档

全新的面向结果的界面可在读者需要时提供相应的工具，从而便于快速设置文档的格式。

（2）更有效地传达信息

新增的图表制作功能和绘图功能包括三维形状、透明度、投影以及其他效果，可以帮助读者创建具有专业外观的图形，使文档能够更加有效地传达信息。通过“快速样式”和“文档主题”，还可以快速更改整个文档中的文本、表格和图形的外观，使之符合读者喜好的样式或配色方案。

（3）使用预定义的内容快速构建文档

使用 Word 2007 中的构建块，可以基于常用的或预定义的内容（如免责声明文本、重要引述、侧栏、封面以及其他类型的内容）来构建文档。这样就可以避免花费不必要的时间来重新创建内容，还有助于确保组织内创建的所有文档的一致性。

（4）与使用不同平台和设备的用户进行交流

Word 2007 提供了与他人共享文档的选项。无需增加第三方工具，就可以将 Word 文档转换为可移植文档格式文件（PDF）或 XML Paper Specification（XPS）格式，从而可以与使用任何平台的用户进行广泛交流。

（5）快速比较文档的两个版本

使用 Word 2007 可以很方便地找出对文档所做的更改。它通过一个新的三窗格审阅面板来帮助查看文档的两个版本，并清楚地标出删除、插入和移动的文本。

（6）使用 Word 和 SharePoint Server 控制审阅过程

使用 Office SharePoint Server 2007 中内置的工作流服务，可以在 Word 2007 中启动和跟踪文档的审阅和批准过程，这样就可缩短组织内的审阅周期，而且无须学习新工具。

（7）将文档与业务信息连接

使用新的文档控件和数据绑定创建动态智能文档，这种文档可以通过连接到后端系统进行自我更新。利用新的 XML 集成功能，组织可以部署智能模板，帮助人们创建高度结构化的文档。

（8）增强了对文档中隐私信息的保护

使用文档检查器检测并删除不需要的批注、隐藏文本和个人身份信息，确保在文档发布时不泄露敏感信息。

（9）直接从 Word 2007 中发布和维护博客

现在可以直接从 Word 2007 中发布网络日志（博客）。用户可以将 Word 2007 配置为直接链接到博客网站，通过丰富的 Word 体验来创建包含图像、表格和高级文本格式设置功能的博客。

（10）减小文件大小并提高恢复受损文件的能力

全新的 Microsoft Office Word XML 格式可使文件大小显著减小，同时可提高恢复受损文件的能力。这种新格式可以大大节省存储和带宽要求，并可减小 IT 人员的负担。

二、Word 2010

1．Word 2010 的发展

Word 2010 提供了世界上最出色的功能，其增强后的功能可创建专业水准的文档，用户可以更加轻松地与他人协同工作并可在任何地点访问自己的文件。

Word 2010 旨在提供最上乘的文档格式设置工具，利用它还可更轻松、高效地组织和编写文档，并使这些文档唾手可得，无论何时何地灵感迸发，都可捕获这些灵感。如图 3.37 所示。

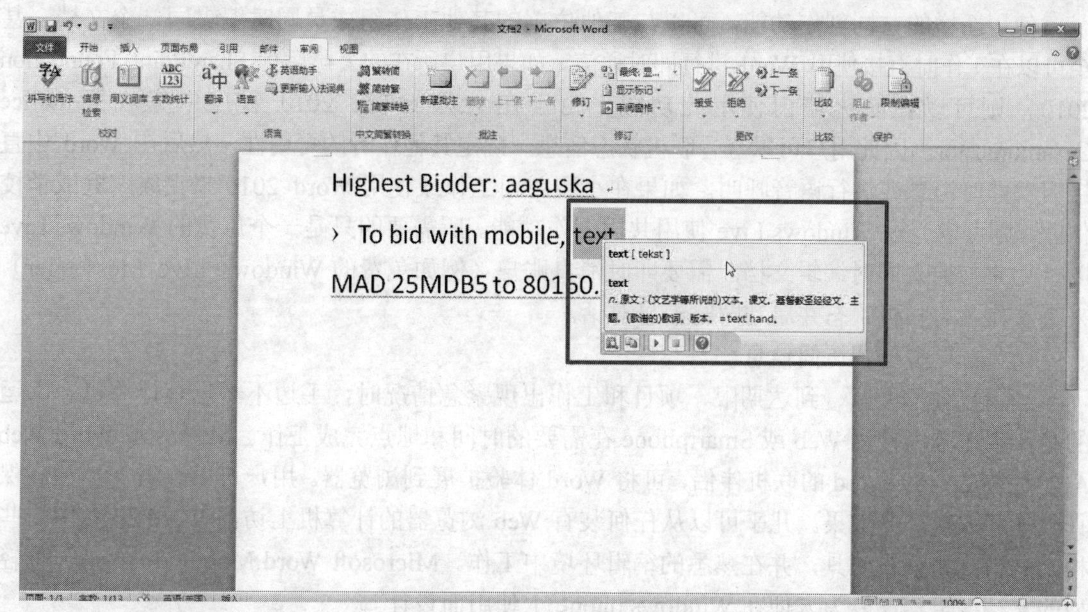

图 3.37　Word 2010 程序窗口

2．Word 2010 的特点

（1）比以往更轻松地创建具有视觉冲击力的文档

Word 2010 提供了一系列新增和改进的工具，使用户像设计专家一样并突出重要内容。

直接将令人印象深刻的格式效果（例如渐变填充和映像）添加到文档中的文本。现在可以将许多相同效果应用于文本和可能已用于图片、图表和 SmartArt 图形的形状。

使用新增和改进的图片编辑工具（包括通用的艺术效果和高级更正、颜色以及裁剪工具）可以微调文档中的各个图片，使其看起来效果更佳。从许多可自定义的 Office 主题中进行选择，以调整文档中的颜色、字体和图形格式效果。自定义主题使用自己的个人或业务品牌。PowerPoint 2010 和 Excel 2010 可以使用相同的 Office 主题，以便方便地为所有文档赋予一致、专业的外观。使用大量 SmartArt 图形（包括组织结构图和图片图表的许多新布局）进行美化，使创建令人印象深刻的图形与输入项目符号列表一样简单。SmartArt 图形自动与所选的文档主题协调一致，只需几次单击即可获得所有文档内容的精美外观格式。

（2）节省时间和简化工作

Word 2010 提供了节省时间和简化工作的工具。

轻松掌握改进的导航窗格和查找工具。使用这些新增强功能可以比以往更容易地进行浏览、搜索甚至直接从一个易用的窗格重新组织文档内容，恢复已关闭但没有保存文件的草稿版本。版本恢复功能只是全新 Microsoft Office Backstage™视图提供的众多新功能之一。Backstage 视图代替了所有 Office 2010 应用程序中传统的“文件”菜单，为文档管理任务提供了一个集中的有序空间。轻松地自定义经过改进的功能区，可以更加轻松地访问所需命令。创建自定义选项卡甚至自定义内置选项卡。

（3）更成功地协同工作

如果需要与其他人协同完成文档和项目，Word 2010 提供了所需的工具。

使用新增的共同创作功能，可以与其他位置的其他工作组成员同时编辑同一个文档，甚至可以在工作时直接使用 Word 进行即时通信。如果用户所在的公司运行 SharePoint Foundation 2010，则可以在防火墙内使用此功能。由于在全套 Office 2010 程序中集成了 Office Communicator，因此用户可以查看联机状态信息，确定其他作者的可用性，然后在 Word 中直接启动即时消息或进行语音呼叫。如果在小型公司工作或使用 Word 2010 来完成家庭或学校作业，则可以通过 Windows Live 使用共同创作功能。所需要的只是一个免费的 Windows Live ID，用来与他人同时编辑文档。需要即时消息账户（例如免费的 Windows Live Messenger）来查看作者的联机状态并启动即时消息对话。

（4）从更多位置访问信息。

当用户迸发创意、到达期限、项目和工作出现紧急情况时，手边不一定有计算机。幸运的是，现在可以使用 Web 或 Smartphone 在需要的时间和地点完成工作。Microsoft Word Web App 是 Microsoft Word 的联机伴侣，可将 Word 体验扩展到浏览器。用户可以查看文档的高保真版本和编辑灯光效果。几乎可以从任何装有 Web 浏览器的计算机上访问 Word 2010 中一些相同的格式和编辑工具，并在熟悉的编辑环境中工作。Microsoft Word Mobile 2010 是一种轻型的文档编辑器，专为方便在 Windows phone 上使用而设计。

无论是编写职业生涯报告、与下一重大项目的团队协同工作、起草简历还是完成正在进行的工作，Word 2010 都能更轻松、更快捷、更灵活地完成所需的任务，并取得很好的效果。

学习情境4：电子表格应用软件

学习情境4.1：制作成绩表

电子表格应用软件是办公自动化应用中非常重要的一款软件，它不仅能够方便地处理表格和进行图形分析，其更强大的功能体现在对数据的自动处理和运算。Excel 2003是Office 2003办公软件中的一个组件，是目前最为流行、功能最为强大的电子表格处理工具，具有数据计算、绘制图表、数据统计分析、数据交换等功能，被广泛地应用在公司管理、会计财务管理、审计分析等方面。

内容导入

本节以Excel 2003中文版为例，通过制作成绩表，学习Excel的主要功能及其使用方法，涉及的主要内容包括Excel基本表格制作与格式化、公式和函数的使用、图表的制作、数据的管理与统计等。

4.1.1 制作成绩表案例分析

每学期期末考试结束后，要求学习委员将全班同学各科成绩收集、汇总，制作“期末成绩汇总表”，并统计每位同学的总分、平均分、班级名次，每门课程考试人数、及格人数、各科最高分、最低分以及将不及格学生成绩标注出来等相关信息。图4.1为“学期班级成绩表”实例。

2010-2011学年第一学期期末成绩汇总表

班级：2010高职计算机应用班　　制表时间：2011年1月7日

学号	姓名	高数	英语	思想道德与法律基础	计算机与信息技术基础	计算机组装与维护	德育	体育	形势与政策	应用文写作	平均分	总分	级别	名次
201010246	孙阁	95.0	90.0	65.5	89.0	88.0	91.0	90.0	92.0	96.0	88.5	796.5	优秀	1
201010247	常旭	94.0	97.0	95.5	90.0	91.0	87.0	86.0	66.0	80.0	87.4	786.5	优秀	3
201010248	王泉	98.0	90.0	82.0	84.0	98.0	88.0	88.0	82.0	83.0	88.1	793.0	优秀	2
201010249	王国栋	97.0	82.0	94.0	81.0	70.0	90.0	79.0	62.0	65.0	80.0	720.0	优秀	4
201010250	时雪	92.0	96.0	76.0	86.0	76.0	87.0	78.0	64.0	*55.0*	79.0	711.0	优秀	5
201010251	陈姣姣	75.5	60.0	97.0	85.0	82.0	93.0	72.0	*58.0*	77.0	77.3	695.5	良好	6
201010252	乔琳琳	60.0	81.0	66.0	80.0	80.0	85.0	83.0	73.0	*44.0*	72.4	652.0	良好	7
201010253	韩栋	96.0	83.0	82.0	83.0	60.0	80.0	缺考	*47.0*	69.0	75.0	600.0	良好	11
201010254	张志高	80.5	*46.0*	62.0	65.0	85.0	86.0	61.0	66.0	79.0	70.1	630.5	良好	8
201010255	范鹏君	83.0	88.0	64.0	*56.0*	68.0	87.0	*54.0*	*50.0*	68.0	68.7	618.0	良好	10
201010256	吕强	93.0	*36.0*	*54.0*	77.0	缺考	85.0	缺考	*33.0*	60.0	62.6	438.0	差	14
201010257	王春	86.0	80.0	73.0	*44.0*	60.0	65.0	*41.0*	96.0	76.0	69.3	624.0	良好	9
201010258	姚遵宝	87.0	*22.0*	*47.0*	69.0	66.0	79.0	*59.0*	60.0	97.0	65.1	586.0	及格	12
201010259	刘洪娜	80.0	*52.0*	60.0	*50.0*	*50.0*	68.0	*57.0*	81.0	66.0	62.7	564.0	及格	13
201010260	何海波	60.0	*11.0*	*27.0*	*20.0*	*33.0*	60.0	*52.0*	62.0	65.0	43.3	390.0	差	15
201010261	梁天圳	63.0	*18.0*	*17.0*	*16.0*	*37.0*	*57.0*	*25.0*	64.0	*56.0*	39.2	353.0	差	16

汇总情况		高数	英语	思想道德与法律基础	计算机与信息技术基础	计算机组装与维护	德育	体育	形势与政策	应用文写作
汇总情况	最高分	98.0	97.0	97.0	90.0	98.0	93.0	90.0	96.0	97.0
	最低分	60.0	11.0	17.0	16.0	33.0	57.0	25.0	33.0	44.0
	及格人数	16	10	12	11	12	15	8	12	13
	考试人数	16	16	16	16	15	16	14	16	16
	及格率	100.0%	62.5%	75.0%	68.8%	80.0%	93.8%	57.1%	75.0%	81.3%

图4.1 期末成绩汇总表样例

4.1.2 任务的提出

在本节中，将利用 Excel 2003 的表格制作与格式化、公式和函数应用等功能，制作一份“期末成绩汇总表”。所以本节的任务就是通过案例分析的方法，让每个学生理解并掌握 Excel 2003 的基础知识以及相关的基本操作，自己动手制作一份精美的“期末成绩汇总表”。但是如何完成“期末成绩汇总表”的制作呢？

4.1.3 解决方案

通过对案例中的“期末成绩汇总表”进行分析，具有以下特点：

（1）整体效果特点：美观大方、内容完整。

（2）内容特点：包含表格制作、边框和底纹设置、字体格式设置、条件格式、公式和函数等知识的应用。

“期末成绩汇总表”主要包括 3 个部分：工作表的基本操作和编辑、工作表的格式化、工作表中公式和函数的应用。期末成绩汇总表主要通过一系列表格数据，衡量一学期课程结束后全班同学对每门课程的掌握情况以及在班级中的排名情况。工作表的基本操作和编辑主要包括表格整体设计、学生各门课程成绩录入；工作表的格式化主要包括对相关数据的格式化、合并处理以及边框底纹的应用；工作表中公式和函数的应用主要指利用 Excel 2003 提供的常用函数完成对学生每门课程成绩汇总、求平均分，单门课程最高分、最低分的筛选，参加考试人数和及格人数统计，每位学生整体班级排名的数据处理。

4.1.4 相关知识点

1．Excel 2003 工作界面

Excel 2003 工作界面如图 4.2 所示。

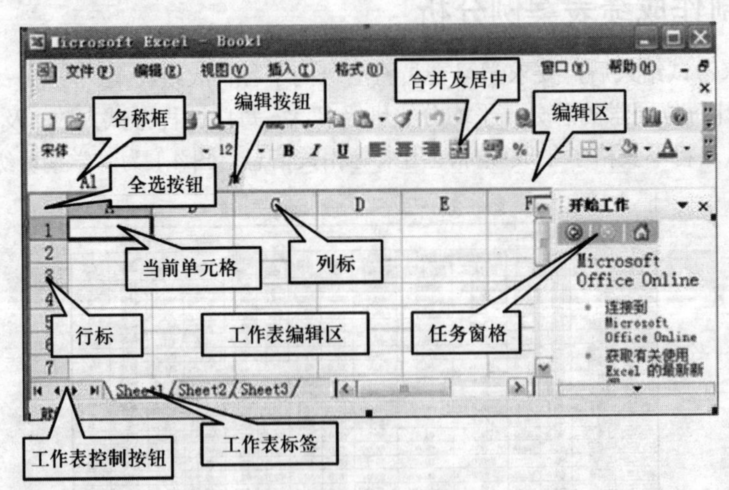

图 4.2 Excel 工作界面

2．工作表的建立

（1）基本概念

① 工作簿。工作簿是计算和存储数据的文件，扩展名为.xls，由工作表组成。最多可存放 255 个工作表。默认工作簿名为 Book1，其中包含 3 个工作表 Sheet1、Sheet2 和 Sheet3。如图 4.3 所示。

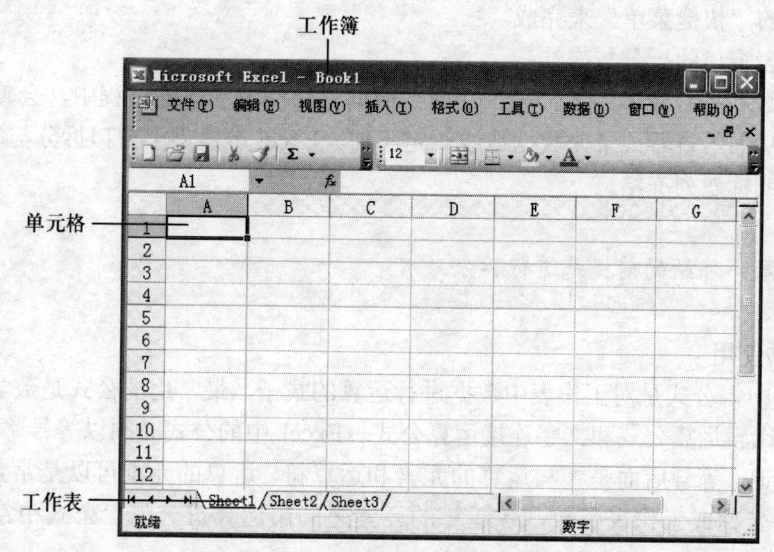

图 4.3 Excel 工作簿、工作表和单元格

② 工作表。工作表是指工作簿窗口中央有网格线的区域，与一般意义的表格类似，以列和行的形式组织和存放数据，工作表由单元格组成。每一个工作表都用一个工作表标签来标识。默认情况下，工作表以 Sheet1、Sheet2 和 Sheet3 命名。

③ 单元格。单元格是 Excel 工作表的最小单位。一个单元格最多可容纳 32 000 个字符。单元格根据其所处的列号和行号来命名。列号在前、行号在后。比如：A5、C9。

（2）数据类型

Excel 的数据类型分为数值型、字符型和日期时间型 3 种。

① 数值型数据。包括：数字（0～9）组成的字符串，也包括+、-、E、e、$、%、小数点、千分位符号等。在单元格中的默认对齐方式为“右对齐”。

② 字符型数据。包括汉字、英文字母、数字、空格及键盘能输入的其他符号。在单元格中的默认对齐方式为“左对齐”。字符型数据一般只能作字符串连接运算和进行大小比较的关系运算。

对于一些纯数字组成的数据，如邮政编码、电话号码等，有时需要当做字符处理，则需要在输入的数字之前加一个西文单引号（′），Excel 将自动把它当做字符型数据处理。

③ 日期时间型数据。日期时间型数据本质上是整型数据，表示从 1900-1-1 至指定日期或从 0:0 到指定时间经过的秒数。

常用的日期格式有：“mm/dd/yy”、“dd-mm-yy”；时间格式有：“hh:mm（am/pm）”，am/pm 与时间之间应有空格，否则 Excel 将当做字符型数据来处理。日期时间型数据可作加减运算，也可作大小比较的关系运算。

日期时间在单元格中的默认对齐方式为“右对齐”。

3. 工作表的编辑和格式化

（1）工作表的基本操作

包括对工作表的重命名、插入、删除、复制和移动等操作。可以通过对选中的工作表，单击右键弹出的“快捷菜单”来完成。

（2）工作表窗口的拆分与冻结

对一个行数和列数较多的工作表，在向下或向右移动滚动条的过程中，会使标题行或标题列被隐藏，从而给查看或录入数据造成一定不便。Excel 中提供了窗口拆分与冻结的作用，可以使标题行或标题列冻结。

注意：冻结的前提是进行拆分。

4. 公式的使用

在 Excel 中，公式是对工作表中数据进行运算的式子，最常用的公式是数学运算公式，此外还提供了比较运算公式和文字连接运算公式。Excel 中的公式必须以等号“=”开头，相当于公式的标记，等号后面是参与运算的元素和运算符。运算的元素可以是常量数值、单元格引用、标识名称或工作表函数，各运算的元素之间用运算符分隔。公式中常用运算符如表 4.1 所示。

表 4.1 常用运算符

名　称	运算符种类	说　明	例　子
算术运算符	+、−、*、/、^、%	加、减、乘、除、乘方、百分比	如：=2+3/3*2^2=6
文字运算符	&	连接两个或多个字符串	如：“中国”&“China”得到“中国 China”
比较运算符	=、>、<、>=、<=、<>	用于比较两个数字或字符串	如：5>3
引用运算符	冒号、逗号、空格	冒号是区域运算符，代表一个矩形区域；逗号是联合运算符，代表多个区域相并；空格是交叉运算符，代表多个区域求交集	如：A3:E4, A5:E6

5. 输入使用

（1）选择要输入公式的单元格，单击公式编辑栏的“=”按钮，输入公式内容。

（2）单击编辑栏的“√”按钮或按 Enter 键。也可以直接在单元格中以“=”为首字符输入公式，如图 4.4、图 4.5 所示。

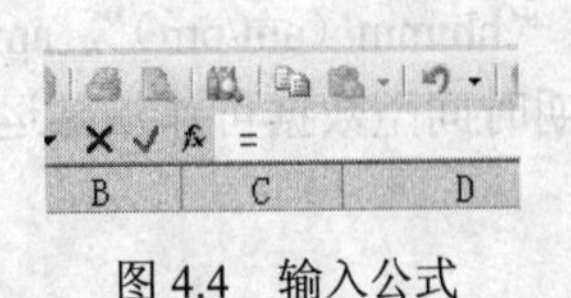

图 4.4 输入公式

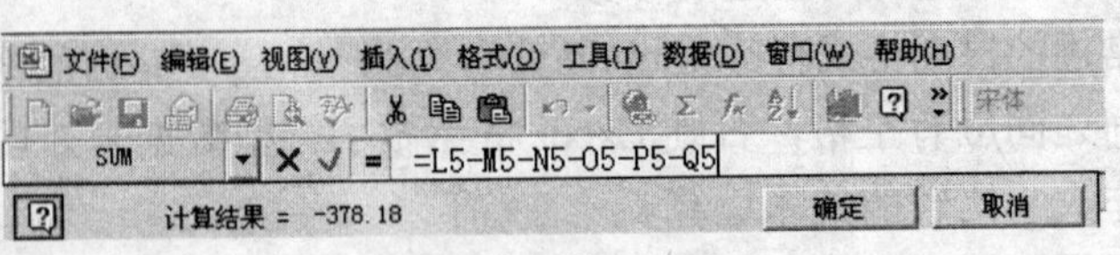

图 4.5 输入公式

6．函数的使用

函数是 Excel 2003 自带的内部预定义的公式。灵活运用函数不仅可以省去自己编写公式的麻烦，还可以解决许多仅仅通过自己编写公式尚无法实现的计算，并且在遵循函数语法的前提下，大大减少了公式编写错误的情况。

在 Excel 中内置了 9 类共 240 多个函数（数字、日期、文字等）。

函数形式：函数名（参数表）

✧ 多个参数间用逗号隔开。

✧ 参数可以是数字、文字、逻辑值、数组、误差值、引用位置、常量或公式。

✧ 甚至是又一函数，这时称为函数嵌套，最大嵌套层数 7 层。

Excel 常用函数如表 4.2 所示。

表 4.2 Excel 常用函数

序号	函数名称	主 要 功 能	使 用 格 式	参 数 说 明
1	SUM	计算所有参数数值的和	SUM（number1, number2…）	number1、number2…代表需要计算的值，可以是具体的数值、引用的单元格（区域）、逻辑值等
2	AVERAGE	求出所有参数的算术平均值	AVERAGE(number1, number2,…)	number1, number2,…：需要求平均值的数值或引用单元格（区域）
3	COUNT	计算参数表中的数字参数和包含数字的单元格个数	COUNT(value1, value2,…)	value1, value2,…为 1～30 个可以包含或引用各种不同类型数据的参数，但只对数字型数据进行计算
4	COUNTIF	统计某个单元格区域中符合指定条件的单元格数目	COUNTIF(Range, Criteria)	Range 代表要统计的单元格区域；Criteria 表示指定的条件表达式
5	MAX	求数据集中的最大值	MAX(number1, number2,…)	number1, number2,…为 1～30 个需要求最大值的参数
6	MIN	求出一组数中的最小值	MIN(number1, number2,…)	number1, number2,…代表需要求最小值的数值或引用单元格（区域）
7	IF	根据对指定条件的逻辑判断的真假结果，返回相对应的内容	IF(Logical,Value_if_true,Value_if_false)	Logical 代表逻辑判断表达式；Value_if_true 表示当判断条件为逻辑“真（TRUE）”时的显示内容，如果忽略返回“TRUE”；Value_if_false 表示当判断条件为逻辑“假（FALSE）”时的显示内容，如果忽略返回“FALSE”

续表

序号	函数名称	主要功能	使用格式	参数说明
8	RANK	返回某一数值在一列数值中的相对于其他数值的排位	RANK（Number,ref,order）	Number 代表需要排序的数值；ref 代表排序数值所处的单元格区域；order 代表排序方式参数（如果为“0”或者忽略，则按降序排名，即数值越大，排名结果数值越小；如果为非“0”值，则按升序排名，即数值越大，排名结果数值越大）

（1）选取存放结果的单元格。

单击“粘贴函数”按钮或选择菜单“插入”→“函数”命令，弹出“插入函数”对话框，在对话框中选取函数类型和函数名，选取或输入参数，如图 4.6 所示。

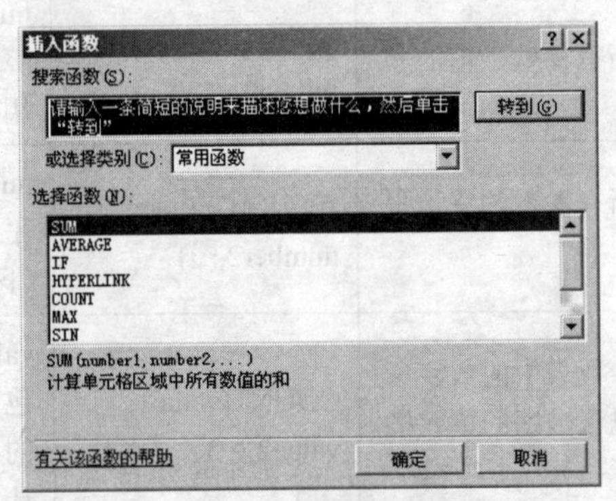

图 4.6　选取函数

（2）输入等号后，在函数框中选取所需函数。

在编辑栏中直接输入：=函数名（参数），选取或输入参数，如图 4.7、图 4.8 所示。

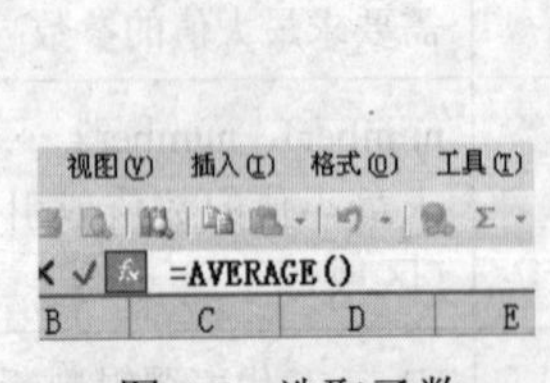

图 4.7　选取函数

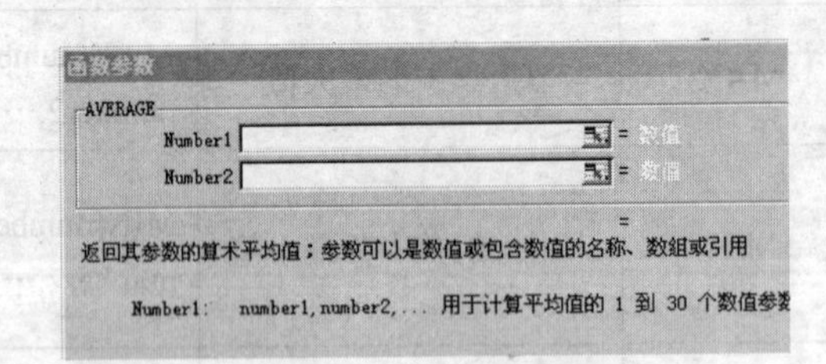

图 4.8　设置函数参数

（3）在编辑栏中直接输入：=函数名（参数），如图 4.9 所示。

图 4.9　直接输入函数

7. 单元格的应用

可以对单元格或单元格区域进行引用，可以引用同一工作表中不同部分的数据，也可以引用同一工作簿其他工作表中的数据，还可以引用其他工作簿中的数据。直接使用单元格名来表示对单元格的引用，常见的有 4 种引用方式：相对引用、绝对引用、混合引用、外部引用（链接）。

（1）相对引用（列坐标行坐标）

✧ “相对引用”：是指在公式复制时，该地址相对于源单元格在不断发生变化。

✧ 表示方法：列标行号。

（2）绝对引用（$列坐标$行坐标）

✧ “绝对引用”：是指在公式复制时，地址不随目标单元格的变化而变化。

✧ 表示方法：在引用地址的列标和行号前分别加上一个“$”符号。

（3）混合引用

“混合引用”：是指在引用单元格地址时，一部分为相对引用地址，另一部分为绝对引用地址。

✧ 如果“$”符号放在列标前，如$A1，则表示列的位置是“绝对不变”的，而行的位置将随目标单元格的变化而变化。

✧ 如果“$”符号放在行号前，如 A$1，则表示行的位置是“绝对不变”的，而列的位置将随目标单元格的变化而变化。

注意：相对、绝对、混合引用间可相互转换。

方法：选定单元格中的引用部分反复按 F4 键。

（4）外部引用（链接）

✧ “内部引用”：同一工作表中单元格之间的引用。

✧ “外部引用”：同一工作簿、不同工作表中单元格之间的引用，以及不同工作簿中单元格之间的引用。

✧ 引用同一工作簿内不同工作表中的单元格格式：=工作表名！单元格地址，如“=Sheet2！A1。

✧ 引用不同工作簿工作表中的单元格格式：=[工作簿名]工作表名!单元格地址，如“=[Book1]Sheet1！A1。

8．设置单元格

设置单元格的格式包括设置单元格中的数字格式、对齐方式、字体的样式和大小、边框、图案及对单元格的保护等操作。操作方法如图 4.10 所示。

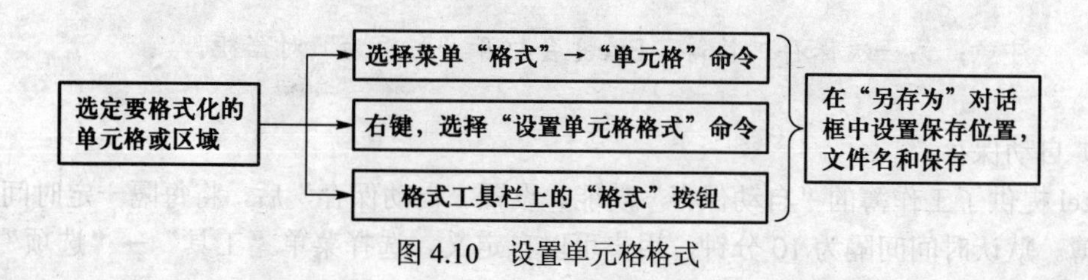

图 4.10　设置单元格格式

设置单元格（行、列）格式（小数位数、单元格边框、底纹、字体、对齐方式），如图 4.11 所示。

右击要设置的单元格，在弹出的快捷菜单中选择“设置单元格格式”命令，打开“单元格格式”对话框，选对齐选项卡，进行设置，如图 4.12 所示，复选框中设定是否自动换行、是否合并单元格。也可设置单元格字体、图案，如图 4.13 和图 4.14 所示。

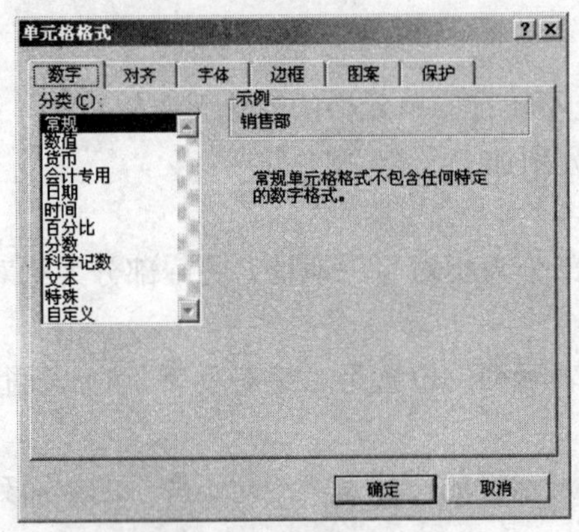

图 4.11　单元格格式设置

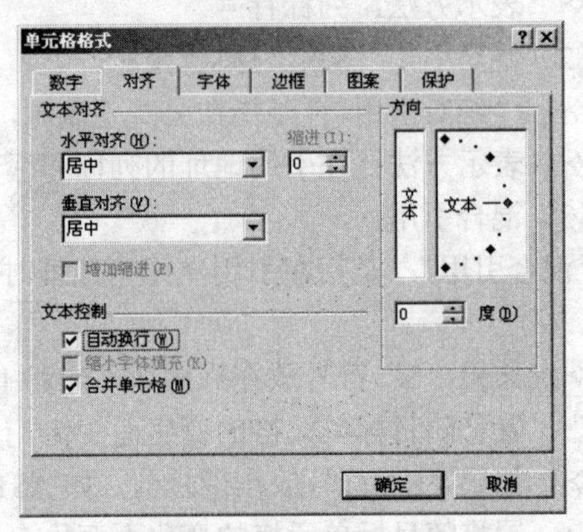

图 4.12　单元格对齐格式设置

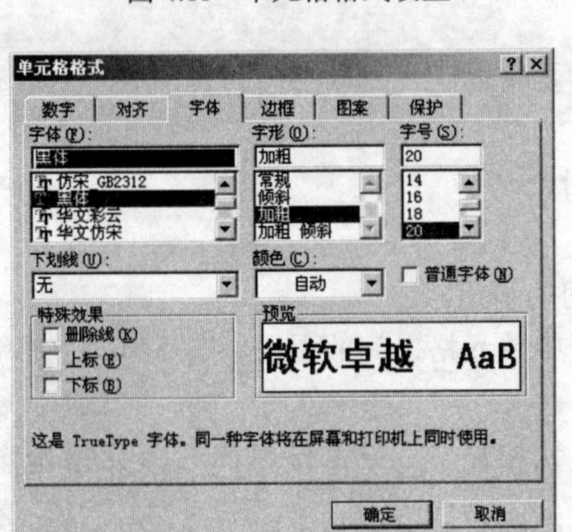

图 4.13　单元格字体格式设置

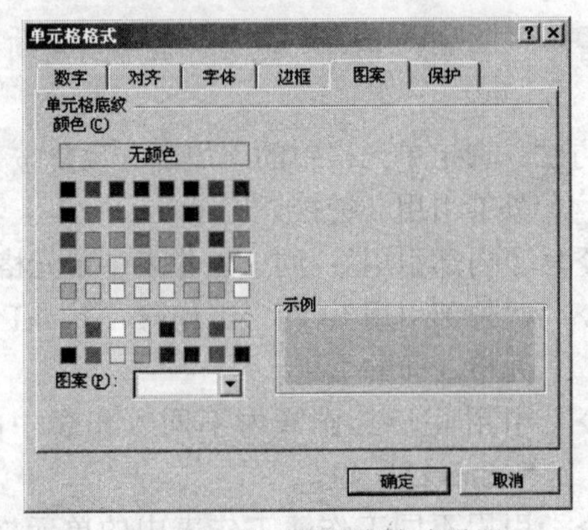

图 4.14　单元格图案格式设置

9．保存与保护

（1）保存工作簿

工作簿的保存主要有 4 种方法，如图 4.15 所示。

注意：第一次保存工作簿，Excel 会打开“另存为”对话框。

（2）自动保存

Excel 提供了工作簿的“自动保存”功能。设置“自动保存”后，将每隔一定时间自动保存工作簿。默认时间间隔为 10 分钟，用户可以自定义。选择菜单“工具”→“选项”命令，打开“选项”对话框，可以进行自动保存设置，如图 4.16 所示。

（3）保存工作区

在 Excel 中，可以将当前的工作状态保存为工作区文件，当重新进入并打开该工作区文件时，上次工作时使用到的所有工作簿就会被同时打开，并且按照当时的方式、位置排列。工作区文件的后缀为.xlw。

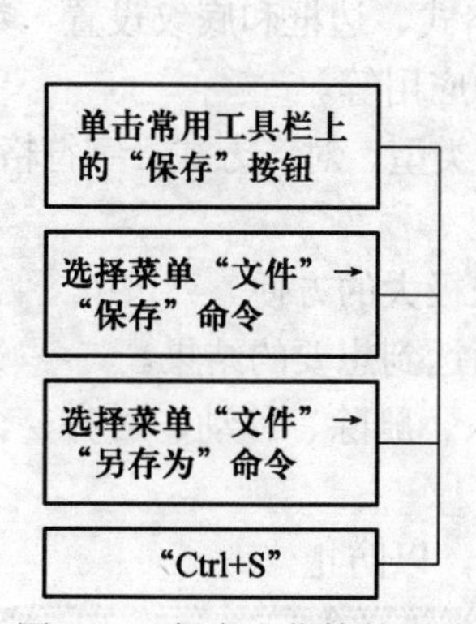

图 4.15　保存工作簿的方法

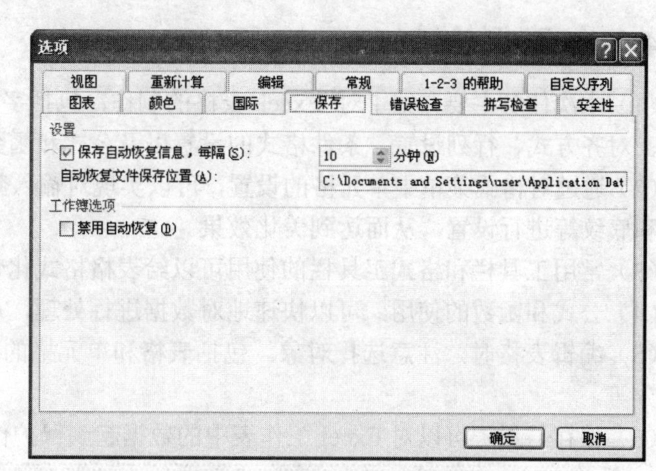

图 4.16　自动保存对话框

操作步骤如图 4.17 所示。

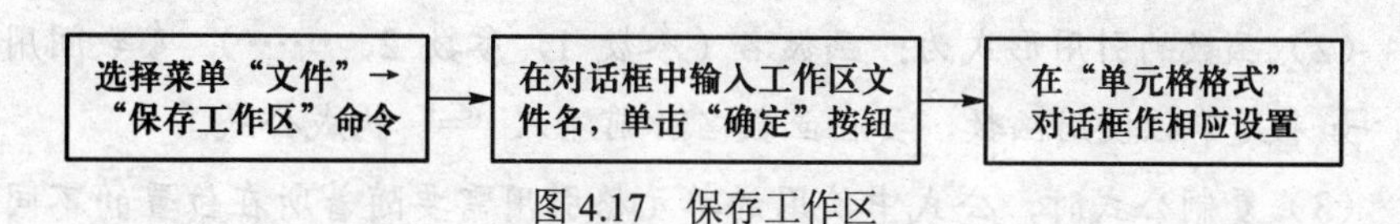

图 4.17　保存工作区

（4）保护工作表

出于安全考虑，有时必须对一些重要的工作表加以保护。处于保护状态的工作表禁止任何修改，除非解除保护，如图 4.18 所示。

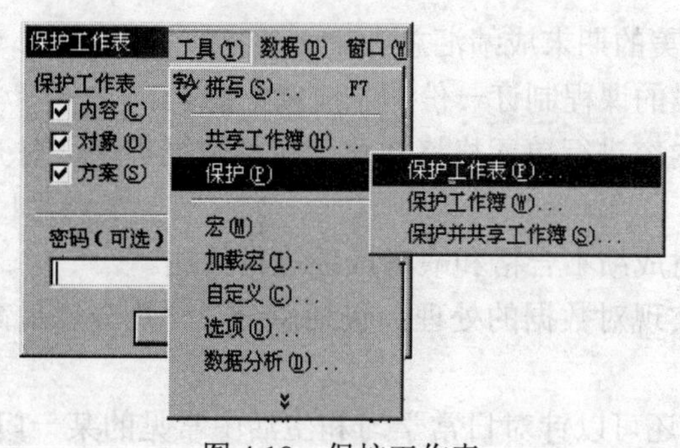

图 4.18　保护工作表

4.1.5　实现方法

（1）规划表格结构。

（2）输入表格内容，设置单元格格式。

（3）公式和函数的应用。

（4）打印预览。

（5）保护与保存。

4.1.6 案例总结

（1）本次任务主要介绍了对 Excel 表格的制作，包括字符格式、边框和底纹设置、数据类型、对齐方式、行列设置、条件格式的设置以及公式和函数的应用等。

（2）通过对格式菜单中单元格的设置，可以实现对输入数据类型、对齐方式、字符格式、边框和底纹等进行设置，从而达到美化效果。

（3）常用工具栏和格式工具栏的使用可以给表格格式化带来极大的方便。

（4）公式和函数的使用，可以快速地对数据进行处理，从而达到想要的结果。

（5）编辑表格时，注意选择对象。包括表格和单元格的插入、删除、移动、对齐、合并和拆分等。

（6）保存与保护可以对 Excel 工作表中的数据起到保护作用，以防止修改。

在使用公式和函数进行计算时，应注意如下几点：

（1）公式是对单元格中数据进行计算的等式，输入公式前应先输入“=”。

（2）函数的引用形式为：函数名（参数 1，参数 2，……），参数间用逗号隔开。如果是单独使用函数，要在函数名称前输入“=”构成公式。

（3）复制公式时，公式中使用的单元格引用需要随着所在位置的不同而变化时，使用单元格的相对引用；不随所在位置变化时使用单元格的绝对引用。

4.1.7 课后练习

☎ 制作一份完整精美的期末成绩汇总表。

（1）根据本学期开设的课程制订一份期末成绩汇总表。

（2）对工作表中的内容进行单元格格式化（包括数据类型、对齐方式、字体设置、边框和底纹设置等）。

（3）利用条件格式对成绩不合格和缺考成绩进行标注。

（4）利用常用函数实现对数据的处理，包括总分、平均分、最高分与最低分、考试人数与总人数、排名等。

☎ 通过学习，大家还可以针对日常学习和生活中常见的某一门课程成绩、CCT-1 成绩进行表格制作和数据处理。

思考：如“计算机与信息技术基础”课程学期末总评成绩=平时考勤与课堂表现（20%）+作业成绩（30%）+期中成绩（20%）+期末成绩（30%），制作一张“计算机与信息技术基础”课程的期末总评成绩汇总表，要求求出每位学生的总评成绩、排名，并统计出参加应考和实考学生人数、各分数段学生人数（90 分以上、80～89 分、70～79 分、60～69 分、60 分以下，缺考、作弊、旷考人数）以及课程平均分。参考示意图如图 4.19 所示。

新疆农业职业技术学院总评成绩登记表

2010-2011学年第1学期

开课部门：信息技术学院　　班级：2010高职应用　　任课教师：李桂珍　　学分：4

课程名称：计算机文化基础　　课程性质：必修课　　考核方式：考试　　填表日期：2011-1-6

学号	姓名	平时	期中	实验	期末	总评	备注	学号	姓名	平时	期中	实验	期末	总评	备注
201010246	李贤忠	86	80	84	81	83									
201010247	张雪梅	92	75	90	83	85									
201010248	李俊杰	90	76	88	87	86									
201010249	郭振亚	90	65	88	90	84									
201010250	张强	80	75	80	97	84									
201010251	曾飞	80	60	80	68	72									
201010253	杜兴龙天	75	60	75	54	66									
201010254	杨艳	85	72	84	69	77									
201010800	田晓玲	85	65	86	87	82									
201011095	王菲菲	87	80	88	72	81									
201011127	周韬	82	81	76	59	73									
201011187	唐伯胜	85	78	86	68	79									
201011213	马亚亚	90	70	87	67	78									
201011275	柴华	92	80	90	91	89									
201011276	刘蒙	92	92	93	100	95									
201011277	李照远	90	70	91	96	88									
201011336	赵庆飞	92	80	90	100	91									
201011378	闫秀青	90	75	86	78	82									
201011379	张丽娜	88	80	87	100	90									
201011380	左月然	86	80	88	68	80									
201011427	魏登莹	90	82	86	82	85									
201011627	李蒙	82	65	80	58	71									
201011628	丁倩雯	88	75	87	95	87									
201011629	张子阳	98	90	94	100	96									
201011630	方文天	100	86	95	86	92									
201011631	许国杰	86	78	80	62	75									
201011823	李晓旦	87	78	87	79	83									
201011824	张鹏	95	85	94	85	90									
201011825	李鹏伟	84	75	78	70	76									
201011826	王晨根	80	80	80	58	73									
23141001	蔡勇	83	66	76	48	67									
23141002	罗兰	93	84	90	92	90									
23141003	马鑫	90	80	90	94	89									
23141004	贾晓前	86	82	86	95	88									
23141005	沈培娟	90	76	88	72	81									

总评 = 平时 20 %+期中 20 %+实验 30 %+期末 30 %

总评成绩分析	百分制	人数	百分比	统计	人数
	90分以上	7	20.00%	应考	35
	80--89分	17	48.57%	实考	35
	70--79分	9	25.71%	缓考	0
	60--69分	2	5.71%	作弊	0
	40--59分	0	0.00%	旷考	0
	40分以下	0	0.00%	平均分	82.51

教师：＿＿＿＿＿＿签章　　教研室主任：＿＿＿＿＿＿签章　　学院章：＿＿＿＿＿＿

图 4.19　成绩汇总表示意图

学习情境 4.2：制作商场销售数据表

内容导入

科学化经营已成为商场竞争的基础，基础管理、数据分析、品类优化、市场调研、促销执行、优质服务等缺一不可。商场日常营运的数据分析至关重要，包括商场销售业务管理、促销产品销售分析、产品销售占比分析、促销效果评估分析、销售数据管理与分析（月度销售分析和季度销售分析表等）、仓库数据管理与分析等大量的数据和信息，采用人工管理耗时耗力，使用 Excel 数据汇总功能完成就能省时高效地完成各种工作。

本节以 Excel 在市场营销和销售领域中的具体应用为主线，按照市场营销人员与销售人员的日常工作特点进行设计分析，介绍相关的 Excel 常用功能，达到提高销售和商场人员办公效率的作用。

4.2.1 制作商场销售数据表案例分析

李佳是经济贸易学院会计与审计专业2007届的毕业生，毕业后就职于某商场，负责管理每天的销售情况，她用Excel制作了“销售记录表”，统计商场一天中各类商品的销售数量、销售额和毛利润等，并生成各类商品日销售分析表，用于直观地反映各类商品的销售动态，如图4.20、图4.21、图4.22所示。

汇嘉超市销售记录表

日期	商品名称	单位	售价	数量	销售额	进价	毛利润	毛利率
2011-4-5	麦趣尔纯牛奶	箱	￥45.00	50	2250.00	￥40.00	250.00	11.11%
2011-4-5	海飞丝洗发水	瓶	￥26.80	100	2680.00	￥23.00	380.00	14.18%
2011-4-5	盼盼芝士面包	袋	￥7.80	60	468.00	￥6.00	108.00	23.08%
2011-4-5	土鸡蛋	公斤	￥10.00	200	2000.00	￥8.50	300.00	15.00%
2011-4-5	螺旋辣椒	公斤	￥20.50	150	3075.00	￥19.00	225.00	7.32%
2011-4-5	康师傅绿茶	瓶	￥3.50	260	910.00	￥2.70	208.00	22.86%
2011-4-5	可口可乐	瓶	￥2.50	320	800.00	￥1.80	224.00	28.00%
2011-4-5	农夫山泉纯净水	瓶	￥2.00	500	1000.00	￥1.80	100.00	10.00%
2011-4-5	王老吉	罐	￥3.50	560	1960.00	￥2.90	336.00	17.14%

图4.20 商场销售记录表

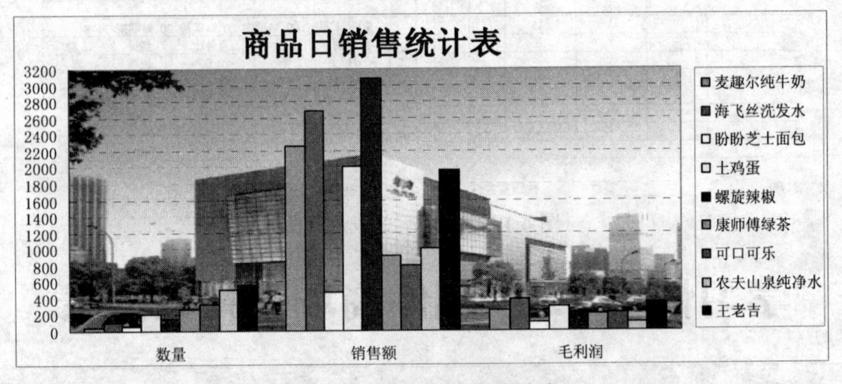

图4.21 商场日销售统计表

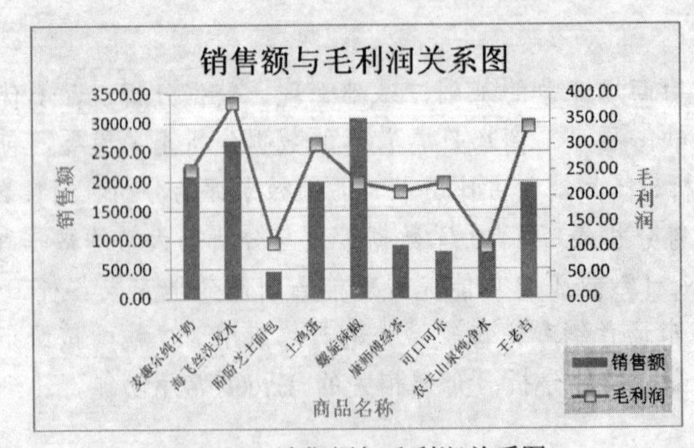

图4.22 销售额与毛利润关系图

4.2.2 任务的提出

在本节中，将重点利用 Excel 2003 的公式应用、图表制作等功能，制作一份“商场销售数据表”。所以本节的任务就是通过商场销售数据表案例分析的方法，让每个学生理解并掌握 Excel 2003 的公式应用和图表制作方法，自己动手制作一份集详细数据清单和形象化图表于一身的“商场销售数据表”。但是如何完成“商场销售数据表”的制作呢？

4.2.3 解决方案

通过对案例中的“商场销售数据表”进行分析，具有以下特点：

（1）整体效果特点：内容完整、格式整齐，图表美观形象。

（2）内容特点：包含表格制作、格式设置、公式应用和图表制作等知识的应用。“商场销售数据表”主要包括两大块：工作表和统计表。工作表主要通过一系列表格数据，记录商场各类商品日销售额和利润情况。统计表主要通过图表的形式形象描述出各类商品日销售数量、销售额和毛利润情况。

4.2.4 相关知识点

1. 公式的应用

Excel 中的公式一般不是指出几个数据间的运算关系，而是计算几个单元格中数据的关系，需要指明单元格的区域，即引用。

✧ 公式：是由操作数和运算符按一定的规则组成的表达式，以“=”为首字符。是单元格中一系列值、单元格的引用、名称或运算符的组合，可生成新的值。

✧ 公式作用：利用公式可以对工作表的数据进行加法、减法、乘法和除法等运算。在公式中，不但可以引用同一个工作表中的不同单元格，也可以引用同一个工作簿中的不同工作表下的单元格，还能引用其他工作簿中的任意工作表中的单元格。

✧ 运算符：是对公式中的元素进行特定的运算。

✧ 运算符类型：算术运算符、比较运算符、文本运算符、引用运算符。

（1）公式中的运算符

① 算术运算符：用于数值的算术运算，运算符有+、–、*、/、^、( )等，如：=2+3/3*2^2=6。

② 文字运算符&：用于字符串连接，如：=“yg”&“h”=ygh;=3&4=34。

③ 比较运算符：=、>、<、>=、<=、<>，用于比较两个值的大小，结果为“TURE”或“FALSE”。

④ 西文字符串比较时，采用内部 ASCII 码进行比较；中文字符比较时，采用汉字内码进行比较；日期时间型数据进行比较时，采用先后顺序（后者为大）。

⑤ 引用运算符：冒号、逗号、空格。

（2）运算优先级

① 引用运算符之冒号、逗号、空格同级。

② 算术运算符之负号、百分比、乘幂、乘除同级，加减同级。

③ 文本运算符、比较运算符同级。

④ 同级运算时，优先级按照从左到右的顺序计算。

在公式中经常需要引用单元格。本案例中需要利用公式计算出销售额、毛利润和毛利率。如计算销售额，首先选中第一行商品：麦趣尔纯牛奶销售额对应的单元格（F3），在“编辑栏”中输入公式：=D3*E3，其中D3和E3分别对应的是售价和数量。

2．图表

Excel 的图表功能可以将工作表中的抽象数据以图形的形式表现出来，极大地增强了数据的直观效果，便于查看数据的差异、分布并进行趋势预测。而且 Excel 所创建的图表与工作表中的有关数据密切相关，当工作表中数据源发生变化时，图表中对应项的数据也能够自动更新。Excel 中的图表有 14 大类，每类又有若干种子类型，图表类型总计达 70 多种。

（1）图表属性

① 图表类型：有 14 类图表，有二维、三维，每类有子类型。

不同的数据组适合不同的图表类型。下面是主要图表类型及其常见用途的概述。

✧ 条形图：条形图（也称为柱形图）显示或比较多个数据组。两种有用的条形图是并排条形图和堆积条形图。

✧ 折线图：折线图用一系列以折线相连的点表示数据。这种类型的图表最适于表示大批分组的数据（例如过去几年的销售总额）。

✧ 面积图：面积图用填充了颜色或图案的面积来显示数据。这种类型的图表最适于显示有限数量的若干组数据（例如，AZ、CA、OR 和 WA 地区在销售总额中所占的百分比）。

✧ 饼图：饼图用分割并填充了颜色或图案的饼形来表示数据。饼图通常用来表示一组数据（例如销售占整个库存的百分比），也可以选择多个饼图来显示多组数据。

✧ 圆环图：圆环图类似于饼图，将数据显示在圆圈或圆环上。例如，如果在一个特定报表上绘制按地区分类的销售图表，会在圆环的中心看到销售总量（数据），各地区的销售额以不同颜色显示在圆环上。像饼图一样，也可以选择多个圆环图来显示多组数据。

② 数据源：作图的数据来源于哪个数据区域。

③ 图表选项：图表中各个对象，有图表区、绘图区、分类坐标、图例、背景、标题等。

④ 图表位置：嵌入在工作表内，称为嵌入式图表；作为一张独立的图表，称为独立图表。

（2）图表的创建

图表的创建方法和步骤如图 4.23 所示。

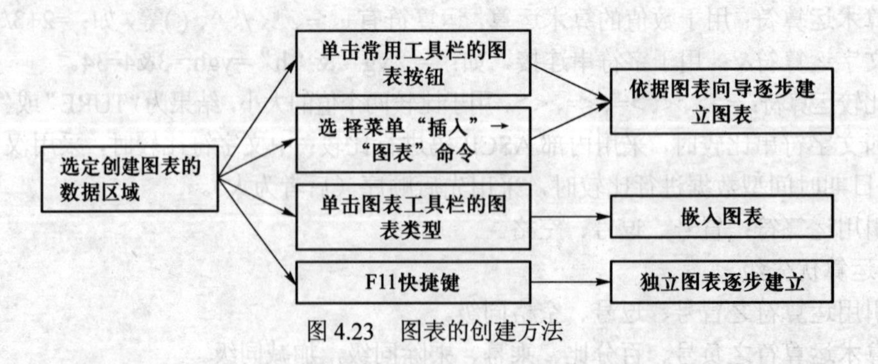

图 4.23　图表的创建方法

（3）图表的编辑

主要包括图表的缩放、移动、复制和删除，改变图表类型，图表对象的编辑（包括选取图表对象、删除图表中的数据系列、增加数据或文字以及调整图表中数据序列次序等)。

(4)图表的格式化

图表格式化是指对图表中各个图表对象的格式设置，图表工具栏如图 4.24 所示。不同的图表对象有不同的格式设置标签，它们有：

① 数据系列：有图案、坐标轴、系列次序、数据标志标签等。

② 坐标轴：有图案、刻度、字体、数字、对齐等标签。

③ 图表区：有图案、字体、属性标签。

④ 图例：有图案、字体、位置标签。

⑤ 图形区：有图案设置标签。

图 4.24 图表工具栏

4.2.5 实现方法

(1)规划表格结构。

(2)输入表格内容，设置单元格格式。

(3)公式的应用。

(4)图表的制作与格式化。

(5)打印预览。

(6)保护与保存。

4.2.6 案例总结

(1)本次任务在上节课案例分析的基础上，着重讲述 Excel 中公式的应用以及图表的制作。

(2)通过 Excel 公式的应用，可以根据实际需求编写公式，快速计算出想要的结果。

(3)通过图表的制作，可以以图形的形式对表格具体数据进行形象化的展示与描述。

在进行图表制作时，应注意如下几点：

(1)一般图表建立时主要注重 4 个方面：图表类型、图表源数据、图表选项和图表位置。

(2)图表可以用来表现数据间的某种相对关系，在常规状态下一般运用柱形图比较数据间的多少关系；用折线图反映数据间的趋势关系；用饼图表现数据间的比例分配关系。

(3)在图表的制作过程中、制作完成后均有很多种修饰项目，可根据自己的爱好和需要，按照提示，选择满意的背景、色彩、子图表、字体等修饰图表。

4.2.7 课后练习

☎ 制作一份完整精美的商场销售数据表和统计表。

（1）首先对学校附近的商场、超市、商店等进行调研，了解各类商品的销售情况。

（2）根据调研结果，制作某商场销售数据表。

（3）利用 Excel 公式对数据表中商品销售额、毛利润、毛利率等进行计算。

（4）对数据表进行格式化操作，以达到整体视觉上的完美效果。

（5）利用 Excel 图表功能，对各类商品销售数量、销售额、毛利润等进行直观的对比显示。

（6）对商场销售统计表进行格式化操作，如添加图表背景、设置字体等。

☎ 通过学习，在表格制作与编辑的基础上着重掌握图表的制作方法。还可以针对日常学习和生活中常见的成绩表、工资表等进行图表制作。

思考：紧接着上节课课后练习中的知识拓展题：制作某一门课程的期末成绩总评表，以该表作为源数据，制作图表，要求统计出该门课程各成绩分数段学生人数。

参考示意图如图 4.25 所示。

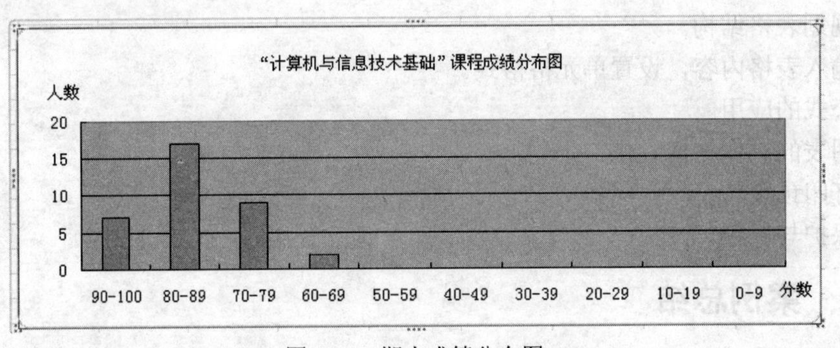

图 4.25 期末成绩分布图

学习情境 4.3：制作企业工资表

内容导入

本节主要介绍电子表格 Excel 的编辑与函数公式的计算。通过学习，要求熟悉 Excel 的基本功能，掌握 Excel 工作表的操作方法。在此基础上，进一步学习工作表的修饰操作、公式与函数的使用以及图表的使用方法。另外熟悉数据的统计计算和数据管理分析等功能。

4.3.1 制作企业工资表案例分析

原来的企业采用手工计算工资，花费大量时间，工作效率比较低。杨露是经贸学院会计与审计专业的毕业生，她为自己所在企业制作了一张智能工资表，节省了大量时间，提高了工作效率。现在来看看她制作的"工资表"及相关表，如图 4.26、图 4.27、图 4.28 所示。

员工工资表（单位：元）									
									2011-4-6
员工编号	姓名	所属部门	基本工资	住房补贴	请假扣款	工资总额	个人所得税	应扣劳保金额	实发应付工资
0001	李海	销售部	￥4,600.00	￥500.00		￥5,100.00	￥300.00	￥4,900.00	￥25.00
0002	苏杨	销售部	￥5,000.00	￥450.00	￥80.00	￥5,370.00	￥300.00	￥5,300.00	￥15.00
0003	陈霞	销售部	￥4,600.00	￥280.00		￥4,880.00		￥4,600.00	￥18.00
0004	武海	销售部	￥4,600.00	￥280.00	￥100.00	￥4,780.00	￥300.00	￥4,900.00	￥17.00
0005	刘繁	销售部	￥4,800.00	￥280.00		￥5,080.00	￥300.00	￥5,100.00	￥25.00
0006	袁锦辉	销售部	￥3,700.00	￥300.00		￥4,000.00		￥3,700.00	￥15.00
0007	贺华	销售部	￥3,700.00	￥280.00		￥3,980.00	￥300.00	￥4,000.00	￥18.00
0008	钟兵	销售部	￥3,700.00	￥254.00		￥3,954.00		￥3,700.00	￥17.00
0009	丁芬	销售部	￥3,700.00	￥280.00		￥3,980.00	￥300.00	￥4,000.00	￥15.00
0010	程静	销售部	￥3,900.00	￥300.00		￥4,200.00		￥3,900.00	￥15.00
0011	刘健	销售部	￥3,000.00	￥280.00		￥3,280.00	￥300.00	￥3,300.00	￥18.00
0012	苏江	销售部	￥3,000.00	￥330.00	￥100.00	￥3,230.00		￥3,000.00	￥17.00
0013	廖嘉	销售部	￥3,000.00	￥280.00		￥3,280.00		￥3,000.00	￥25.00
0014	刘佳	销售部	￥3,000.00	￥280.00		￥3,280.00	￥300.00	￥3,300.00	￥15.00
0015	陈永	销售部	￥2,850.00	￥400.00		￥3,250.00		￥2,850.00	￥15.00
0016	周繁	销售部	￥3,150.00	￥280.00		￥3,430.00		￥3,150.00	￥17.00
0017	周波	销售部	￥3,150.00	￥280.00		￥3,430.00	￥300.00	￥3,450.00	￥15.00
0018	熊亮	销售部	￥3,150.00	￥300.00	￥80.00	￥3,370.00		￥3,150.00	￥18.00

图 4.26　企业员工工资表样例

员工基本工资记录表								
员工编号	员工姓名	所属部门	最后一次调薪时间	调整后的基础工资	调整后的岗位工资	调整后的工龄工资	调整后总基本工资	银行账号
0001	李海	销售部	2004-4-1	￥2,000	￥1,800	￥800	￥4,600	0000-1234-5678-9123-001
0002	苏杨	销售部	2004-4-1	￥2,000	￥2,000	￥1,000	￥5,000	0000-1234-5678-9123-001
0003	陈霞	销售部	2004-4-1	￥2,000	￥1,800	￥800	￥4,600	0000-1234-5678-9123-001
0004	武海	销售部	2004-4-1	￥2,000	￥1,800	￥800	￥4,600	0000-1234-5678-9123-001
0005	刘繁	销售部	2004-4-1	￥2,000	￥2,000	￥800	￥4,800	0000-1234-5678-9123-001
0006	袁锦辉	销售部	2004-4-1	￥1,500	￥1,400	￥800	￥3,700	0000-1234-5678-9123-001
0007	贺华	销售部	2004-4-1	￥1,500	￥1,400	￥800	￥3,700	0000-1234-5678-9123-001
0008	钟兵	销售部	2004-4-1	￥1,500	￥1,400	￥800	￥3,700	0000-1234-5678-9123-001
0009	丁芬	销售部	2004-4-1	￥1,500	￥1,400	￥800	￥3,700	0000-1234-5678-9123-001
0010	程静	销售部	2004-4-1	￥1,500	￥1,400	￥1,000	￥3,900	0000-1234-5678-9123-001
0011	刘健	销售部	2004-4-1	￥1,000	￥1,000	￥1,000	￥3,000	0000-1234-5678-9123-001
0012	苏江	销售部	2004-4-1	￥1,000	￥1,000	￥1,000	￥3,000	0000-1234-5678-9123-001
0013	廖嘉	销售部	2004-4-1	￥1,000	￥1,000	￥1,000	￥3,000	0000-1234-5678-9123-001
0014	刘佳	销售部	2004-4-1	￥1,000	￥1,000	￥1,000	￥3,000	0000-1234-5678-9123-001
0015	陈永	销售部	2004-4-1	￥1,000	￥1,000	￥850	￥2,850	0000-1234-5678-9123-001
0016	周繁	销售部	2004-4-1	￥1,200	￥1,100	￥850	￥3,150	0000-1234-5678-9123-001
0017	周波	销售部	2004-4-1	￥1,200	￥1,100	￥850	￥3,150	0000-1234-5678-9123-001
0018	熊亮	销售部	2004-4-1	￥1,200	￥1,100	￥850	￥3,150	0000-1234-5678-9123-001

图 4.27　企业员工基本工资记录表样例

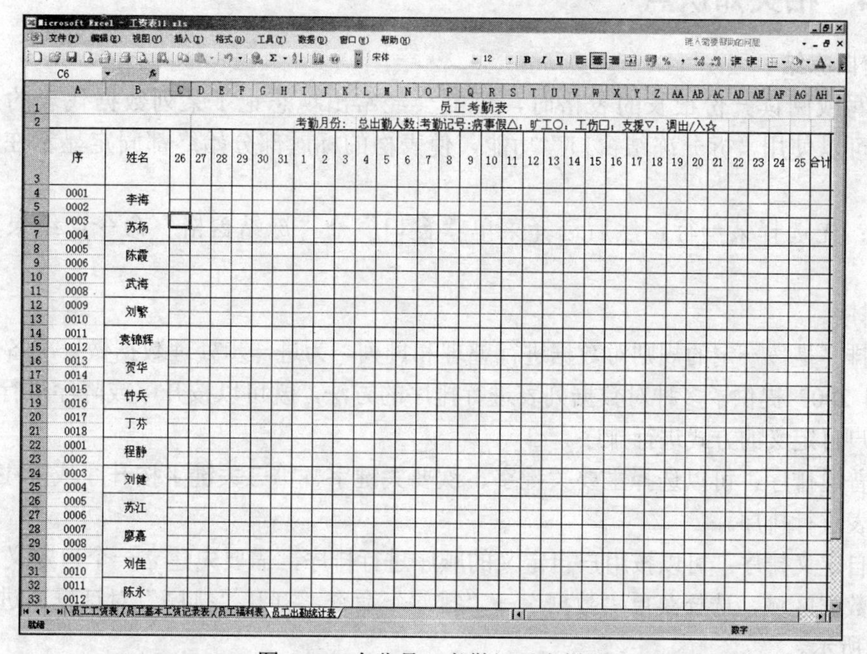

图 4.28　企业员工考勤记录表样例

4.3.2 任务的提出

在本节中，将利用 Excel 2003 的公式、函数等功能，制作一张“企业工资表”。所以本节课的任务就是让每个学生自己动手制作一张“企业工资表”，目的是让同学们掌握 Excel 2003 中公式、函数以及数据的管理与统计等技能，企业员工工资表中涉及出勤统计、福利数据、基本工资以及员工的记录等许多内容，工作量非常大，为了提高工作效率，使工资管理更加规范化，如何才能制作出一张智能的“企业工资表”呢？

4.3.3 解决方案

通过对案例中的“企业工资表”进行分析，工资表具有以下特点：

- ✧ 整体效果特点：美观大方、完整、准确、精细。
- ✧ 内容特点：数据输入、单元格数据编辑、单元格格式设置、数据查询、数据统计、数据计算、分析和处理等知识的应用。

制作工资表主要包括几个部分：表格调整、编写公式和函数（计算工资）、窗口冻结、工资汇总、工资图表、美化表格（设计完整表格内容、设置数据单元格格式数据类型、对齐方式、字体格式、边框、图案等）、页面设置及打印输出等。

制作企业工资表，主要是为了企业能方便地管理员工的工资。工资表中包含若干项，如：医保、社保、失业保、公积金等，要了解企业工资中包含哪几项，设计完整。表格中数据类型有所不同，要根据需求对每一个单元格进行数据类型设置，通过公式和函数有效完成所要计算的数据项。

4.3.4 相关知识点

1．窗口冻结

在填写或阅读一份很长的表格时，可能会经常出现忘记了某列数据代表的是什么项目，此时可以使用“拆分冻结窗口”功能，使表格的标题部分始终都固定显示在表格的最上方。

方法：先选择某一行，然后选择菜单“窗口”→“冻结窗格”命令，结果如图 4.29 所示。

2．排序

数据排序是按一定的规则对数据进行整理和排列，为进一步处理数据做好准备。

Excel 2003 提供了多种对数据列表进行排序的方法，既可以按升序或降序进行排序，也可以按用户自定义的方式进行排序。

- ✧ 普通排序：可以选择主要关键字、次要关键字、第三关键字按升序或降序对数据列表进行排序。
- ✧ 自定义排序：可以按用户自定义的顺序进行排序，需要先建立一个自定义序列。

选择数据区域，选择菜单“数据”→“排序”命令，打开“排序”对话框，进行设置，如图 4.30 所示。

D13 =员工基本工资记录表!H12

员工工资表（单位：元）

2011-7-1

员工编号	姓名	所属部门	基本工资	住房补贴	请假扣款	工资总额	个人所得税	应扣劳保金额	实发应付工资
0001	李海	销售部	￥4,600.00	￥500.00		￥5,100.00	￥500.00	￥100.00	￥4,500.
0002	苏杨	销售部	￥5,000.00	￥450.00		￥5,450.00	￥500.00	￥100.00	￥4,850.
0003	陈霞	销售部	￥4,600.00	￥280.00		￥4,880.00	￥300.00	￥50.00	￥4,530.
0004	武海	销售部	￥4,600.00	￥280.00	￥100.00	￥4,780.00	￥300.00	￥50.00	￥4,430.
0005	刘繁	销售部	￥4,800.00	￥280.00		￥5,080.00	￥500.00	￥100.00	￥4,480.
0006	袁锦辉	销售部	￥3,700.00	￥300.00		￥4,000.00	￥200.00	￥40.00	￥3,760.
0007	贺华	销售部	￥3,700.00	￥280.00		￥3,980.00	￥200.00	￥40.00	￥3,740.
0008	钟兵	销售部	￥3,700.00	￥254.00		￥3,954.00	￥200.00	￥40.00	￥3,714.
0009	丁芬	销售部	￥3,700.00	￥280.00		￥3,980.00	￥200.00	￥40.00	￥3,740.
0010	程静	销售部	￥3,900.00	￥300.00		￥4,200.00	￥300.00	￥50.00	￥3,850.
0011	刘健	销售部	￥3,000.00	￥280.00		￥3,280.00	￥200.00	￥40.00	￥3,040.
0012	苏江	销售部	￥3,000.00	￥330.00		￥3,330.00	￥200.00	￥40.00	￥3,090.
0013	廖嘉	销售部	￥3,000.00	￥280.00		￥3,280.00	￥200.00	￥40.00	￥3,040.
0014	刘佳	销售部	￥3,000.00	￥280.00		￥3,280.00	￥200.00	￥40.00	￥3,040.
0015	陈永	销售部	￥2,850.00	￥400.00		￥3,250.00	￥200.00	￥40.00	￥3,010.
0016	周繁	销售部	￥3,150.00	￥280.00		￥3,430.00	￥200.00	￥40.00	￥3,190.
0017	周波	销售部	￥3,150.00	￥280.00		￥3,430.00	￥200.00	￥40.00	￥3,190.

图 4.29　冻结窗格

3．分类汇总

分类汇总是对数据列表指定的行或列中的数据进行汇总统计，统计的内容可以由用户指定，通过折叠或展开行、列数据和汇总结果，从汇总和明细两种角度显示数据，可以快捷地创建各种汇总报告。分类汇总为分析汇总数据提供了非常灵活有用的方式，它可以完成以下工作：

✧　显示一组数据的分类汇总及总和。

✧　显示多组数据的分类汇总及总和。

✧　在分组数据上完成不同的计算，如求和、统计个数、求平均值（或最大值、最小值）。

选数据区域中的任一单元格。选择菜单“数据”→“分类汇总”命令，打开“分类汇总”对话框，进行设置，如图 4.31 所示。

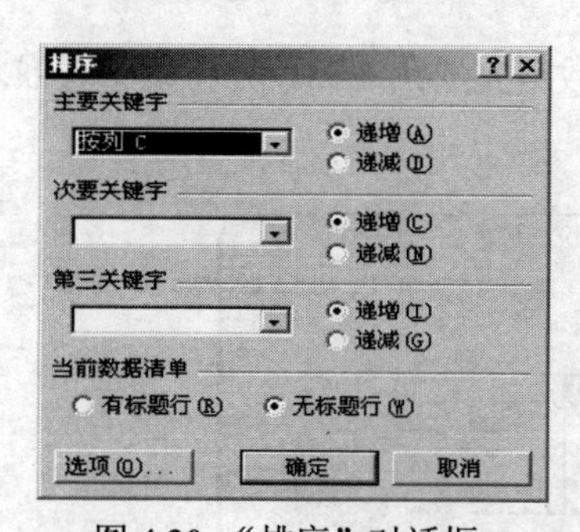

图 4.30　“排序”对话框

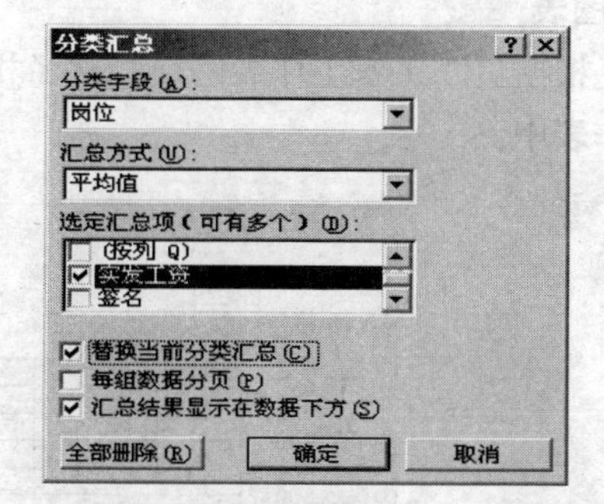

图 4.31　“分类汇总”对话框

4．筛选

数据筛选是一种用于查找数据的快速方法，筛选将数据列表中所有不满足条件的记录暂时隐藏起来，只显示满足条件的数据行，以供用户浏览和分析。Excel 提供了自动和高级两种筛选数据的方式。

（1）自动筛选

筛选条件可以是：

✧ 全部。显示出工作表中的所有数据，相当于不进行筛选。

✧ 前 10 个。该选项表示只显示数据列表中的前若干个数据行，不一定就是 10 个，个数可以修改。

✧ 自定义。该选项表示可以自定义筛选条件。

✧ 单个值。选择其中的某项内容，Excel 就会以所选内容对数据列表进行筛选。

（2）高级筛选

对于筛选条件较多的情况，可以使用高级筛选功能来处理。使用高级筛选功能，必须先建立一个条件区域，用来指定筛选条件。条件区域的第一行是所有作为筛选条件的字段名，这些字段名与数据列表中的字段名必须一致，条件区域的其他行则输入筛选条件，如图 4.32 所示。

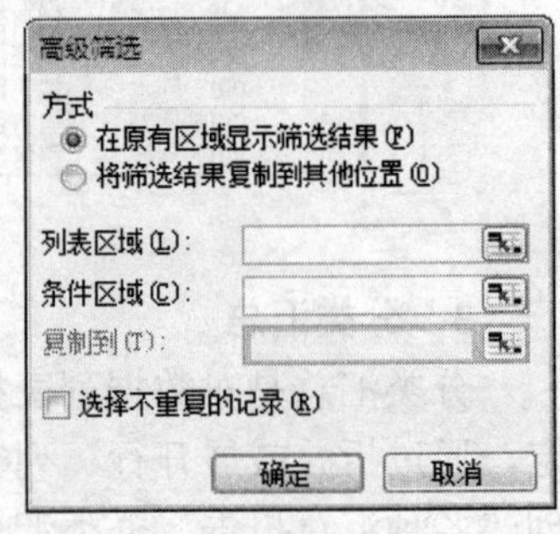

图 4.32 “高级筛选”对话框

5．数据透视表和数据透视图

数据透视表是一种对大量数据快速汇总和建立交叉列表的交互式表格，不仅能够改变行和列以查看数据源的不同汇总结果，也可以显示不同页面以筛选数据，还可以根据需要显示区域中的明细数据。数据透视图则是一个动态的图表，它可以将创建的数据透视表以图表的形式显示出来。

（1）数据透视表

创建好数据透视表之后，可以根据需要对它的布局、数据项、数据汇总方式与显示方式、格式等进行修改。

（2）数据透视图

在数据透视图生成之后，也可以修改它的布局、隐藏或显示数据项、汇总方式和数据显示方式等，对数据透视图的操作会同时修改对应的数据透视表。

6．图表

（1）根据员工工资工作表的员工姓名和应发工资数据完成图 4.33，并将该图表嵌入到员工工资工作表中。

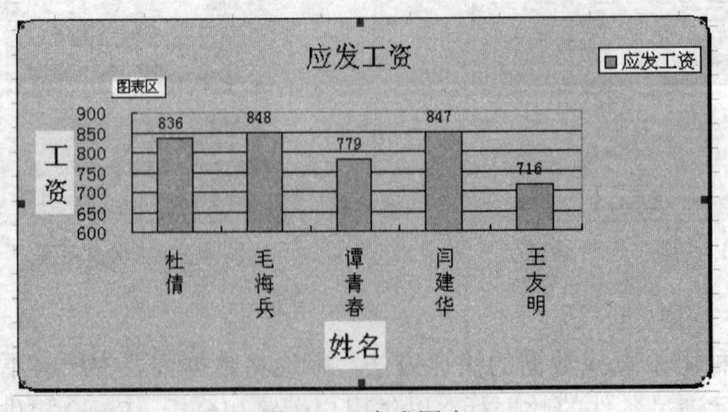

图 4.33 生成图表

（2）选中员工工资姓名和应发工资数据区域，选择菜单“插入”→“图表”命令，选柱形图，设置“图表选项”对话框，嵌入工程师工资表，生成图表后对图表进行调整。“图表选项”对话框设置如图 4.34 所示。

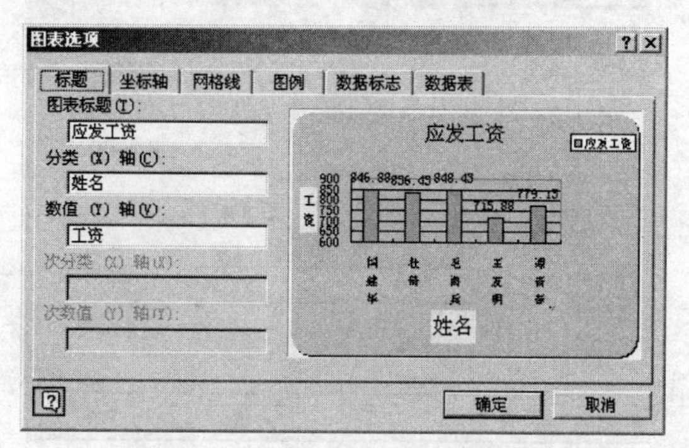

图 4.34 “图表选项”对话框

（3）对图表调整时要注意设置工资轴的刻度值，如图 4.35 所示。

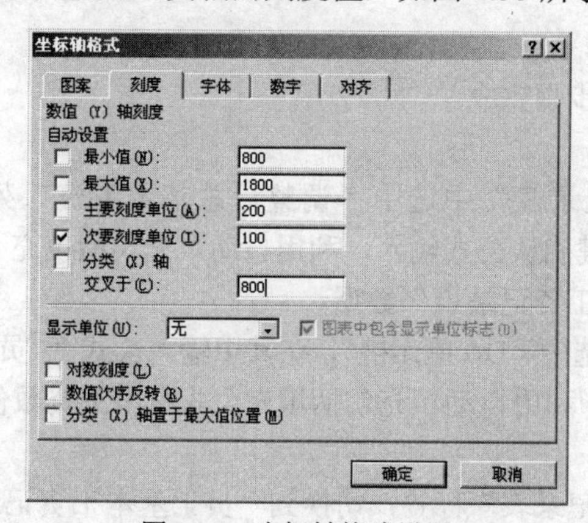

图 4.35 坐标轴格式设置

7. 页面设置打印输出

设置左右边距和纸型为 A4，进行打印预览输出。选择菜单“文件”→“页面设置”命令，打开“页面设置”对话框，设置边距如图 4.36 所示。

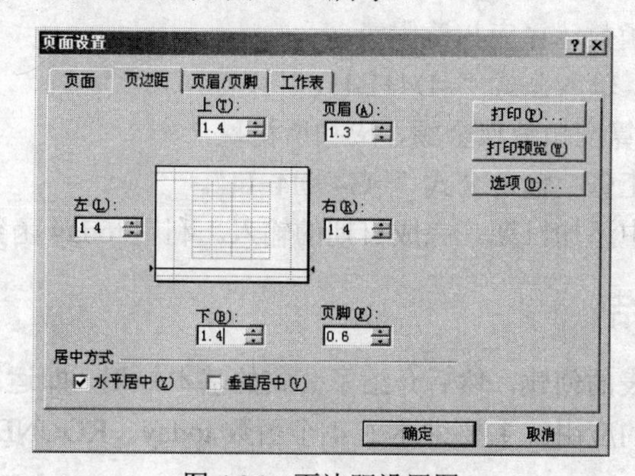

图 4.36 页边距设置图

设置纸型如图 4.37 所示；选择菜单“文件”→“打印预览”命令，如果预览符合要求，选择菜单“文件”→“打印”命令，如安装有打印机，可以进行打印。

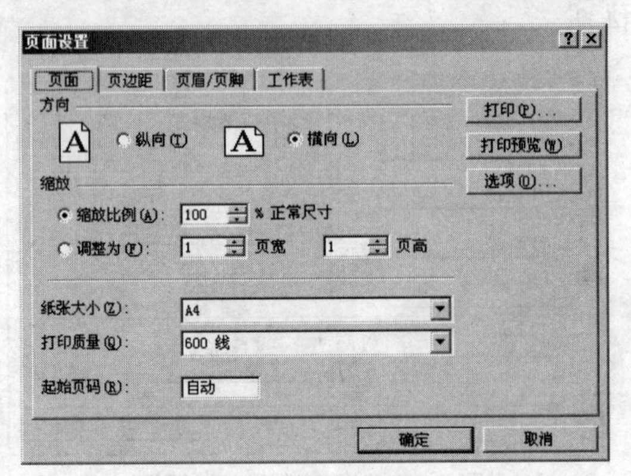

图 4.37 图表页面设置图

4.3.5 实现方法

员工工资表可按如下步骤完成。

（1）输入和编辑公式。

在“员工基本工资记录表”中选中“调整后总基本工资”列 H3 单元格，输入公式“=E3+F3+H3”，按 Enter 键确认公式输入，利用自动填充句柄填充公式得出工资数值。

（2）引用“员工基本工资记录表”数据。

在“员工工资表”中选中“D4 单元格”，在其中输入公式“=员工基本工资记录表！H3”，按 Enter 键确认公式输入，利用自动填充句柄填充公式得出工资数值。

（3）定义数据名称。

单击“员工基本工资记录表”标签，切换到“员工基本工资记录表”中，按 Shift 键同时选定单元格 A2～H20 区域，选择菜单“插入”→“名称”→“定义”命令，打开“定义名称”对话框，在“当前工作簿中的名称”文本框中输入“基本工资记录”，在“引用位置”文本框中显示刚才选定的区域，单击“添加”按钮，单击“关闭”按钮。

（4）利用 VLOOKUP 函数引用数据计算出住房补助工资。

（5）利用 ROUND 函数计算应扣请假费。

（6）计算工资总额。输入公式“=D4+E4−F4”。

（7）利用 IF 函数计算应扣劳保金额、应扣所得税。

（8）计算实际应付工资。输入公式“=G4−H4−I4”。

（9）在员工工资表中添加日期，完成日期的输入。利用 today 函数显示当前日期。

4.3.6 案例总结

本节介绍了多工作表的创建，然后介绍了公式的基本知识，即运算符和运算顺序，公式，定义数据名称以及函数的应用。主要讲述了 4 个函数 today、ROUND、IF、VLOOKUP 函数的使用。

（1）本次任务主要制作一张工资表，介绍了对工资表单元格行、列、底纹、边框对齐方式等的设置和美化，利用公式和函数计算工资表中相应的项。

（2）输入数据，通过对数据的分析，对数据格式进行设置。

（3）工资表中的输出项，通过相应的公式或函数进行计算自动输出。

（4）建立多张关联表，对多张表通过设置、公式或函数进行自动操作。

（5）工资表中数据有所改变时，表中数据也随之改变。

（6）管理工资，不但效率高，而且很规范。

制作工资表时因遵循以下原则：

（1）在表格中适当地使用表格边框、合并单元格、底纹等，将使表格更加清晰、整洁、有条理。

（2）选用公式和函数时，必须注意参数类型选择，以免无效。

（3）在使用公式和函数时，注意相对地址和绝对地址引用。

总之，表格设计具有一定的技巧性和规范性，要正确使用公式和函数，以便表格实现正确性和完整性。

4.3.7　课后练习

☎ 制作一张完整企业员工工资表。

（1）建立一张工作簿，在工作簿中建立一张工资表，表中包含姓名、基本工资、岗位津贴、奖金、医疗保险、养老保险、其他扣款和实发工资等项目，表中数据自定。

（2）表中对应数据可以删除、复制、移动、求和等，使得数据项改变时，表中数据也随之改变。

☎ 通过学习，还可以通过问题分析确定处理数据的方法，学生主动探究，查找函数使用规律，有效完成日常学习和工作中的考勤表、福利表等数据处理。

知识拓展 3：Excel 2007/2010 简介

一、Excel 2007

1．Excel 2007 的发展

Excel 2007 功能强大，是必不可少的数据分析、处理工具。Excel 2007 界面如图 4.38 所示。

2．Excel 2007 的特点

（1）统一的选项按钮

首先我们从打开工具栏开始，在过去的版本中，Excel 提供了许多的对话框来设置不同的选项。在 Excel 2007 版中，大部分的选项都被统一到一个对话框中。点击左上角的“Office”按钮，弹出菜单选择底端的 Excel 选项。

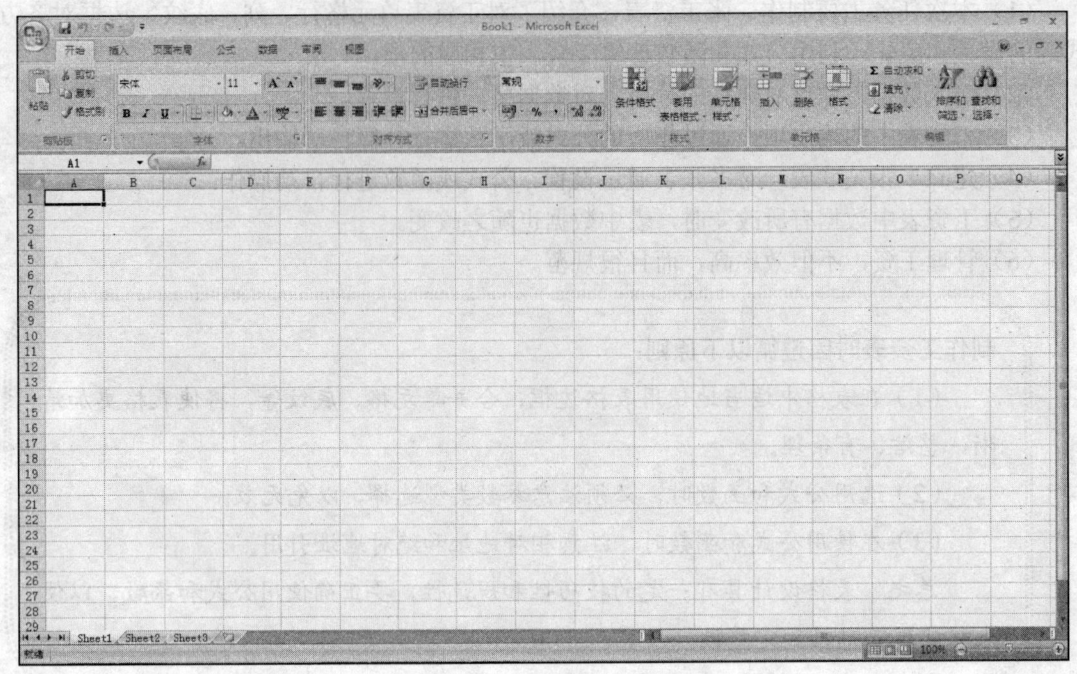

图 4.38 Excel 2007 界面

（2）右下角页面布局

在 Excel 可以选择各种各样的视图方式来查看自己所编辑的工作表，在 Excel 2007 中提供了一种新的视图方式，就是页面布局方式，中间的按钮就是页面布局按钮。这种视图方式可以轻松地添加页眉和页脚，它与标准和打印预览模式不同，在这种视图下还可以对工作表进行编辑。

（3）轻松改变工作表格式

只用单击就可以轻松改变格式。如果一列中的每一个单元格都有相同的公式，改变其中一个公式，则其余的单元格公式也会自动改变。

（4）表格主题和样式的变化

以前的版本中设置表格总是很死板、单一，在 Excel 2007 中对表格主题和样式的设置有了更多的变化，在视觉和感觉上有了很大的冲击。或许初次使用会觉得有点迷糊，但是用久了就会感觉到此项新功能的魅力所在。

可通过“开始”选项卡“样式”组中“单元格样式”命令设置不同单元格的样式。也可通过“页面布局”选项卡“主题”组中的“主题”命令对整个工作表的主题进行修改。

（5）更加美观的图表

Excel 2007 关于图表改进最大的就是更加美观了，在工作之余也带来了一些视觉上的变化，但唯一有所遗憾的是没有新的图表类型。

（6）自动添加表格字段标题

在进行表格数据的输入时，只要在表格右侧的空白单元格里输入数据，Excel 2007 将会新添加字段标题，并自动辨别和套用适当的名称与格式。

比如：在工作表中已经填写了“一月”的数据，再在工作表右侧空白处继续输入其他的数据时，通过默认的自动填充或自定义列表的功能特性，Excel 2007 立即贴心地填写新字段“二月”的标题文字与格式设定。用户只需专注后续重要数据的输入，而不必花费任何心思在表格的格式设定与外观的操作上。

（7）SmartArt 功能

Excel 2007 的 SmartArt 是以旧版的“资料库图表”为蓝图重新打造的强大新功能，有了此功能，在做报告和简报时将不用再为画一堆的示意图所困扰，SmartArt 可将复杂的互动式图表新增至用户的文件中。在选定一个 SmartArt 图形后，能快速的增加阴影、映像、发光以及其他特殊的效果。

（8）增强的条件格式命令

条件格式是基于一系列数值而产生作用的，它能高亮某个数值，便于它变得更加醒目。比如说，条件格式可以设置为当出现负值时背景色为红色。这样就可以轻松地找到结果为负的数值。Excel 2007 还提供了一些新的数据可视化功能，包括：数据条、色阶和图标集等。

（9）公式记忆式输入

在 Excel 2007 中输入公式不再那么麻烦，因为有了公式记忆式输入功能。当开始输入公式时，Excel 会呈现出一段连续的，并与所输入字母相匹配的下拉式列表，若用鼠标点击某个匹配公式，旁边会出现对该公式的描述。

二、Excel 2010

1. Excel 2010 的发展

Excel 2010 可以通过比以往更多的方法分析、管理和共享信息，从而帮助用户做出更好、更明智的决策。全新的分析和可视化工具可跟踪和突出显示重要的数据趋势，可以在移动办公时从几乎所有 Web 浏览器或 Smartphone 访问重要数据，甚至可以将文件上传到网站并与其他人同时在线协作。无论要生成财务报表还是管理个人支出，使用 Excel 2010 都能够更高效、更灵活地实现目标。Excel 2010 界面如图 4.39 所示。

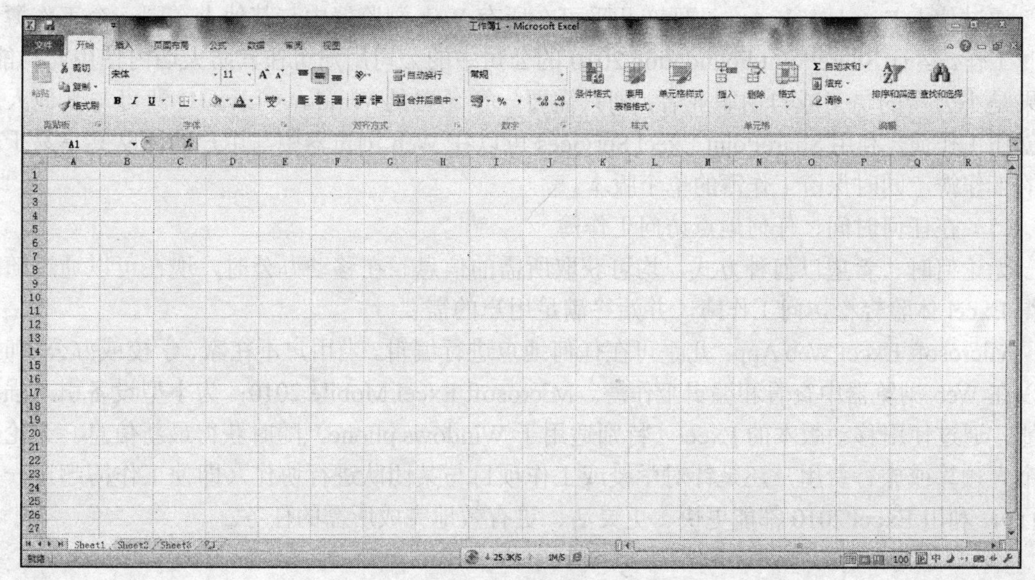

图 4.39　Excel 2010 界面

2. Excel 2010 的特点

（1）快速、有效地进行比较

Excel 2010 提供了强大的新功能和工具，可帮助用户发现模式或趋势，从而做出更明智的决策并提高分析大型数据集的能力。

使用单元格内嵌的迷你图及带有新迷你图的文本数据获得数据的直观汇总。使用新增的切片器功能快速、直观地筛选大量信息，并增强了数据透视表和数据透视图的可视化分析。

（2）从桌面获取更强大的分析功能

Excel 2010 中的优化和性能改进使用户可以更轻松、更快捷地完成工作。

使用新增的搜索筛选器可以快速缩小表、数据透视表和数据透视图中可用筛选选项的范围。立即从多达百万甚至更多项目中准确找到寻找的项目。PowerPivot for Excel 2010 是一款免费插件，通过它可快速操作大型数据集（通常达数百万行）和简化数据集成。另外，可通过 SharePoint Server 2010 轻松地共享分析结果。使用 64 位版本的 Office 2010 可以处理海量信息（超过 2 GB）并最大限度地利用新的和现有的硬件投资。

（3）节省时间、简化工作并提高工作效率

当用户能够按照自己期望的方式工作时，就可更加轻松地创建和管理工作簿。恢复已关闭但没有保存的未保存文件！确实如此。版本恢复功能只是全新 Microsoft Office Backstage 视图提供的众多新功能之一。

stage 视图代替了所有 Office 2010 应用程序中传统的“文件”菜单，为所有工作簿管理任务提供了一个集中的有序空间。可轻松自定义改进的功能区，以便更加轻松地访问所需命令。可创建自定义选项卡，甚至还可以自定义内置选项卡。

（4）跨越障碍，通过新方法协同工作

Excel 2010 提供了供人们在工作簿上协同工作的简便方法，提高了人们的工作质量。首先，早期版本 Excel 中的那些方法仍可实现无缝兼容。

通过使用 Excel Web App，现在几乎可在所有 Web 浏览器中与其他人在同一个工作簿上同时工作。运行 SharePoint Foundation 2010 的公司中的公司用户可在其防火墙内使用此功能。如果是小公司的员工或自由职业者，则只需要一个免费的 Windows Live ID 即可与其他人同时创作工作簿。利用 SharePoint Excel Services 可以在 Web 浏览器中与用户的团队共享易于阅读的工作簿，同时保留工作簿的单个版本。

（5）在任何时间、任何地点访问工作簿

无论何时、希望以何种方式，均可获取所需的信息。在移动办公时，现在可以通过随时获得 Excel 体验轻松访问工作簿，并始终满足用户的需要。

Microsoft Excel Web App：几乎可在任何地点进行编辑。当用户不在家、学校或办公室时，可以在 Web 浏览器中查看和编辑工作簿。Microsoft Excel Mobile 2010：为小型设备引入强大功能。通过使用移动版本的 Excel（特别适用于 Windows phone）随时获得最新信息。无论处理个人预算或旅行费用，还是针对学校或工作项目与某团队进行协作（即使工作簿超过一百万行），利用 Excel 2010 都能更快、更灵活、更有效地完成所需的任务。

学习情境 5：演示文稿制作软件

学习情境 5.1：制作个人专业介绍演示文稿

内容导入

在 Office 众多组件中，Word 适用于文字处理，Excel 适用于数据处理，而 PowerPoint 则适用于材料展示，如演讲、论文答辩、项目汇报、产品展示、公司简介等。这是因为 PowerPoint 能够创建生动活泼、形象逼真并且具有动画效果的演示文稿，能像幻灯片一样进行放映，而且具有很强的感染力。

所谓“演示文稿”，就是指人们在阐述计划、汇报总结时向大家展示的一系列材料。这些材料集文字、表格、图形、图像以及声音、视频于一体，并将其以页面（幻灯片）的形式组织起来，进行有序的播放，达到更好的效果。

本学习情境以 PowerPoint 2003 中文版为例，学习 PowerPoint 的主要功能及其使用方法，主要内容包括幻灯片操作，文字、表格、图形图像的使用，声音和视频的使用，幻灯片播放和动画设置以及 PowerPoint 2003 的其他功能等。

5.1.1 制作个人专业介绍演示文稿案例分析

王顺是信息技术学院计算机网络技术专业 2007 级学生，在他大三的第一学期，有幸为新入学的同学们做一次专业介绍，为此他精心设计制作了一份“个人专业介绍”演示文稿，向新同学们介绍了自己的专业和自己这两年的学习生活，给一些对专业不清楚的同学提供了很大帮助。作品中节选的几页如图 5.1 和图 5.2 所示。

图 5.1 个人专业介绍样例

图 5.2　个人专业介绍样例

5.1.2　任务的提出

在本节中，将利用 PowerPoint 2003 的基本功能，制作一份演示文稿。所以本节课的任务就是让每个学生自己动手制作一份“个人专业介绍”演示文稿，如何才能制作出一份合格“个人专业介绍”呢？

5.1.3　解决方案

通过对案例中的“个人专业介绍”演示文稿进行分析，本次任务具有以下特点：

（1）整体效果特点：主题明确、内容完整、图文并茂、富有感染力。

（2）内容特点：包含幻灯片增加、删除和移动，各种材料的使用，幻灯片板式、模板等知识的应用。

“个人专业介绍”主要应用了演示文稿中幻灯片模板和幻灯片设计的技能，整个演示文稿分成 3 个部分：封面、提纲和具体内容。封面采用标题幻灯片版式，主要介绍演示文稿的主题和其他信息；提纲采用标题和文本版式，列出演示文稿的内容提要；具体内容可以采用内容版式或者是文字和内容版式。在幻灯片设计（即模板）上也可根据幻灯片的内容进行设置，幻灯片背景也可以更换。整个演示文稿中幻灯片的顺序按照内容提要的顺序来进行排放，在进行汇报时会很有条理。制作幻灯片时还可以使用图片、艺术字、剪贴画等材料，使幻灯片看起来生动活泼，具有很强的感染力。

5.1.4　相关知识点

1．PowerPoint 界面

典型的 PowerPoint 工作主界面窗口组成部分从上至下依次为：标题栏、菜单栏、常用工具栏、格式工具栏、工作区域、视窗按钮和滚动条、绘图工具栏、状态栏及其他任务窗格，如图 5.3 所示。

2．演示文稿和幻灯片

在 PowerPoint 中，演示文稿和幻灯片这两个概念是有差别的，利用 PowerPoint 制作出来的文件叫做演示文稿，扩展名为“.ppt”，而演示文稿中的每一页叫做一张幻灯片，每张幻灯片都是演示文稿中既相互独立又相互联系的内容。

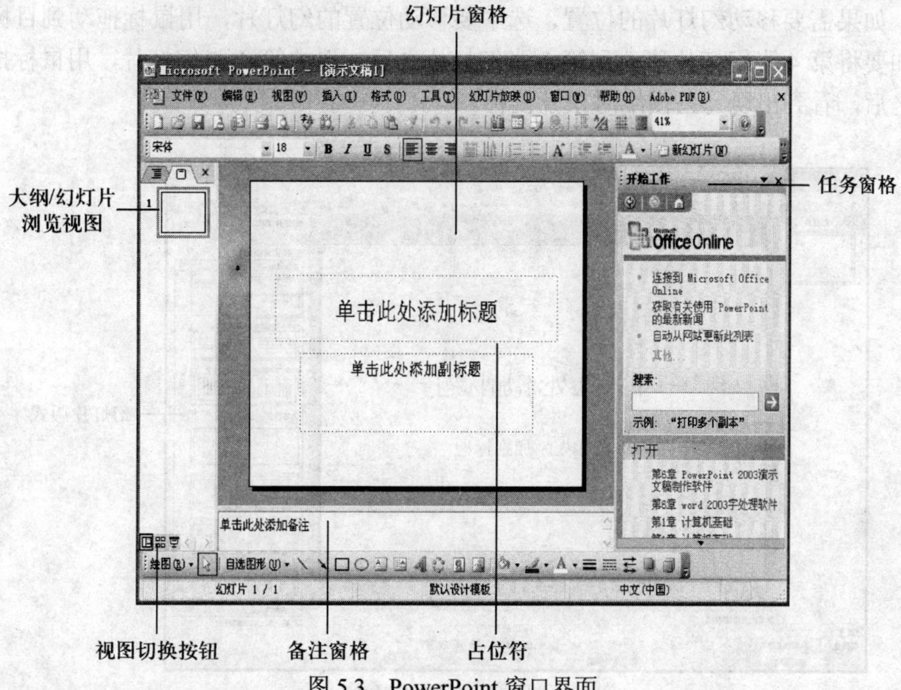

图 5.3　PowerPoint 窗口界面

3．新建演示文稿

（1）创建空白演示文稿具有很大的灵活性

可以使用以下方法来创建：

① 在常用工具栏中单击“新建”按钮，或在“新建演示文稿”任务窗格中单击“空演示文稿”选项。

② 在弹出的“幻灯片版式”任务窗格中，选择合适的版式，如图 5.4 所示。这些版式的结构图中包括许多被称为占位符的矩形框，当创建新幻灯片时，可以在占位符中输入标题、文本、图片、图表、组织结构图和表格等，占位符也可以删除。

③ 在幻灯片中添加需要的内容就可以创建一个新的演示文稿。

（2）使用模板创建演示文稿

在“新建演示文稿”任务窗格中，提供了“设计模板”、“Office Online 模板”、“本机上的模板”和“网站上的模板”4 种方法，如图 5.5 所示。

（3）利用内容提示向导创建演示文稿

在 PowerPoint 2003 中提供了多个预先设计好的演示文稿模型，比如“企业”、“项目”、“销售/市场”等，每种模型中都包含着多个具体的模型演示文稿。利用“内容提示向导”来创建演示文稿就是以这些预先设计好的演示文稿模型为前提的，如图 5.6 所示。

4．幻灯片新建、增加、删除和移动

打开一个新建演示文稿时，在幻灯片窗格中看到“单击此处添加第一张幻灯片”的字样，单击后即能创建出该演示文稿的第一张幻灯片。在“大纲/幻灯片”浏览视图中选中一张幻灯片后按下回车键，即能增加一张幻灯片，选中一张幻灯片按下删除键或退格键能够删除一张幻灯片。如果需要移动幻灯片的位置，选中要移动位置的幻灯片，用鼠标拖动到目标位置即可，例如要将第 4 张幻灯片移动到第 1 张幻灯片之后，选中第 4 张幻灯片，用鼠标拖动移至第 1 张之后，看到出现一条横线时松开鼠标。

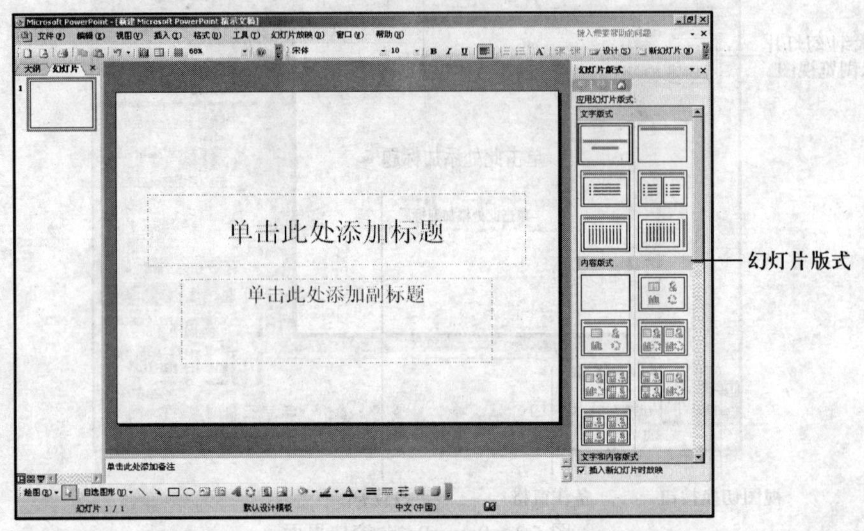

图 5.4　幻灯片版式

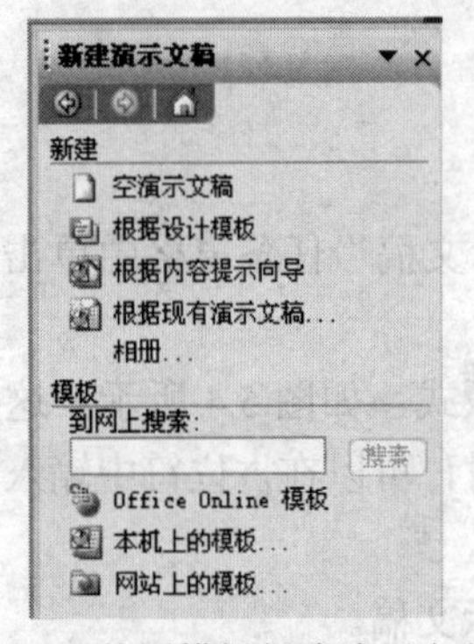

图 5.5　使用模板创建演示文稿

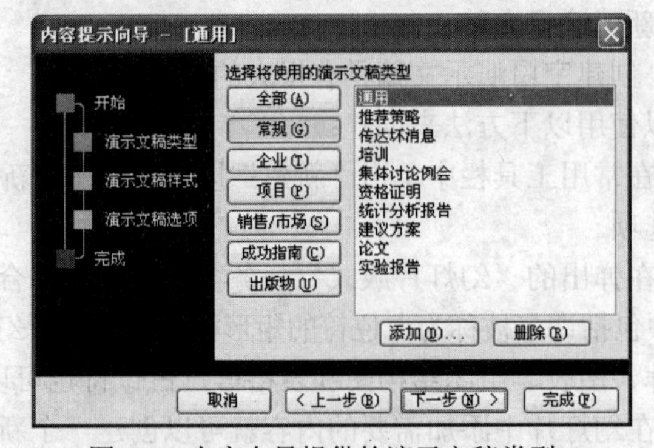

图 5.6　内容向导提供的演示文稿类型

5．应用幻灯片模板

PowerPoint 提供了多种幻灯片模板，选择菜单“格式”→“幻灯片设计”命令，打开“幻灯片设计”任务窗格。如果要更换一张幻灯片的模板，先选中幻灯片，单击某个幻灯片模板上的下拉按钮，在弹出的快捷菜单中选择“应用于选定幻灯片”命令，如果要更换所有幻灯片的模板，则选择“应用于所有幻灯片”命令，如图 5.7 所示。

6．图形、图像、艺术字、文本框的使用

在 PowerPoint 中图形、图像、艺术字以及文本框的使用和修饰方法与 Word 中是基本相同的，此处不再赘述。

7. 幻灯片背景

在 PowerPoint 中可以给一个演示文稿中不同的幻灯片设置不同的背景，选择菜单“格式”→“背景”命令，弹出“背景”对话框，如图 5.8 所示。选择合适的背景后，单击“应用”按钮，则更换当前选中幻灯片的背景，单击“全部应用”按钮，则更换演示文稿中所有幻灯片的背景。

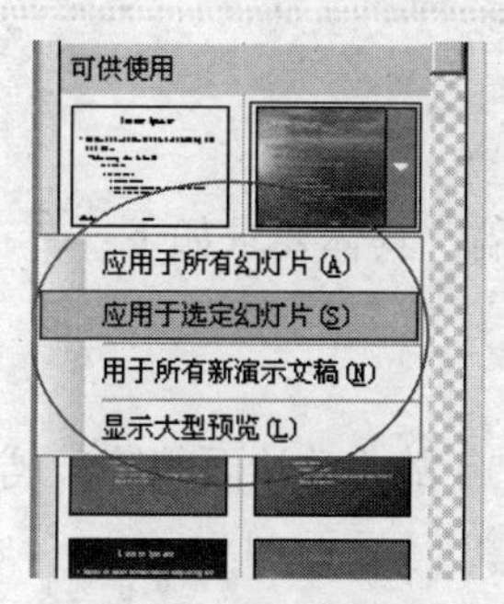

图 5.7　幻灯片模板

图 5.8　幻灯片背景

注意：如果幻灯片已经拥有了模板，如果再添加背景，则两个效果会产生冲突，因此在更换幻灯片背景之前取消幻灯片的模板效果，或选择背景对话框中的“忽略母版的背景图形”选项。

5.1.5　实现方法

（1）启动 PowerPoint 建立一个新演示文稿后，使用增加幻灯片的方法创建 6 页幻灯片。

（2）第 1 张幻灯片使用标题版式，选择合适的模板，然后输入标题和副标题。

（3）第 2 张幻灯片使用标题和文本版式，选择合适的模板，输入标题和文本。

（4）其他幻灯片选择合适的版式和模板进行制作，在学习情境 4 中已经学习了文本框、自选图形和艺术字等对象的使用方法，在制作幻灯片时也可以灵活使用。

（5）利用“格式”→“背景”命令为幻灯片更换背景。

（6）对制作完成的演示文稿进行放映，观看效果。

5.1.6　案例总结

本次任务主要介绍了 PowerPiont 的基本功能，包括新建演示文稿的几种方法：

（1）根据内容不同，选择合适的幻灯片版式。

（2）使用文本框、图表、图片以及艺术字等制作演示文稿。

（3）通过使用绘图工具栏，可以设置文本框、图片以及艺术字的填充色和线条颜色。

（4）要设置图表格式可选择菜单“格式”→“设置表格格式”命令。

（5）演示文稿中的幻灯片可以使用统一的模板（幻灯片设计），也可以自己设置其他类型的背景。

演示文稿制作时因遵循以下原则：

（1）演示文稿要有首页，首页需要使用标题幻灯片版式。

（2）演示文稿中文字要简练，根据需要调整文字大小。

（3）适当地用图片点缀演示文稿可以使文稿生动活泼，但是要注意图片与文字的主次关系。

5.1.7 课后练习

☎ 利用 PowerPoint 制作一份“个人简历”演示文稿，具体要求如下：

（1）演示文稿长度不少于 6 张幻灯片（含首页）。

（2）设计一个简洁美观的演示文稿首页。

（3）要求简历内容包括：个人小档案（姓名、性别、年龄、政治面貌等）、学习工作经历、专业特长、就业意向等。

学习情境 5.2：制作毕业论文答辩报告演示文稿

内容导入

PowerPoint 不仅可以用于设计制作专家报告、教师授课、产品演示、广告宣传的电子版幻灯片，还可以通过计算机屏幕或投影机播放。

临近毕业之际，同学们也可以利用 PowerPoint 制作出集文字、图形、图像、声音以及视频剪辑等多媒体元素于一体的毕业答辩演示文稿，把自己所要表达的信息组织在一组图文并茂的画面中，用于介绍自己、展示自己的学业情况。

5.2.1 制作毕业论文答辩报告演示文稿案例分析

学生小陈通过几个月的努力奋战，终于完成了毕业论文设计。可接下来，就要进行论文答辩了，那么要采取什么样的方式，才能使答辩条理清晰、生动活泼、引人入胜呢？小陈回忆自己所学过的计算机知识，最后决定使用 PowerPoint 来制作一份答辩演示文稿，这样既能够在答辩时按照提纲进行答辩，也能让答辩老师能够有更多的时间来听答辩内容而不是在翻看论文。以下是小陈论文答辩幻灯片，如图 5.9 所示。

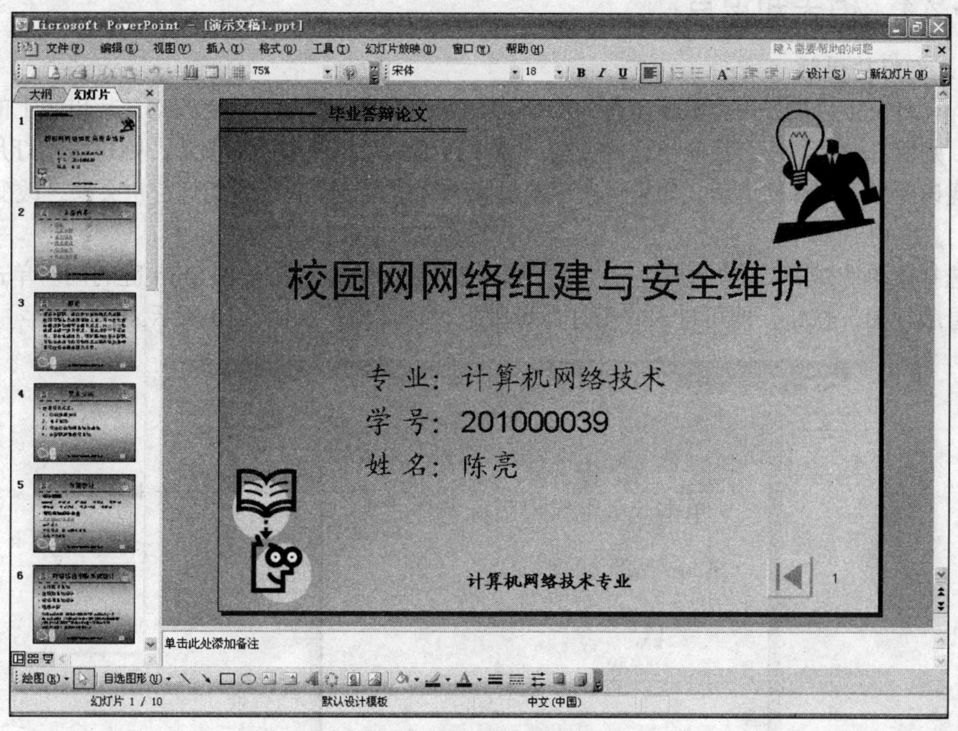

图 5.9　毕业答辩报告样例

5.2.2　任务的提出

在本节中，将利用 PowerPoint 的母版和超链接等功能，制作一份用以进行汇报或总结的演示文稿。所以本节的任务就是让每个学生动手制作一份“毕业论文答辩报告”，在进行毕业答辩时展示给答辩老师，并帮助自己顺利通过答辩。

5.2.3　解决方案

通过对案例中的“毕业答辩报告”演示文稿进行分析，本次任务具有以下特点：

（1）整体效果特点：条理性强、内容简洁、版面整齐。

（2）内容特点：母版的设计和应用，超链接的使用，动作按钮的使用，排练计时等知识的应用。

“毕业论文答辩报告”主要应用了演示文稿中母版和超链接以及排练计时的功能，整个演示文稿母版分成两类，一个是标题母版，包含毕业论文答辩报告基本信息；另一个是幻灯片母版，包含毕业论文的具体内容。幻灯片母版中设置标题和正文的格式，添加页脚、页码，也可加入图片或艺术字等，标题母版设置主标题和副标题的格式。对需要展示的论文附件可使用超链接方式来实现，为了控制好答辩时间，可使用排练计时功能。

5.2.4　相关知识点

1. 幻灯片母版

PowerPoint 可以使用母版使所有的幻灯片具有一致的外观，如果更改幻灯片母版上的背景颜色，则所有幻灯片都会反映出这种改变，如果在幻灯片母版中添加图形，则每张幻灯片上都会出现该图形，同样的道理，如果更改标题母版的版式，则所有标题幻灯片也会随之改变。

（1）幻灯片母版

选择菜单“视图”→“母版”→“幻灯片母版”命令，或者在按住 Shift 键的同时单击“幻灯片母版视图”按钮，即可进入“幻灯片母版”设计环境，如图 5.10 所示。

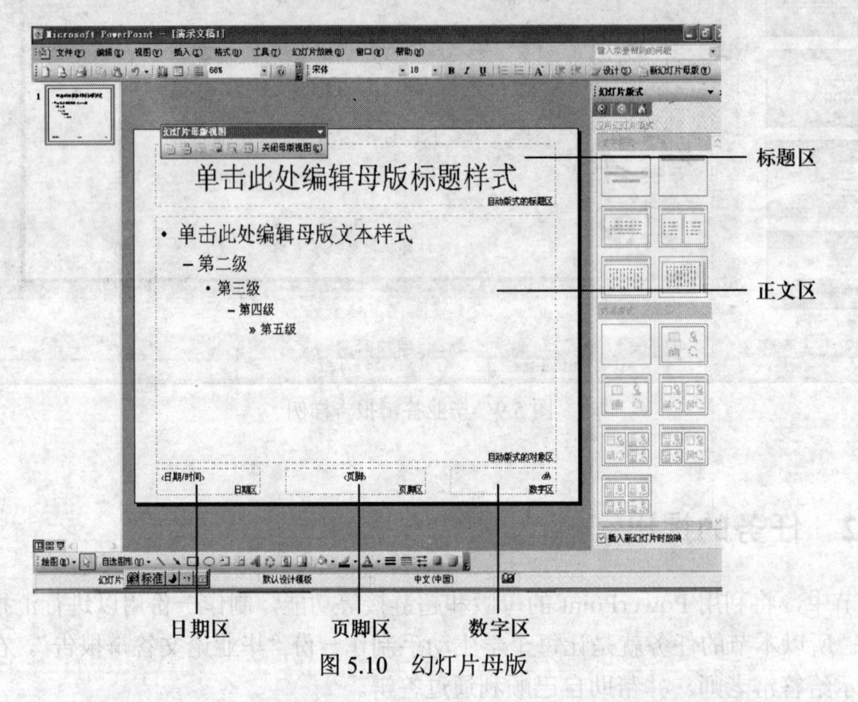

图 5.10　幻灯片母版

① 更改文本格式。如果要修改幻灯片标题，单击“单击此处编辑母版标题样式”文本框，选择菜单“格式”→“字体”命令或者格式工具栏上的相应按钮进行修饰。如果要修改正文区中某一个层次的项目符号，可以先指定某一层次的项目符号，选择菜单“格式”→“项目符号”命令，在“项目符号”对话框中设置项目符号的字体、颜色等。

② 设置页眉、页脚和幻灯片编号。在幻灯片母版状态下，选择菜单“视图”→“页眉和页脚”命令，打开“页眉和页脚”对话框，选择“幻灯片”选项卡，进行相应的设置即可。

③ 美化母版。选择菜单“格式”→“背景”命令可以为母版设置背景，在幻灯片中插入图片、剪贴画、自选图形或艺术字，使母版得到美化。

（2）标题母版

选择菜单“视图”→“幻灯片母版”命令，进入母版设计环境后，单击“幻灯片母版视图”工具栏上“插入新标题母版”按钮，如图 5.11 所示，新建一张“标题母版”。

图 5.11　插入新标题母版工具栏

在标题母版中可以设置主标题和副标题的样式，更改背景，设置页脚等，如图 5.12 所示。

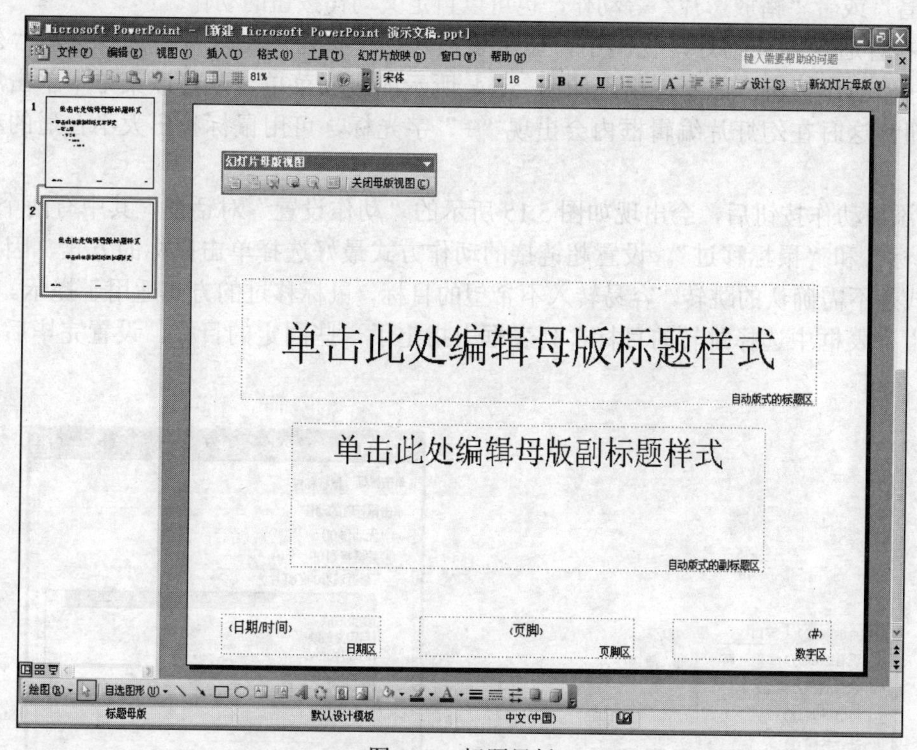

图 5.12　标题母版

2．超链接

用户可以在演示文稿中对任何对象（包括文本、表格、图形和图片）创建超链接，然后通过该超链接跳转到演示文稿内特定的幻灯片、另一个演示文稿、某个 Word 文档或某个 Internet 的地址。选中需要设置超链接的对象，选择菜单“插入”→“超链接”命令，打开“插入超链接”对话框，链接的目标可以是已有的文件或网页、本文档中的位置、新建文档和电子邮件地址等，如图 5.13 所示。

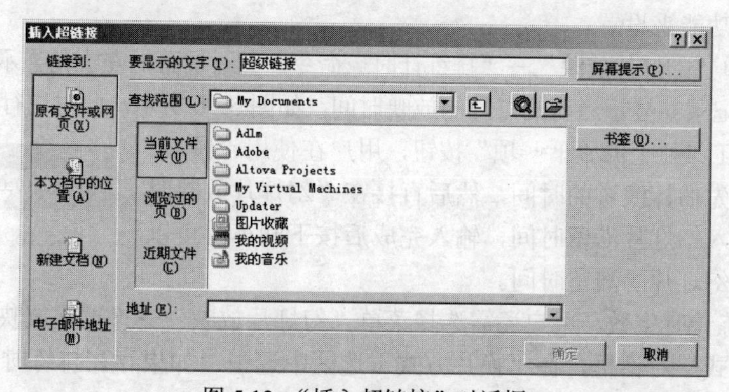

图 5.13　“插入超链接”对话框

3. 动作按钮

动作按钮也是一种超链接，可执行像“下一项”、“上一项”、“开始”、“结束”、“帮助”、“播放声音”或者“播放影片”等动作，也可以自定义动作按钮的动作。

① 在普通视图或幻灯片视图中，显示要插入动作按钮的幻灯片，选择菜单“幻灯片放映”→“动作按钮”命令，出现如图 5.14 所示的级联菜单，从级联菜单中单击所需的动作按钮，这时在幻灯片编辑框内会出现“+”字光标，可用鼠标拉出大小合适的动作按钮图标。

② 添加动作按钮后，会出现如图 5.15 所示的“动作设置”对话框，其中有两个标签：“单击鼠标”和“鼠标移过”。设置超链接的动作方式最好选择单击鼠标的方式，因为鼠标移过方式是不需确认的跳转，容易转入不希望的目标，鼠标移过的方式适用于提示。在“超链接到”列表框中选择跳转的目标，列表框中指定了一些固定的目标。设置完毕后，单击“确定”按钮。

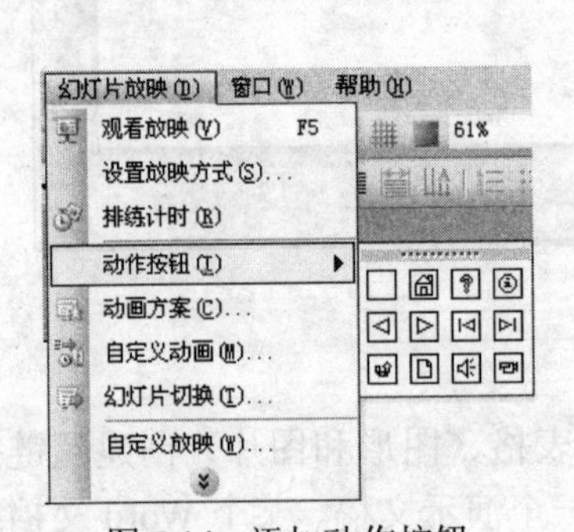

图 5.14　添加动作按钮

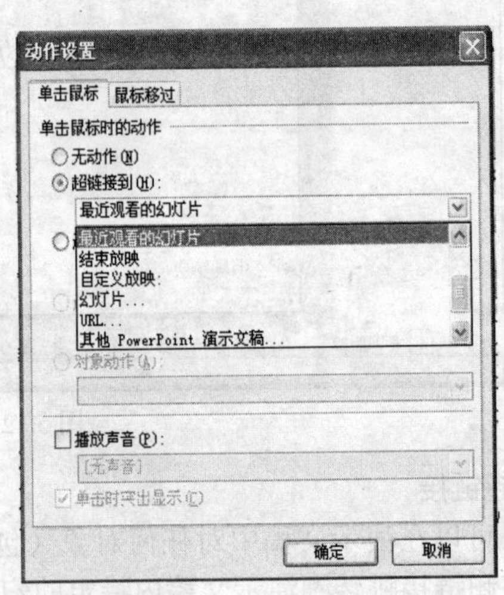

图 5.15　给动作按钮设置动作

4. 排练计时

在进行答辩时，播放幻灯片时不想人工切换每张幻灯片，而让幻灯片自动播放，则可通过“排练计时”功能来设置。

① 选择菜单“幻灯片放映”→“排练计时”命令，此时屏幕的左上角显示出一个“预演”工具栏，上面会记录并显示当前幻灯片的放映时间，如图 5.16 所示。此时进行本页幻灯片的汇报，完成后单击工具栏上的“下一项”按钮，用户在使用“预演”工具栏时也可以先估计演讲的时间，然后直接在“幻灯片放映时间”文本框中输入幻灯片滞留时间，输入完成后按下回车键可以继续设置下一张幻灯片的滞留时间。

预演　0:00:02　0:00:08

图 5.16　排练计时预演

② 要使排练计时生效，用户还需选择菜单“幻灯片放映”→“设置放映方式”命令，打开“设置放映方式”对话框，在“换片方式”选区中选中“如果存在排练时间，则使用它”单选按钮，如图 5.17 所示。

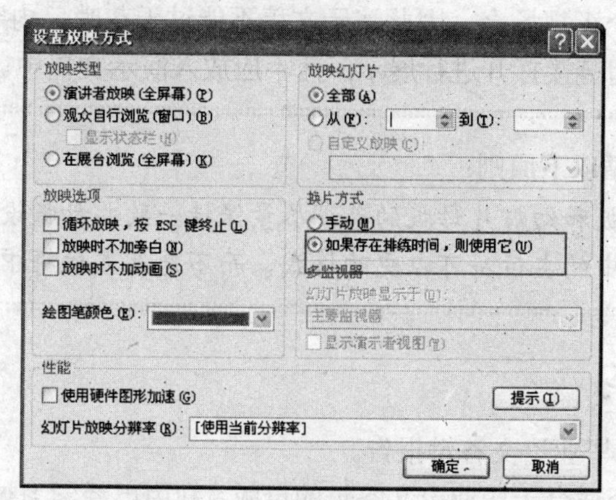

图 5.17 “设置放映方式”对话框

注意：“幻灯片设计”任务窗格中的模板实际上是已经设计好的母版，包括一张标题母版和一张幻灯片母版，用户可以在此基础上进行编辑和修改。如果是新建母版，则可以根据用户需要，对其中背景、占位符等对象进行重新设置。

5.2.5 实现方法

（1）启动 PowerPoint 建立一个新演示文稿后，使用幻灯片母版创建一个标题母版和一个幻灯片母版。

在标题母版中设置好主标题和副标题的格式，使用符合答辩内容主题的图片来填充背景。在幻灯片模板中设置标题和文本的格式及层次的格式，添加背景，并设置页脚、添加页码，保存后关闭母版视图。

（2）创建一张标题幻灯片，作为第一张幻灯片，输入论文标题及汇报人基本信息。

（3）其他幻灯片均为标题和文本版式，按照论文提纲进行输入。对输入的内容作文字、段落、边框等格式化。

（4）对论文中涉及的附件、图表、照片或调查问卷等，可以在幻灯片中设置超链接来实现。

（5）按照答辩要求的时间来进行排练计时。

（6）对制作完成的演示文稿进行放映，观看效果。

5.2.6 案例总结

（1）本次任务主要介绍了对 PowerPoint 演示文稿母版的应用和超链接的设置，包括母版创建、占位符格式修改、超链接的创建和编辑等。

（2）为了增加幻灯片的灵活性，可以使用超链接来创建交互式演示文稿。

（3）毕业论文答辩都有时间限制，因此在进行答辩时，一定要控制好时间，可使用排练计时来提醒时间。

毕业论文答辩是一个正规场合，因此演示文稿不能过于花哨，内容应尽量简洁。需要演示的其他内容可以使用超链接打开进行展示，而不应放入演示文稿中。

设计母版时因遵循以下原则：

（1）标题母版和幻灯片母版的色调尽量保持一致，母版设计要简洁。

（2）对模板中的占位符可以更改格式，而不是在占位符中添加具体内容。

5.2.7 课后练习

☎ 制作一份完整的毕业论文答辩报告。

要求：自己设计一个适合于毕业论文答辩的母版，利用已经学习过的演示文稿相关知识，制作一份毕业论文答辩报告。

☎ 通过练习毕业论文答辩报告的制作，还可以制作项目竣工报告、公司业绩汇报、年度工作总结等演示文稿。

学习情境 5.3：制作职业生涯规划演示文稿

内容导入

职业生涯规划也可叫职业生涯设计。职业生涯规划是指个人和组织相结合，在对一个人职业生涯的主客观条件进行测定、分析、总结研究的基础上，对自己的兴趣、爱好、能力、特长、经历及不足等各方面进行综合分析与权衡，结合时代特点，根据自己的职业倾向，确定其最佳的职业奋斗目标，并为实现这一目标制订行之有效的安排。如：做出个人职业的近期和远景规划、职业定位、阶段目标、路径设计、评估与行动方案等一系列计划与行动。

职业生涯设计的目的绝不只是协助个人按照自己资历条件找一份工作，达到和实现个人目标，更重要的是帮助个人真正了解自己，为自己定下事业大计，筹划未来，拟订一生的方向，进一步详细估量内、外环境的优势和限制，在“衡外情，量己力”的情形下设计出各自合理且可行的职业生涯发展方向。

5.3.1 制作职业生涯规划演示文稿案例分析

学生们在即将迈出大学校门毕业之际，都会计划自己的未来，职业生涯规划不仅可以使个人在职业起步阶段成功就业，在职业发展阶段走出困惑，到达成功彼岸；而且对于企业来说，良好的职业生涯管理体系还可以充分发挥员工的潜能，给优秀员工一个明确而具体的职业发展引导。

李然同学是某职业院校信息技术专业 2008 届的毕业生，他为自己制作了一份职业生涯规划演示文稿，形成了比较成熟、完善的职业生涯规划体系。现在来看看他制作的“职业生涯规划”演示文稿中的其中一部分，如图 5.18 和图 5.19 所示。

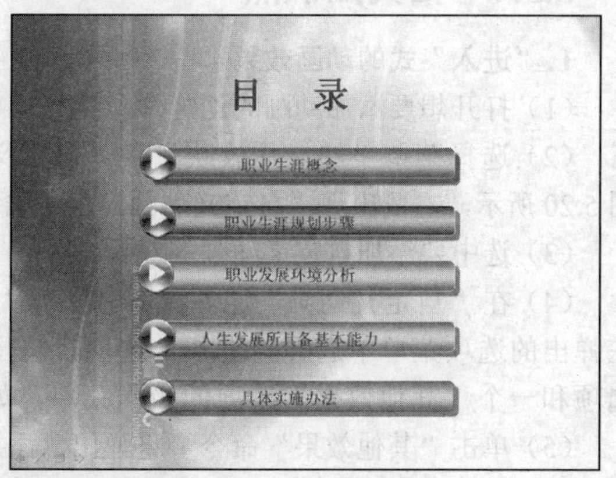

图 5.18 “职业生涯规划”演示文稿样例

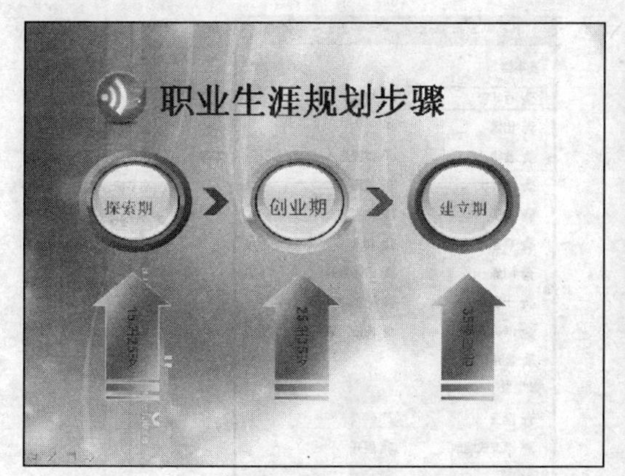

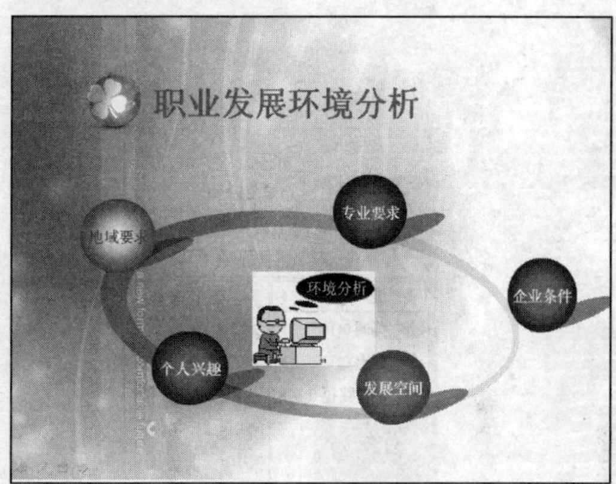

图 5.19 “职业生涯规划”演示文稿样例

5.3.2 任务的提出

在本节中，将利用 PowerPoint 2003 的自定义动画播放等功能，制作一份“职业生涯规划”演示文稿。所以本节的任务就是让每个学生自己动手制作一份“职业生涯规划”演示文稿，但是如何才能制作出一份精美的“职业生涯规划”演示文稿呢？

5.3.3 解决方案

通过对案例中的“职业生涯规划”演示文稿进行分析，其特点为：

（1）整体效果特点：动画播放流畅、生动有趣、播映效果好。

（2）内容特点：自定义动画的播放，自定义放映幻灯片等知识的应用。

“职业生涯规划”演示文稿在播放过程中除了可以给幻灯片添加切换效果之外，还可以为同一张幻灯片上的文本、插入的图片、表格、图表等对象添加切换效果和设置动画效果。这样，在进行幻灯片切换时，首先出现幻灯片的切换效果，再出现幻灯片的动画效果，可以突出重点，控制信息的流程，提高演示的生动性和趣味性。

5.3.4 相关知识点

1.“进入”式的动画效果

（1）打开想要添加动画的幻灯片。

（2）选择菜单“幻灯片放映”→“自定义动画”命令，如图5.20所示，右侧出现“自定义动画”任务窗格。

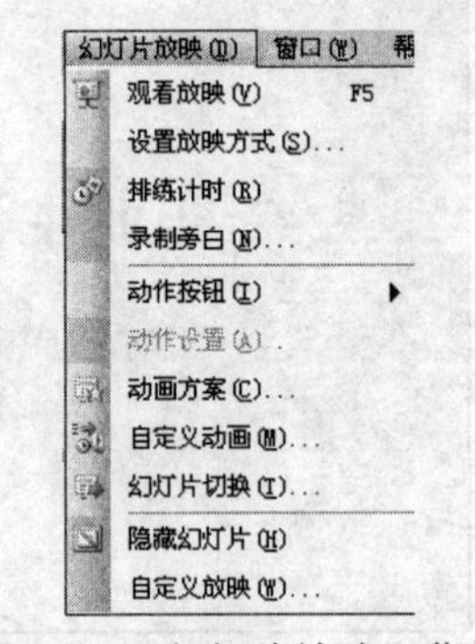

图5.20 “幻灯片放映”菜单

（3）选中要添加自定义动画的对象。

（4）在“自定义动画”任务窗格中单击“添加效果”按钮，在弹出的选项菜单中选择“进入”选项，将出现具有7个基本选项和一个“其他效果”选项的级联菜单，如图5.21所示。

（5）单击“其他效果”命令，将弹出“添加进入效果”对话框，如图5.22所示。

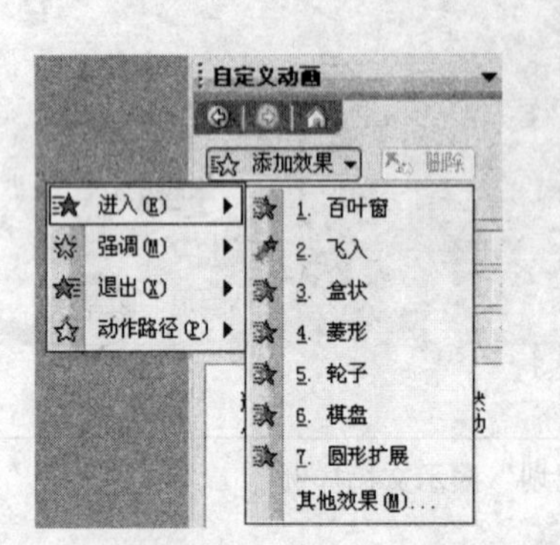

图5.21 自定义动画窗格“进入”选择项级联菜单

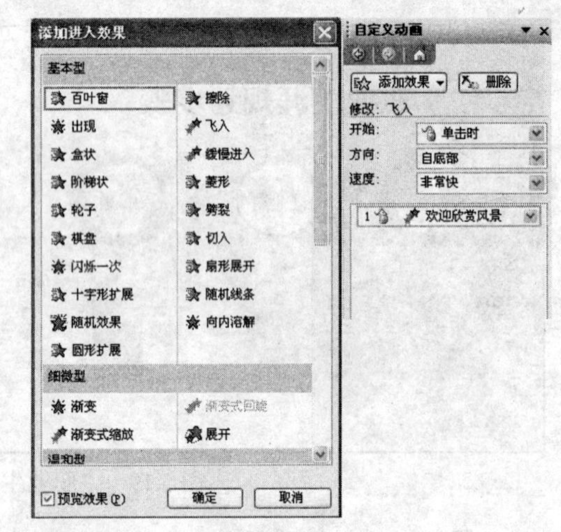

图5.22 “添加进入效果”对话框

（6）在该对话框的“基本型”列表中单击选定“飞入”选项，然后单击“确定”按钮，即可为所选对象应用所选的动画效果。此时在所选对象附近会出现一个蓝底纹的编号“1”，同时“自定义动画”任务窗格中所包含的信息也会相应发生变化，会出现进入方式选项等。

（7）再对文本对象“飞入”的进入方式进行“开始”、“方向”、“速度”的设置，如图5.23所示。设置完成后，单击“自定义动画”任务窗格中的“播放”按钮，即可在当前幻灯片视图下播放当前幻灯片，播放中可以看到文本对象从幻灯片指定位置按预设速度飞入的效果。

2.“强调”式动画效果的制作

（1）打开想要添加动画的幻灯片。

（2）选择菜单“幻灯片放映”→“自定义动画”命令，右侧出现“自定义动画”任务窗格，在“自定义动画”任务窗格中单击“添加效果”按钮，如图5.24所示。

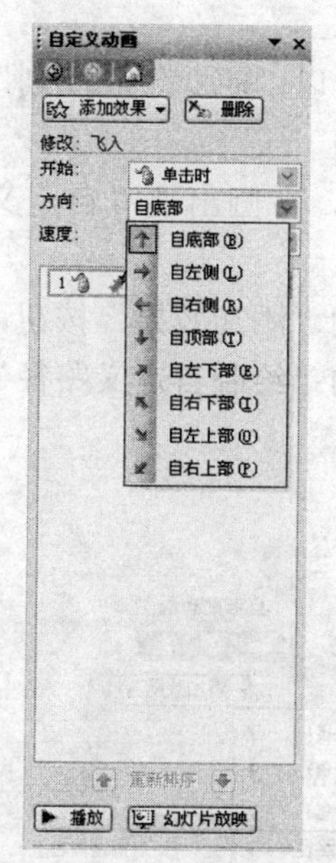

图 5.23 “自定义动画”任务窗格“飞入”选项级联菜单

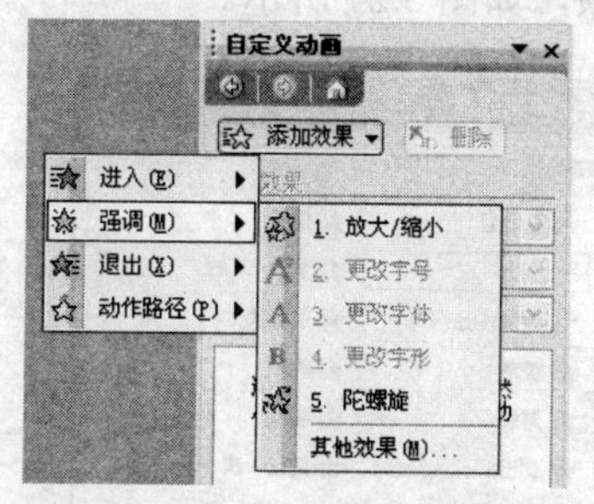

图 5.24 “自定义动画”任务窗格“强调”选择项级联菜单

（3）在该对话框的“基本型”列表中单击选定“陀螺旋”选项，然后单击“确定”按钮。

（4）设置完成后，单击“自定义动画”任务窗格中的“播放按钮”，即可得到在幻灯片视图下播放当前幻灯片的效果。

（5）在该对话框的“基本型”列表中单击选定“飞入”选项，然后单击“确定”按钮，即可为所选对象应用所选的动画效果。

（6）对文本对象“飞入”的进入方式进行“开始”、“方向”、“速度”的设置，设置完成后，单击“播放”按钮可以看到文本对象从幻灯片指定位置按预设速度飞入的效果。

3.“退出”式动画效果的制作

（1）在前面演示文稿中，选中对象；准备对该对象做退出的动画效果，如图 5.25 所示。

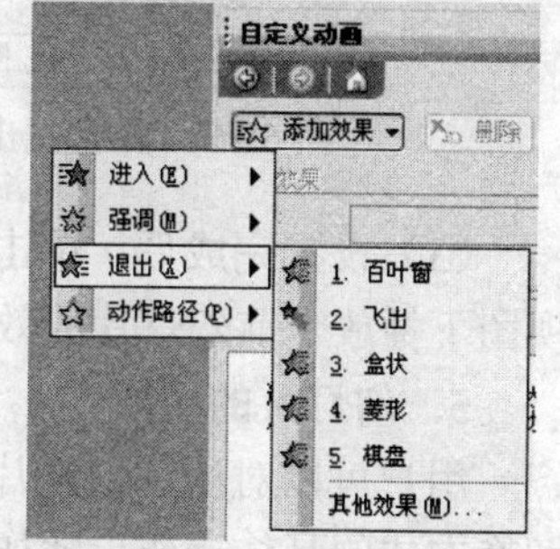

图 5.25 “自定义动画”任务窗格“退出”选择项级联菜单

（2）在“自定义动画”任务窗格中，单击该任务窗格上部的“添加效果”按钮，在弹出的菜单中将鼠标指针指向“退出”选项，然后单击选项中的“其他效果”选项，将弹出“添加退出效果”对话框，如图 5.26 所示。

（3）在该对话框的“基本型”列表中单击选定“阶梯状”选项，然后单击“确定”按钮，即可为所选对象应用所选的动画效果，同时“自定义动画”任务窗格中所包含的信息也会相应发生变化。

（4）设置完成后，单击“自定义动画”任务窗格中的“播放”按钮，即可得到在幻灯片视图下播放当前幻灯片的效果。

4．通过动作路径制作动画效果

（1）打开想要通过设定路径来制作动画效果的幻灯片（以“职业生涯规划”演示文稿中职业发展环境分析为例）。

（2）选择菜单“幻灯片放映”→“自定义动画”命令，右侧出现“自定义动画”任务窗格。

在“自定义动画”任务窗格中，单击该任务窗格上部的“添加效果”按钮，并在弹出的菜单中将鼠标指针指向“动作路径”选项，然后单击其下的“绘制自定义路径”选项，选择“自由曲线”项，如图 5.27 所示。

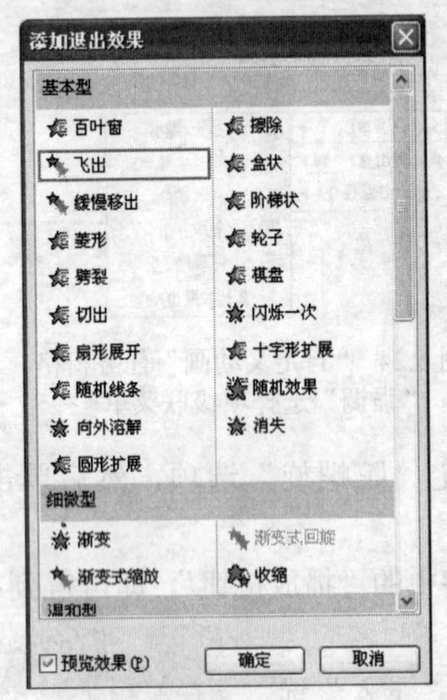

图 5.26 “添加退出效果”对话框

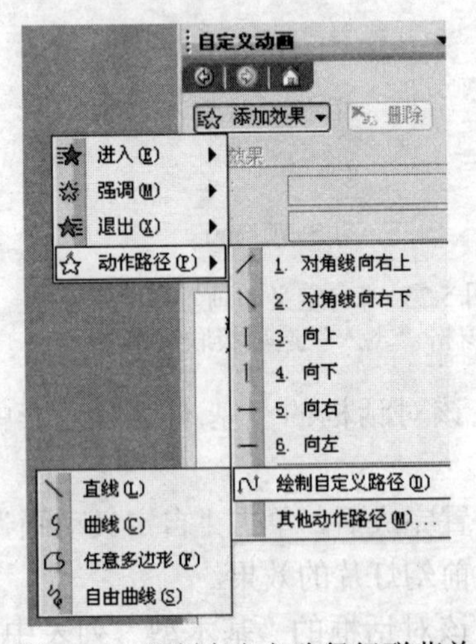

图 5.27 绘制自定义路径级联菜单

（3）设置完成后，单击“自定义动画”任务窗格中的“播放”按钮，即可得到在幻灯片视图下播放当前幻灯片的效果。

5．幻灯片的切换

用户可以对所选幻灯片或者全部幻灯片在播放过程中的切换方式进行设置，设置幻灯片切换方式的具体操作步骤如下：

（1）打开相应的演示文稿，找到待调整的某张幻灯片。

（2）在“任务窗格”的下拉列表中选择“幻灯片切换”，如图 5.28 所示：

在列表中选择一种幻灯片切换方式（如“水平百叶窗”），若最下方的“自动预览”选项被选中，则当前工作区域的幻灯片马上就能以所选择的切换方式预览效果。

（3）切换方式列表下方还有“慢速”、“中速”和“快速”3 种切换速度可供选择，如图 5.29 所示。

（4）“声音”选项组用来选择切换时的背景声音效果，如图 5.30 所示。

（5）“换片方式”选项组用来决定手工还是自动切换。如果选中“单击鼠标时”选项，则在播放幻灯片时，每单击一次鼠标，就切换一张幻灯片；如果选择“每隔”，则需要在增量框中输入一个数字，表示经过这段时间（以秒为单位）后自动切换。

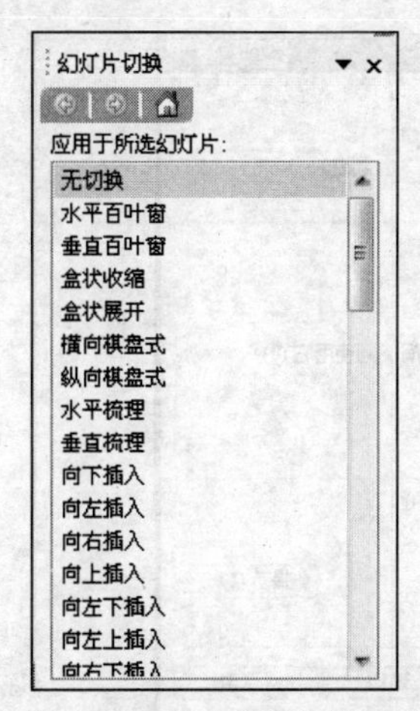

图 5.28 “幻灯片切换”任务窗格切换方式下拉列表

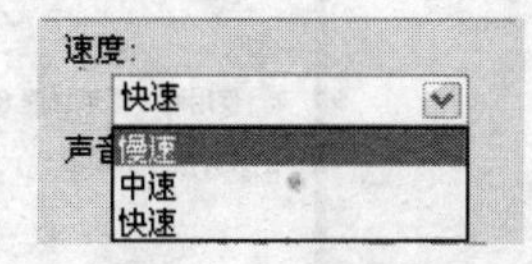

图 5.29 “幻灯片切换”任务窗格“速度”下拉列表

(6) 如果需要将所选择的切换方式，应用于所有的幻灯片，可以单击“应用于所有幻灯片”按钮，如图 5.31 所示。

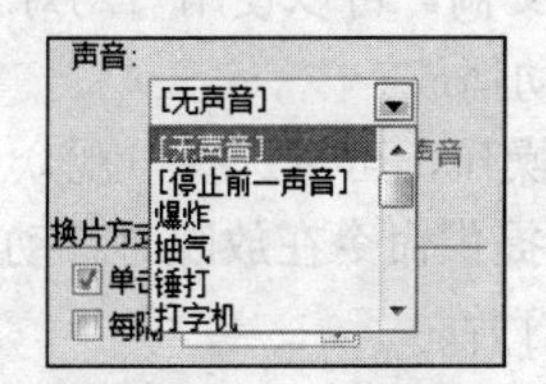

图 5.30 “幻灯片切换”任务窗格“声音”下拉列表

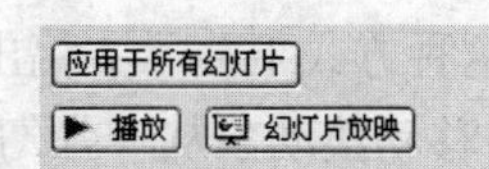

图 5.31 “幻灯片切换”任务窗格“应用于所有幻灯片”按钮

6. 自定义播放幻灯片

当需要对现有演示文稿中的部分演示文稿进行放映时，可以将所需的演示文稿进行分组，以便给特定的观众放映演示文稿的特定部分，具体方法如下：

(1) 选择菜单“幻灯片放映”→“自定义放映”命令，弹出“自定义放映”对话框。

(2) 单击“新建”按钮，弹出“定义自定义放映”对话框，“在演示文稿中的幻灯片”列表框中列出了当前演示文稿中的幻灯片，从中选择要自定义放映的幻灯片，如图 5.32 所示。

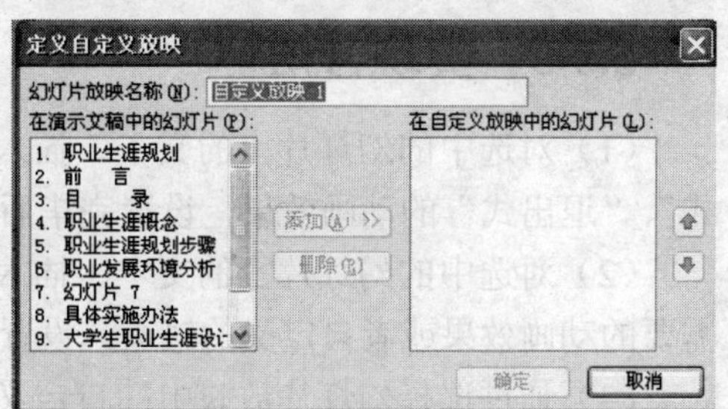

图 5.32 “定义自定义放映”对话框

(3) 单击“添加”按钮，“在自定义放映中的幻灯片”列表中会显示被选中的幻灯片，单击“确定”按钮，之前刚才定义的放映设置就被添加到“自定义放映”对话框中。单击“放映”按钮即可预览放映的幻灯片。

7. 幻灯片的放映方式

在 PowerPoint 中可以根据自己的需要，使用 3 种不同的方式进行幻灯片的放映，即演讲者放映方式、观众自行浏览方式以及在展台浏览放映方式。选择菜单“幻灯片放映”→“设置放映方式”命令，弹出“设置放映方式”对话框，选择幻灯片放映方式，如图 5.33 所示。

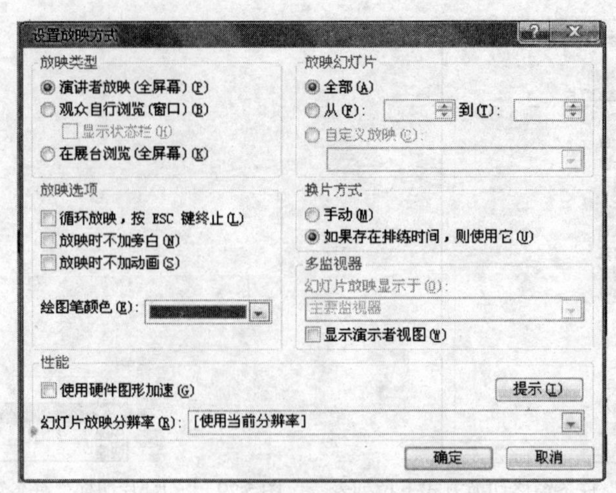

图 5.33 “设置放映方式”对话框

“演讲者放映（全屏幕）”是常规的放映方式。在放映过程中，可以使用人工控制幻灯片的放映进度和动画出现的效果；如果希望自动放映演示文稿，可以使用“幻灯片放映”菜单上的“排练计时”命令设置幻灯片放映的时间，使其自动播放。

如果演示文稿在小范围放映，同时又允许观众动手操作，可以选择“观众自行浏览（窗口）”方式。在这种方式下演示文稿出现在小窗口内，并提供命令在放映时移动、编辑、复制和打印幻灯片，移动滚动条从一张幻灯片移到另一张幻灯片。

如果演示文稿在展台、摊位等无人看管的地方放映，可以选择“在展台浏览（全屏幕）”方式，将演示文稿设置为在放映时不能使用大多数菜单和命令，并且在每次放映完毕后，如5分钟观众没有进行干预，会重新自动播放。当选定该项时，PowerPoint会自动设定“循环放映，Esc键停止”的复选框。

5.3.5 实现方法

（1）对选中的幻灯片上的文本、插入的图片、表格、图表等对象设置“进入式”、“强调式”、“退出式”的动画效果，设置完毕后在幻灯片视图下播放当前幻灯片。

（2）对选中的幻灯片上的文本、插入的图片、表格、图表等对象添加切换效果和设置所需要的动画效果或者自定义的轨迹，设置完毕后在幻灯片视图下播放当前幻灯片。

（3）通过选择幻灯片放映中的自定义放映来对已有的幻灯片进行添加，添加完成后对选择的幻灯片进行放映。

（4）通过对幻灯片放映中排练计时的设置，来对幻灯片放映速度进行设置，设置完成后，对幻灯片进行放映。

5.3.6 案例总结

本节通过制作职业生涯演示文稿介绍了演示文稿的编辑和动态效果的制作方法，幻灯片动画效果的设置，幻灯片放映效果的设置与放映方式，交互式演示文稿的创建。

（1）静态效果的制作，包括幻灯片的基本操作、插入各种版式的幻灯片、编辑幻灯片上的各种对象、对演示文稿进行美化等内容。学生还可以将前面所学的方法应用到 PowerPoint 中。控制幻灯片外观的方法有 3 种：母版、配色方案、设计模板。另外，通过设置背景也可以起美化幻灯片的作用。

（2）但是要想真正体现出 PowerPoint 的特点和优势，还在于演示文稿的动态效果制作，包括在幻灯片中设置动画效果（动画方案和自定义动画）、在幻灯片之间设置切换效果及设置演示文稿的放映方式等。这些功能使幻灯片充满了生机和活力。另外，为了增加幻灯片放映的灵活性，还介绍了通过“动作设置”和“超链接”创建交互式演示文稿的方法。

PowerPoint 所创建的演示文稿具有生动活泼、形象逼真的动画效果，能像幻灯片一样进行放映，具有很强的感染力。

5.3.7 课后练习

☎ 完成一份职业生涯规划演示文稿的制作，掌握演示文稿的制作处理能力。

☎ 掌握了 PowerPoint 的使用技能，各位同学还可以在产品介绍、论文答辩、项目论证、学术演讲、会议议程、教学研讨等公共场所通过演示文稿进行演讲与展示。

知识拓展 4：PowerPoint 2007/2010 简介

一、PowerPoint 2007

1．PowerPoint 2007 的发展

PowerPoint 2007 是 Office 2007 办公软件中的主要组件之一，主要用于演示文稿的制作，在演讲、教学、产品演示等方面得到广泛的应用。可以快速创建极具感染力的动态演示文稿，同时集成更为安全的工作流以轻松共享这些信息。

PowerPoint 2007 继承了以前版本的各种优势，且在功能上有了很大的提高。习惯 PowerPoint 以前版本的用户，对于 PowerPoint 2007 全新的界面会很不适应，但其具有的优势使其注定会成为以后的主流产品。初学这款软件的人，建议使用这个版本，操作界面如图 5.34 所示。

2．PowerPoint 2007 的特点

（1）使用重新设计的用户界面更快地获得更好的结果

PowerPoint 2007 对用户界面的外观进行了重新设计，使创建、演示和共享演示文稿成为更简单、更直观的体验。丰富的特性和功能都集中在一个经过改进的、整齐有序的工作区中，这不仅可以最大限度地防止干扰，还有助于用户更加快速、轻松地获得所需的结果。

（2）创建强大、动态的 SmartArt 图示

可以在 PowerPoint 2007 中轻松创建专业和动态的关系、工作流或层次结构图。甚至可以将项目符号列表转换为图示或修改和更新现有图示。借助用户界面中的上下文相关 SmartArt 图示工具，用户可以方便地使用丰富的格式设置选项。

（3）通过 PowerPoint 2007 幻灯片库轻松重用内容

通过 PowerPoint 2007 幻灯片库，可以在 Microsoft Office SharePoint Server 2007 所支持的

网站上将演示文稿存储为单个幻灯片。使用幻灯片库，可以与工作组成员和同事共享演示文稿内容，使任何人都可以轻松重用内容。这不仅可以缩短创建演示文稿所用的时间，而且插入的所有幻灯片都可与服务器版本保持同步，从而确保内容始终是最新的。

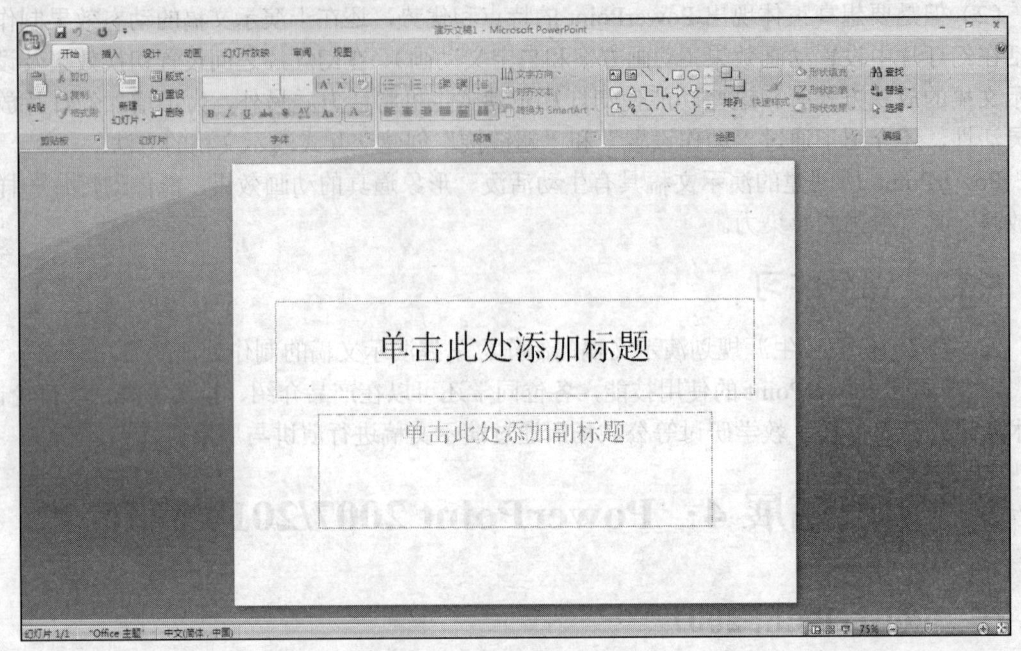

图 5.34　PowerPoint 2007 界面

（4）与使用不同平台和设备的用户进行交流

通过将文件转换为 XML Paper Specification（XPS）和可移植文档格式（PDF）文件以便与任何平台上的用户共享，确保能够利用 PowerPoint 2007 演示文稿进行广泛交流。

（5）使用自定义版式更快地创建演示文稿

在 PowerPoint 2007 中，可以定义并保存自己的自定义幻灯片版式，这样便无须将版式剪切并粘贴到新幻灯片中，也无须从具有所需版式的幻灯片中删除内容。借助 PowerPoint 幻灯片库，可以轻松地与其他人共享这些自定义幻灯片，以使演示文稿具有一致而专业的外观。

（6）加速审阅过程

通过 Office SharePoint Server 2007 中内置的工作流服务，可以在 PowerPoint 2007 中启动、管理和跟踪审阅和审批过程，使用户可以加速整个组织的审阅周期，而无须强制用户学习新工具。

（7）使用 PowerPoint 2007 主题统一设置演示文稿格式

PowerPoint 2007 主题只需一次单击即可更改整个演示文稿的外观。更改演示文稿的主题不仅可以更改背景色，而且可以更改图示、表格、图表和字体的颜色，甚至可以更改演示文稿中任何项目符号的样式。通过应用主题，可以确保整个演示文稿具有专业和一致的外观。

（8）使用新工具和效果显著修改形状、文本和图形

可以通过比以前更多的方式来操作和使用文本、表格、图表和其他演示文稿元素。

PowerPoint 2007 通过简化的用户界面和上下文菜单使这些工具触手可及，这样只需进行几次单击，便可使作品更具效果。

（9）进一步提高 PowerPoint 2007 演示文稿的安全性

可以为 PowerPoint 2007 演示文稿添加数字签名以确保文件的完整性，还可以将演示文稿标记为“最终”以防止不经意的更改。这些功能确保只能按照用户需要的方式来修改或共享内容。

（10）同时减小文档大小和提高受损文件的恢复能力

全新的 Microsoft Office PowerPoint XML 压缩格式可使文件大小显著减小，同时由于此格式的体系结构特点，还能够提高受损文件的数据恢复能力。这种新格式可以大量节省存储和带宽要求，并可降低 IT 人员的负担。

二、PowerPoint 2010

1. PowerPoint 2010 的发展

PowerPoint 2010 为创建动态演示文稿并与访问群体共享提供了比以往更多的方法。

使用令人耳目一新的视听功能，可帮助用户讲述一个活泼的电影故事，创建与观看一样容易。使用用于视频和照片编辑的新增和改进的工具，SmartArt 图像和文本效果，可以吸引访问群体的注意。

此外，PowerPoint 2010 还允许与他人同时工作或联机发布演示文稿，并从 Web 或基于 Windows Mobile 的 Smartphone 在任何地方进行访问。

2. PowerPoint 2010 的特点

（1）为演示文稿带来更多活力和视觉冲击

应用成熟的照片效果而不使用其他照片编辑软件程序可节省时间和金钱。通过使用新增和改进的图像编辑和艺术过滤器，如颜色饱和度和色温、亮度和对比度、虚化、画笔和水印，可将图像变得引人注目、鲜亮。

（2）与他人同步工作

可以同时与不同位置的其他人合作同一个演示文稿。当用户访问文件时，可以看到谁在与用户合著演示文稿，并在保存演示文稿时看到他们所作的更改。对于企业和组织，与 Office Communicator 集合可以查看作者的联机状态，并可以与没有离开应用程序的人轻松启动会话。

（3）添加个性化视频体验

在 PowerPoint 2010 中直接嵌入和编辑视频文件。方便的书签和剪裁视频仅显示相关节。使用视频触发器，可以插入文本和标题以引起访问群体的注意。还可以使用样式效果（如淡化、映像、柔化棱台和三维旋转）帮助用户迅速引起访问群体的注意。

（4）想象一下实时显示和说话

通过发送 URL 即时广播，PowerPoint 2010 演示文稿使人们可以在 Web 上查看用户的演示文稿。访问群体将看到体现作者设计意图的幻灯片，即使他们没有安装 PowerPoint 也没有关系。还可以将演示文稿转换为高质量的视频，通过叙述与使用电子邮件、Web 或 DVD 的所有人共享。

（5）从其他位置在其他设备上访问演示文稿

将演示文稿发布到 Web，从计算机或 Smartphone 联机访问、查看和编辑。使用 PowerPoint 2010，可以按照计划在多个位置和设备完成这些操作。

Microsoft PowerPoint Web 应用程序将 Office 体验扩展到 Web 并享受全屏、高质量复制的演示文稿。当离开办公室、家或学校时，创建然后联机存储演示文稿，并通过 PowerPoint Web 应用程序编辑工作。

（6）使用美妙绝伦的图形创建高质量的演示文稿

用户不必是设计专家也能制作专业的图表。使用数十个新增的 SmartArt 布局可以创建多种类型的图表，例如组织系统图、列表和图片图表。将文字转换为令人印象深刻的可以更好地说明作者想法的直观内容。创建图表就像输入项目符号列表一样简单，或者只需单击几次就可以将文字和图像转换为图表。

（7）用新的幻灯片切换和动画吸引访问群体

PowerPoint 2010 提供了全新的动态切换，如动作路径和看起来与在电视上看到的图形相似的动画效果。轻松访问、发现、应用、修改和替换演示文稿。

（8）更高效地组织和打印幻灯片

通过使用新功能的幻灯片轻松组织和导航，这些新功能可帮助用户将一个演示文稿分为逻辑节或与他人合作时为特定作者分配幻灯片。这些功能允许用户更轻松地管理幻灯片，如只打印需要的节而不是整个演示文稿。

（9）更快完成任务

PowerPoint 2010 简化了访问功能的方式。新增的 Microsoft Office Backstage 视图替换了传统的“文件”菜单，只需几次点击即可保存、共享、打印和发布演示文稿。通过改进的功能区，可以快速访问常用命令，创建自定义选项卡，个性化工作风格体验。

（10）跨越沟通障碍

PowerPoint 2010 可在不同的语言间进行通信，翻译字词或短语，为屏幕提示、帮助内容和显示设置各自的语言。

学习情境 6：Internet 网络应用

计算机网络技术是计算机学科的一个重要分支，是计算机技术与通信技术紧密结合的产物。网络的诞生与发展为现代通信技术的发展做出了巨大的贡献，计算机网络的发展，特别是互联网的广泛应用，使人们的通信、办公、教育、娱乐等方式都发生了巨大的变化，特别是 Internet 的发展和应用推动着全球信息化的发展。

在未来的信息化社会里，必须学会在网络环境下使用计算机，通过网络进行信息交流和获取信息。通过学习需要了解 Internet 的基础知识、网络资源的搜索与下载、网上聊天、网上购物等知识，用户不仅可以通过浏览器访问 Web 页面，还可以收发电子邮件、阅读新闻或从 FTP 服务器下载文件。

学习情境 6.1：信息搜索案例分析

内容导入

重视、开展大学生礼仪教育已成为当代大学生道德实践的一个重要内容。本节以通过网络查询搜索文明礼仪素材为例，学习浏览器的使用和网上信息的搜索浏览、网站的收藏及网页的保存等。

6.1.1 信息搜索案例分析

学校要开展“大学生校园文明礼仪宣传月活动”，徐慧是学生会宣传部的部长，需要组织各班的宣传委员开展文明礼仪知识宣传板报的制作与评比工作。但是，为了做好宣传工作，需要搜集大量的文明礼仪知识和资料，她想通过网络搜集一些介绍大学生文明礼貌和礼仪的常识以及正面和负面的典型案例，借此制作丰富宣传板报，做好校园文明礼仪文化的宣传工作。

6.1.2 任务的提出

在本节中，将通过网络查找“大学生校园文明礼仪宣传月活动”需要的资料，需要熟悉网页浏览的方法，并能够将有用的信息进行保存或收藏。那么，该运用哪些 Internet 工具呢？

6.1.3 解决方案

为了收集“大学生校园文明礼仪宣传月活动”宣传板报所需的资料，徐慧采用了如下方案：

（1）建立与 Internet 的连接后，可以用 Web 浏览器检索 Internet 上的资源。以 IE 浏览器为例，上网搜索、阅读相关参考资料，将有保存价值的网页保存到计算机中，或用打印机直接打印出来，学习在 Internet 上进行信息浏览与搜索的方法与技能。

（2）学习文件下载与上传的方法与技能。

6.1.4 相关知识点

1．WWW

Web 网或万维网（World Wide Web，WWW）是一种建立在 Internet 上的全球性的、交互的、动态的、多平台的、分布式的图形信息系统，也是建立在 Internet 上的一种基本服务。在 WWW 上可以看见来自世界各地的信息，信息的内容可以是文本的，也可以是图形、声音等多媒体信息，这些信息都以超文本链接方式组织在一起，供用户浏览、阅读和使用。

2．超文本和超媒体

用户阅读超文本文档时，从其中一个位置跳跃到另一个位置，或从一个文档跳跃到另一个文档，可以非顺序进行。即不必从头到尾逐章逐节获取信息，可以在文档里跳跃式获取信息。这是由于超文本里包含着可用作链接的一些文字、短语或图标，用户只需要在上面用鼠标轻轻一点，就能立即跳转到相应的位置。这些文字和短语一般有下划线或者以不同颜色标识，当鼠标指向它们时，鼠标将变为手形。

超媒体是超文本的扩展，是超文本与多媒体的组合。在超媒体中，不仅可以链接到文本，还可以链接到其他媒体，如声音、图形图像和影视动画等。因此，超媒体把单调的文本文档变成了生动活泼、丰富有趣的多媒体文档。

3．HTML

要使 Internet 上的用户在任何一台计算机上都能显示任何一个 WWW 服务器上的页面，必须解决页面制作的标准化问题。超文本标记语言 HTML 就是一种制作 WWW 的标准语言，该语言消除了不同计算机之间信息交流的障碍。

HTML 是一种描述性语言，定义了许多命令，即“标签（tag）”，用来标记要显示的文字、表格、图像、动画、声音、链接等。用 HTML 描述的文档是普通文本（ASCII）文件，可以用任意文本编辑器（如记事本）创建，但文件的扩展名应是“.htm”或“.html”。

4．网页

WWW 以 Web 信息页的形式提供服务。Web 信息页称为网页，是基于超文本技术的一种文档。网页既可以用超文本标记语言 HTML 编写，也可以用网页编辑软件制作。常用的网页制作软件有 FrontPage 和 Dreamweaver 等。当客户端与 WWW 服务器建立连接后，用户可以浏览从 WWW 服务器中返回的网页；用户浏览某个网站时，浏览器首先显示的网页称为主页。

5．统一资源定位符

统一资源定位符（URL）是从 Internet 上获取的资源位置和访问方法的一种简洁的表示方式。Internet 上的任何一种资源都可以用 URL 进行标识，这些“资源”是指在 Internet 上可以被访问的任何对象，包括文件目录、文件、图像、声音、电子邮件地址等，以及与 Internet 相连的任何形式的数据。

因此，习惯上把 URL 称为网址。URL 相当于文件名在网络范围的扩展，指出了资源在 Internet 上的位置，给出了寻找该资源的路径。

6．Web 检索工具

目录型检索工具：目录型检索工具是由信息管理专业人员在广泛搜集网络资源，并进行加工整理的基础上，按照某种主体分类体系编制的一种可供检索的等级结构式目录。最著名的目录型检索工具有 yahoo（http://www.yahoo.com）、搜狐（http://www.sohu.com）。

搜索引擎：搜索引擎使用自动索引软件来发现、收集并标引网页，建立数据库，以 Web 页形式提供给用户。

多元搜索引擎：多元搜索引擎又称集合式搜索引擎。它将多个搜索引擎集成在一起，并提供一个统一的检索界面；在使用时，它可以自动地将一个检索提问发给多个搜索引擎同时进行检索。

典型的多元搜索引擎有 dogpile（http://www.dogpile.com/）。

7．Internet Explorer 网页浏览器

浏览器是一种客户工具软件，主要功能是使用户能以简单直观的方式使用 Internet 上的各种计算机上的超文本信息、交互式应用程序及其他的 Internet 服务。

网页浏览器主要通过 HTTP 协议与网页服务器交互并获取网页，这些网页由 URL 指定，文件格式通常为 HTML，HTTP 内容类型和 URL 协议规范允许网页设计者在网页中嵌入图像、动画、视频、声音、流媒体等。

Internet Explorer（简称为 IE）是用户最多的浏览器软件，每个上网的人对它都比较熟悉。常见的网页浏览器还有腾讯 QQ 浏览器、360 浏览器极速版、搜狗浏览器、傲游浏览器、百度浏览器、超级兔子浏览器等。

（1）设置主页

如果每次浏览 Web 页时都要访问某个特定的站点，可将其设置为主页。这样，每次启动 IE 或在工具栏上单击“主页”按钮时，即打开该页面。

操作方法：转到要设置为主页的 Web 页面，选择菜单“工具”→“Internet 选项”命令，弹出“Internet 选项”对话框，如图 6.1 所示；在“常规”选项卡中单击“使用当前页”按钮，如图 6.2 所示。

（2）打印网页内容

① 打印整个网页的方法如下：

✧ 使用文件菜单下的打印命令。

✧ 使用快捷菜单（鼠标右键弹出的菜单）的打印命令。

✧ 使用工具栏中的打印机图标。

✧ 使用快捷键命令 Ctrl+P。

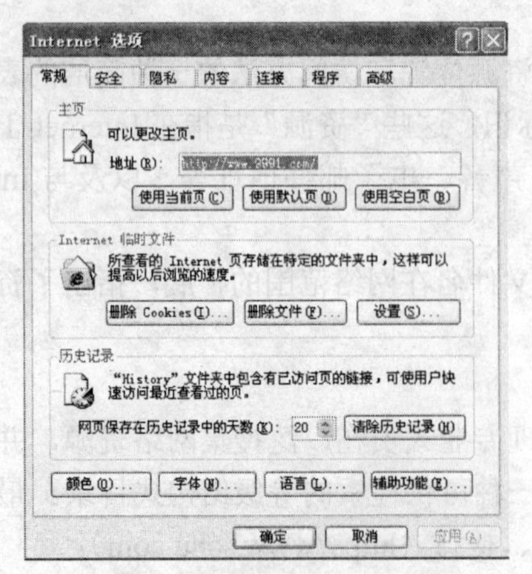
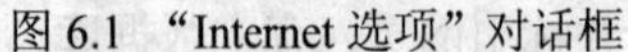

图 6.1 “Internet 选项”对话框

图 6.2 设置主页对话框

② 如果是要打印部分内容，只需把所要打印的内容选中，然后使用上述方法即可。

（3）保存网页内容

保存当前浏览 Web 页面的方法：选择菜单“文件”→“另存为”命令，弹出“保存网页”对话框，双击用于保存网页的文件夹，在“文件名”文本框中输入网页名字。如图 6.3 所示。

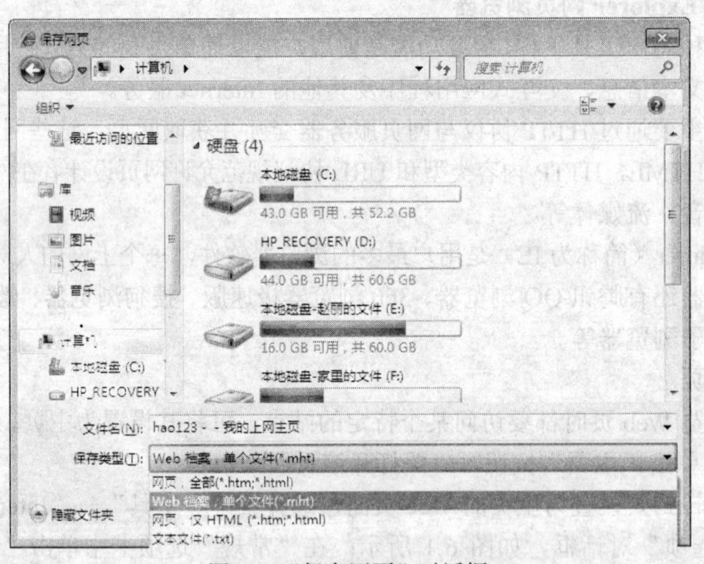

图 6.3 “保存网页”对话框

① 如果要保存显示该网页时所需的全部文件（包括图像、框架和样式表），则在“保存类型”中选择“网页，全部”，按原始格式保存所有文件。

② 如果只保存当前 HTML 页，则在“保存类型”中选择“网页，仅 HTML”，保存网页信息，但不保存图像、声音或其他文件。

③ 如果只保存当前网页的文本，则在“保存类型”中选择“文本文件”，以纯文本格式保存网页信息。

（4）保存网页中的图片或文本

✧ 用户查看网页时，如果想把其中的一些文本、图形保存下来以备以后参考，可以先选择要复制的文本，然后选择菜单“编辑”→“复制”命令，将选择的文本复制到剪贴板上，然后将其粘贴到所编辑的文档中。

✧ 用 IE 的“图像工具栏”可以方便地处理网页中的图像：将鼠标指针移到图片上，在图像的左上角出现“图像工具栏”。

✧ 可以在“图像工具栏”上选择保存图像的磁盘（也可右击图像并选择“另存为”选项）；可以直接打印图像，也可以将图像以电子邮件的方式发送；还可以用工具栏的按钮直接打开“图片收藏”文件夹，在该文件夹中查看和管理图片。

8．收藏夹

对于经常需要访问的网页，可将网页链接的快捷方式（即标题和网址）添加到收藏夹中，以后只要在“收藏”菜单中选择相关的网页名就能快速打开该网页。

收藏夹是一个特殊的文件夹，收藏夹中保存被添加的网页快捷方式。另外，收藏夹中还可以创建子文件夹，整理收藏夹的方法类似于整理普通的文件夹和文件。

收藏夹存放在安装操作系统的磁盘分区中。如 C：\Document and Settings\qingaode\Favorites（在中文操作系统的文件夹列表中“Favorites”将以“收藏夹”代替）。如果要备份收藏夹，可以将“Favorites”文件夹中的快捷方式进行备份。如果在重新安装操作系统后，要继续使用原来的收藏夹，可将备份后的快捷方式复制到新的“Favorites”文件夹中。

9．历史记录

如果用户想查找并返回过去访问过的 Web 站点和页面，无论是当天还是几周前的页面，可通过 IE 的历史记录列表来实现。历史记录列表记录了用户访问过的每个页面，以便在以后返回该页面。

（1）返回到刚刚访问过的 Web 页面

单击“后退”或“前进”按钮，可直接查看当前页面前面 9 个页面中的一个。

方法：单击“后退”或“前进”按钮右边的下拉箭头，在列表中单击所需的页面。

（2）查找当天或几周前访问过的 Web 页面

IE 自动记录当天和过去访问过的 Web 页，按访问日期（天）在“历史记录”栏的文件夹中组织这些页面。在一天中按字母顺序在文件夹中组织这些 Web 站点，并将该站点上访问过的页面放在该文件夹中。

在历史文件夹中查找页面：在 IE 工具栏上单击“历史”按钮，在屏幕左侧打开“历史记录”栏；单击要搜索的时段，单击 Web 站点文件夹以打开一个页面列表，再单击指向该页面的链接即可。

注意：IE 默认存储 20 天里访问的页面，如果要更改，可选择菜单“工具”→“Internet 选项”命令，弹出“Internet 选项”对话框，在“常规”选项卡的“历史记录”下面进行更改。如果在脱机连接状态下查看以前访问过的页面内容，需要在“Internet 临时文件”下单击“设置”按钮，在弹出的“设置”对话框中选择“不检查”选项。

6.1.5 实现方法

Internet 的广泛应用和发展，使世界范围内的信息交流、信息资源共享成为现实，它打破了时空的限制，可以从网络中及时、准确地获取所需的信息。获取信息的方法是使用各种类型的信息搜索工具。

1. 用 IE 浏览器浏览 Internet

（1）启动 IE 浏览器

在“开始”菜单中选择“所有程序”→“Internet Explorer”命令。

启动 IE 后，用户将看到浏览器窗口，如图 6.4 所示。

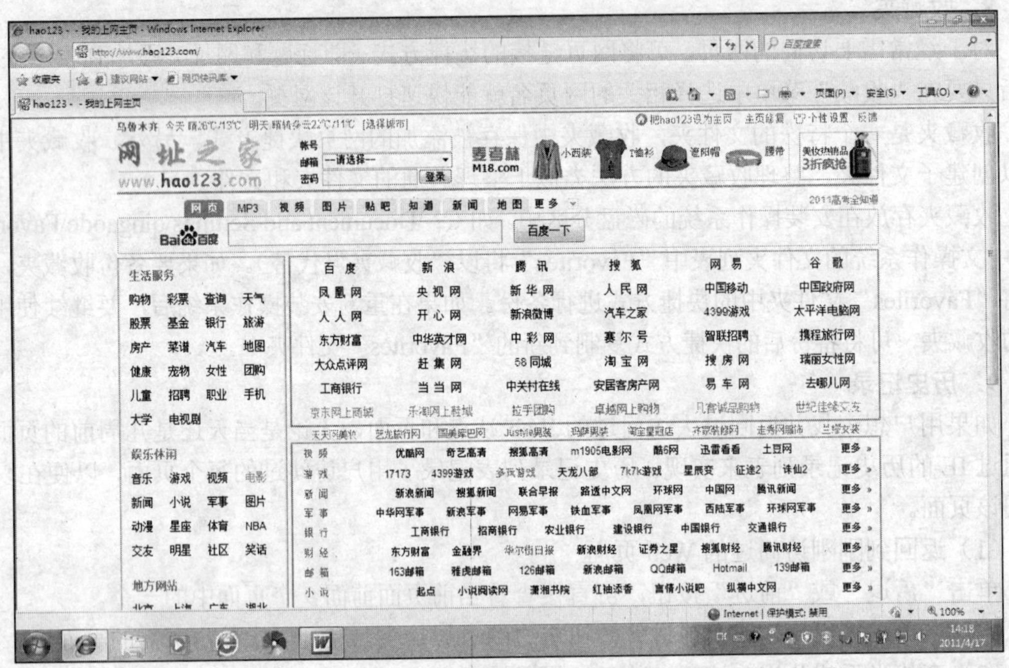

图 6.4 Internet Explorer 窗口

注意：第一次启动 IE 时，如果用户计算机还没有连接到 Internet，系统将弹出“新建连接”对话框，可以在其中选择“连接”或“脱机工作”方式。

（2）浏览 Web 页面

单击主页（即启动 Internet Explorer 时显示的网页）中的任何链接，即可开始浏览 Web 页面。将鼠标指针移过网页上的项目，可以识别该项目是否为链接。如果指针变成手形，表明是链接。链接可以是图片、三维图像或彩色文本（通常带下划线）。

如果需要转到某个网页，在地址栏中输入 Internet 地址，例如“www.microsoft.com”，然后单击“转到”按钮或直接按回车键。

用户在地址栏中输入 Web 地址时，弹出相似地址的列表供选择（假设用户曾经浏览过 Web 页面）。如果 Web 地址有误，Internet Explorer 自动搜索类似的地址，以找出匹配的地址。

（3）用搜索功能快速查找内容

方法一：在 IE 工具栏中单击“搜索”按钮，在浏览器页面浏览区左侧弹出“浏览助理”对话框；在文本框中输入要查找的内容“大学生文明礼仪”后，单击“搜索”按钮，如图 6.5 所示。

方法二：在地址栏中输入要查找的内容“大学生文明礼仪”并按回车键，如图 6.6 所示。

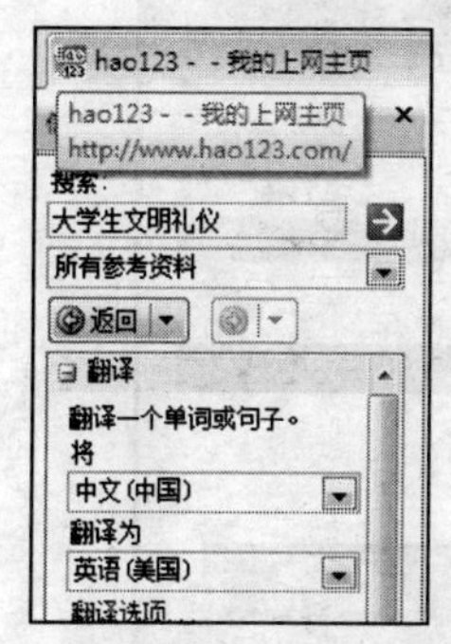

图 6.5　使用搜索助理搜索 Web

图 6.6　在地址栏中键入搜索内容

方法三：在搜索引擎中输入要查找的内容“大学生文明礼仪”并按回车键，如图 6.7 所示。

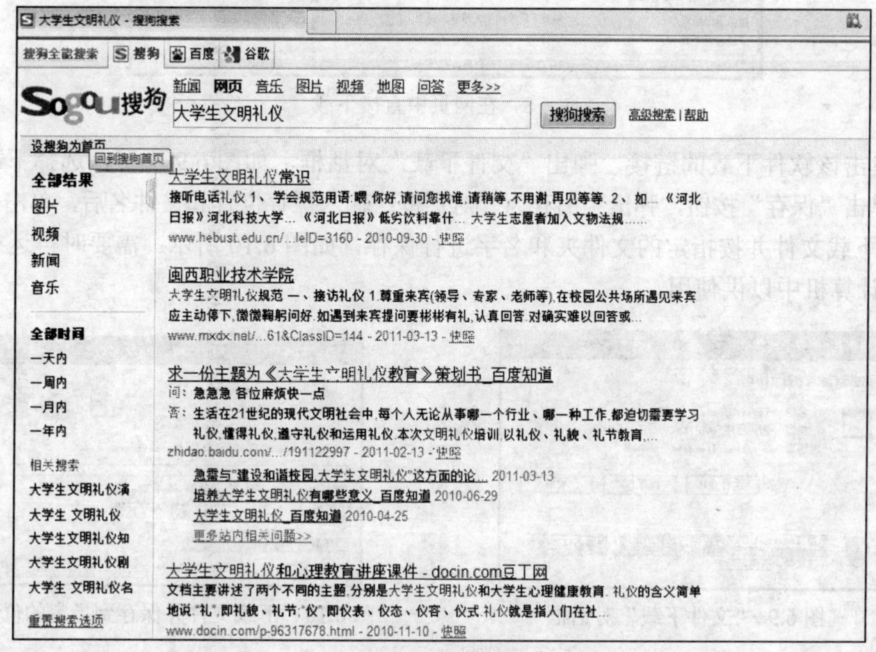

图 6.7　搜索引擎窗口

2．文件的下载

对很多人来说，上网的主要目的之一就是在 Internet 上浏览网页、查找资料，并根据需要把远程计算机中的相关资料文件复制到自己的计算机中使用（称为下载）；同样，用户也可以将自己的文件资料复制到 Internet 的某台主机中（称为上传）。

（1）直接从网页下载

有些网页建立了软件下载的超链接，用户可以直接通过超链接进行下载，即内嵌的 FTP 服务。

① 网页上有提示可下载的软件的链接（鼠标指向该软件的下载链接时，状态栏中显示该软件所在的位置），如图 6.8 所示。

图 6.8　在网页中直接下载

② 单击该软件下载的链接，弹出“文件下载”对话框，如图 6.9 所示，选择下载方式。

③ 单击“保存”按钮，弹出“另存为”对话框；输入保存位置和文件名后，单击“保存”按钮，IE 下载文件并按指定的文件夹和名字进行保存，如图 6.10 所示。需要时再运行或复制到其他的计算机中以供使用。

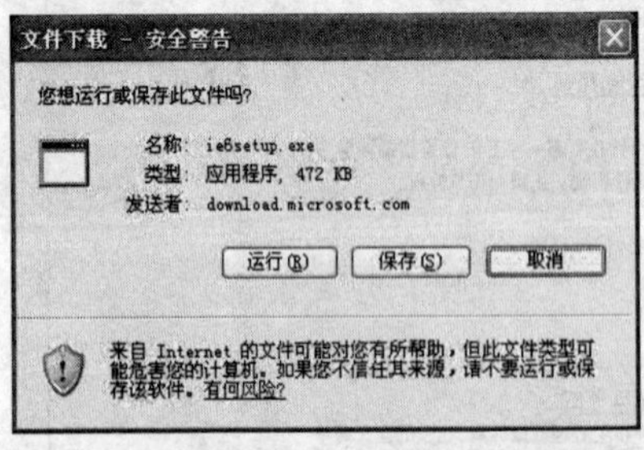

图 6.9 “文件下载”对话框

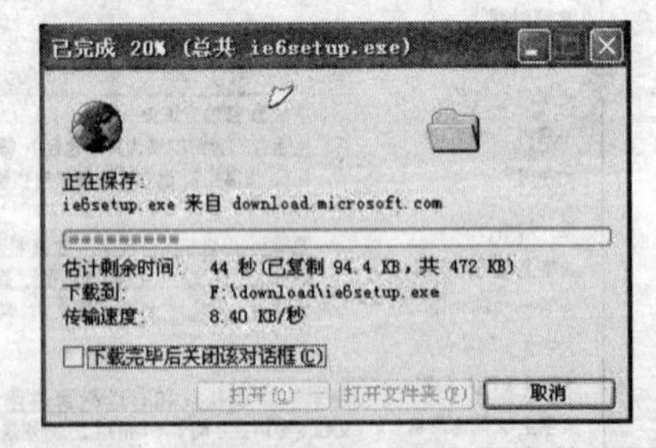

图 6.10　下载文件并保存到指定的位置

如果用户计算机中安装了能够处理该文件的程序，也可选择“运行”操作，浏览器下载该文件并寻找一个能够打开该文件的程序运行该文件。例如，下载一个压缩文件（如“.rar”或“.zip”等），Internet Explorer 将寻找一个解压缩程序（如 WinRAR 或 WinZip），并打开该文件。

（2）访问FTP站点，从FTP站点上下载文件

如果了解FTP服务器名称及其在服务器中的位置，可以通过浏览器访问FTP站点下载文件。如果用户能直接访问FTP站点，可以像在本地的计算机上一样对FTP服务器上的文件和文件夹进行复制操作（即下载）。

① 打开浏览器，在地址栏中输入要连接的FTP站点的地址，如ftp://ftp.scut.edu.cn。

② 按回车键后，进入FTP站点，如图6.11所示。

图6.11 FTP站点

③ 把要下载的文件或文件夹复制到指定的位置。

（3）使用专用的工具软件下载文件

除了以上方法外，可以用一些专用的下载工具软件，如NetAnts（网络蚂蚁）、FlashGet（网际快车）、Net Transport（影音传送带）等。这些下载工具除了具有强大的下载功能外，还提供与下载密切相关的许多实用功能，如下载任务管理、定时下载、自动拨号上网以及下载完毕后自动关机等功能。

在Internet上，用户可以找到这些下载工具软件及使用说明，这里不再赘述。

3．文件的上传

文件的上传通常通过FTP工具软件来实现，如CuteFTP、FlashFTP、WS-FTP等。用户可以在各大搜索引擎上搜索并下载这些软件，这些软件一般是压缩文件，先解压缩，然后运行其中的安装文件，即可将FTP软件安装到计算机上。

用CuteFTP进行文件上传的操作步骤如下：

（1）启动CuteFTP

打开CuteFTP应用程序窗口，如图6.12所示。

① 本地目录窗口：默认显示整个磁盘目录，可以通过下拉菜单选择已经完成的网站的本地目录，以准备开始上传。

② 服务器目录窗口：显示FTP服务器上的目录信息以及在列表中可以看到的包括文件

名称、大小、类型、最后更改日期等。窗口上显示的是当前所在位置的路径。

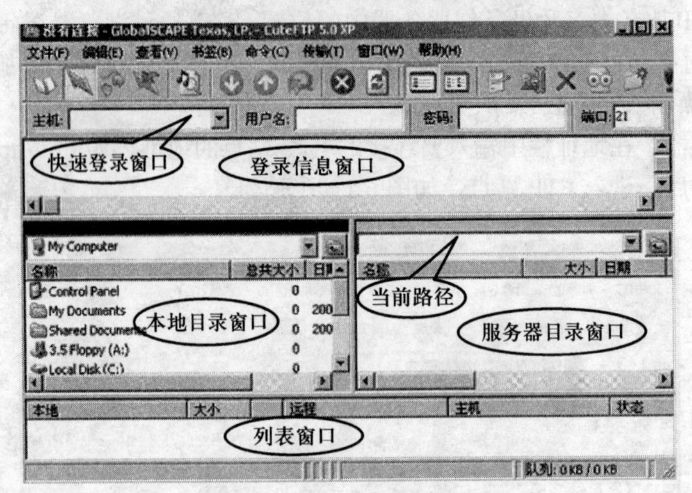

图 6.12 CuteFTP 应用程序窗口

③ 登录信息窗口：FTP 命令行状态显示区通过登录信息能够了解当前的操作进度、执行情况等，例如登录、切换目录、文件传输大小、是否成功等重要信息，以便确定下一步的具体操作。

④ 列表窗口：显示“队列”的处理状态，可以看到准备上传的目录或文件放置在队列列表中。配合“Schedule”（时间表）的使用，还能达到自动上传的目的。

（2）创建 FTP 站点

选择菜单“文件”→“站点管理器”选项，打开“站点设置”窗口，如图 6.13 所示。该窗口中可以看到新建、向导、导入、编辑、帮助、连接和退出的按钮。

✧ “新建”按钮：创建/添加一个新的站点。

✧ “向导”按钮：指导用户创建新的站点。

✧ “导入”按钮：允许直接从 Cute FTP、WS-FTP、FTP Explorer、LeapFTP、Bullet Proof 等 FTP 软件上导入站点数据库，不需要逐个设置站点。

✧ “编辑”按钮：对已经建立站点的一些功能进行设置。

对于每一个站点，需要设置以下信息：

✧ 站点标签：可以输入一个便于记忆的站点名字。

✧ FTP 主机地址：FTP 服务器的主机地址，用户只要输入服务器的域名即可。

✧ FTP 站点用户名称：输入用户在网上申请空间注册时输入的用户名。

✧ FTP 站点密码：输入用户在网上申请空间注册时输入的密码。

✧ FTP 站点连接端口：CuteFTP 软件根据用户选择自动更改相应的端口地址，一般包括 FTP（21）、HTTP（80）两种。

（3）连接站点

所有设置完成后，单击“连接”按钮，建立与站点的连接，如图 6.14 所示。

（4）上传文件

连接后，用户可以将本地计算机中的文件上传到远程服务器上。操作方法：用鼠标直接拖动文件到服务器目录下。

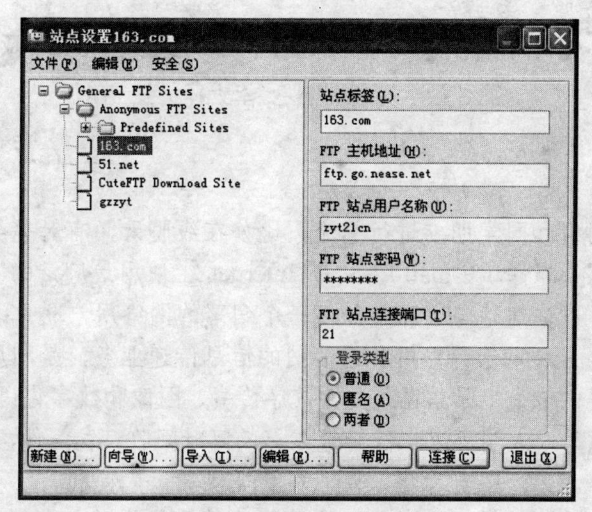

图 6.13 “站点设置”窗口

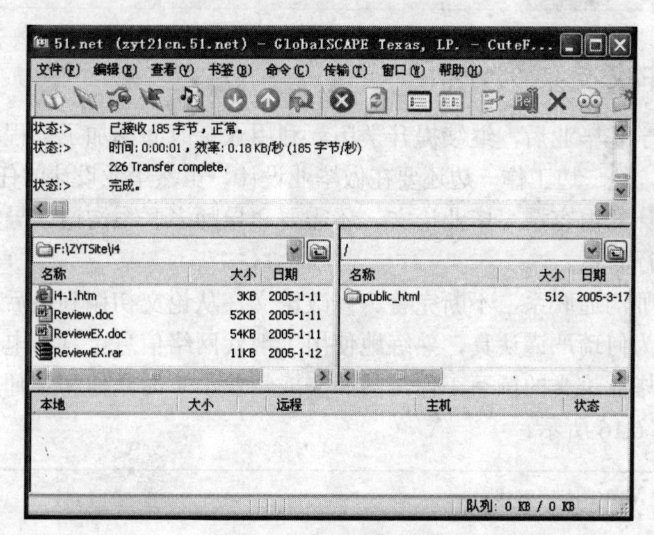

图 6.14 与站点的连接

6.1.6 课后练习

☎ 搜索“校园文明礼貌宣传月”的宣传板报资料。

（1）搜集大学生文明礼仪常识、校园文明礼仪倡议书、大学生文明礼仪和心理教育讲座、当代大学生文明礼仪、大学生文明礼仪的社会调查方案等有关信息。

（2）根据宣传板报的实际情况搜索适当的图片等对象。

（3）用 IE 浏览器浏览 Internet，学习文件下载与上传的方法与技能。

☎ 通过学习，大家还可以在互联网上搜索其他各种资料、保存网页、将网页添加到收藏夹与添加主页，熟练掌握在互联网上搜索资料、保存网页、下载文件的方法。

学习情境 6.2：邮件收发案例分析

内容导入

读者经常利用网络和同学朋友进行交流，比如在线聊天，有时也会在朋友离线时发一封信，通常称之为电子邮件（E-mail）。它是 Internet 上使用最广泛的一种服务。通过网络的电子邮件系统，可以快速地与世界上任何一个角落的网络用户联系。

电子邮箱业务是一种基于计算机和通信网的信息传递业务，是利用电信号传递和存储信息的方式为用户提供传送电子信函、文件数字传真、图像和数字化语音等各类型的信息。电子邮件最大的特点是，人们可以在任何地方、任何时间收、发信件，解决了时空的限制，大大提高了工作效率，为办公自动化，商业活动提供了很大便利。

本节以邮件收发为例，学习电子邮件的主要功能及其使用方法。

6.2.1 邮件收发案例分析

何琦在某高职学院毕业后，继续提升学历，利用业余时间参加了远程教育本科的学习。临近本科毕业之际，他一边工作一边还要在做毕业设计，虽然毕业设计的任务和要求很明确，但是要根据毕业设计的内容撰写毕业论文，还需要和导师多联系沟通。导师要求他要经常通过电子邮件与其进行联系。

何琦主动与导师沟通联系，不断完善、修改论文，从论文初稿到最后的论文终稿，多次修改发给导师。因为何琦严谨认真，熟练地使用了现代网络信息工具和电子邮件，他很快就完成了毕业设计和毕业论文的撰写工作，圆满完成学业。下面是他和导师互通邮件的邮箱界面，如图 6.15 和图 6.16 所示。

图 6.15 电子邮件 1

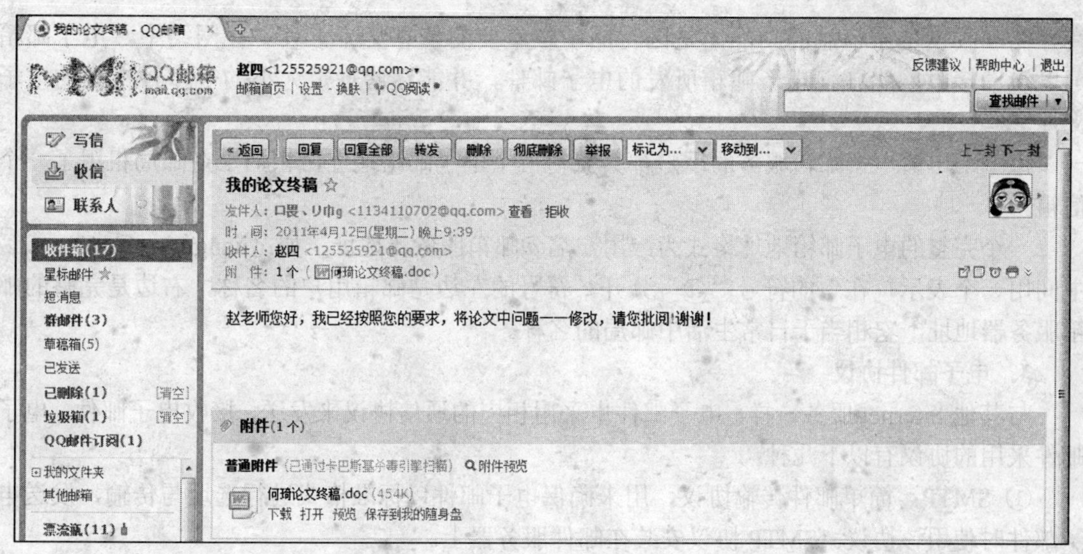

图 6.16　电子邮件 2

6.2.2　任务的提出

电子邮件是互联网最重要的内容之一。在很多互联网调查中被列为用户首选的功能。而对于所有的上网用户，自然希望收发电子邮件的速度越快越好。不仅要方便快捷地进行电子邮件的收发工作，还要在使用电子邮件中总结一些经验。

在本节中，将利用互联网的功能，收发电子邮件。发电子邮件必须先有一个邮箱，如何注册邮箱？如何正确收发电子邮件呢？

6.2.3　相关知识点

1．电子邮件

电子邮件（Electronic mail，E-mail），又称电子信箱、电子邮政。它是一种用电子手段提供信息交换的通信方式，是 Internet 应用最广的服务。通过网络的电子邮件系统，用户可以用非常低廉的价格（不管发送到哪里，都只需负担电话费和网费即可），以非常快速的方式（几秒钟之内可以发送到世界上任何指定的目的地），与世界上任何一个角落的网络用户联系，这些电子邮件可以是文字、图像、声音等各种方式。同时，用户可以得到大量免费的新闻、专题邮件，并实现轻松的信息搜索。

简单地讲，电子邮件就是通过网络的方式传播电子信息的方式，跟传统的邮件相比，它具有无纸、快捷、电子方式存储的特性。它是通过电子邮箱来存储的。

注意：要发送一个电子邮件，首先要知道对方的电子邮件地址。为了发送和接收电子邮件，大多数的 Internet 用户都必须向 ISP 申请一个电子信箱，该电子信箱也就是用户的电子邮件地址。

2．电子邮箱

电子邮箱是通过网络电子邮局为网络客户提供的网络交流电子信息空间。电子邮箱具有存储和收发电子信息的功能，是因特网中最重要的信息交流工具。在网络中，电子邮箱可以自动接收网络任何电子邮箱所发的电子邮件，并能存储规定大小的等多种格式的电子文件。

每一个申请电子邮箱服务的用户都会获得一个电子邮箱地址，相当于在邮局租用了一个信箱。

一个完整的电子邮箱地址格式为：用户名@邮箱服务器地址，如：jiangming@163.com。中间用一个表示“在”的符号“@”分开，符号的左边是邮箱用户的名称，右边是完整的邮箱服务器地址，它相当于日常生活中邮局的名称。

3．电子邮件协议

与其他 Internet 服务一样，电子邮件也采用相应的通信协议来发送、接收电子邮件，电子邮件采用的协议有以下几种：

① SMTP：简单邮件传输协议，用来确保电子邮件以标准格式进行选址与传输，发送电子邮件时使用该协议。SMTP 协议安装在邮件服务器上。

② POP：邮局协议，用户从邮件服务器上接收电子邮件时使用的协议之一，现在一般都使用 POP3 协议。使用 POP 协议接收电子邮件时，可以选择将邮件下载到客户机后是否还在服务器上保留，默认情况下是不保留。

③ IMAP：Internet 信息访问协议，提供一个在远程服务器上管理邮件的手段，现在最高版本是 IMAP4。使用 IMAP 时，服务器保留邮件，用户可以在服务器上阅读、保留、删除邮件，而不需要将邮件下载到计算机上，用户也可以在任何地方上网进行邮件管理。

6.2.4 解决方案

1．发送和接收电子邮件

目前电子邮件的发送和接收有两种方式：Web 方式和电子邮件的客户程序方式。

① 用 Web 方式收、发电子邮件时，先用自己的账号和密码登录到提供电子邮件服务的站点，再通过站点收、发电子邮件。目前国内有很多提供免费和收费电子邮件服务的站点，就是采用这种方式收发电子邮件。

② 用电子邮件的客户程序方式来收发电子邮件时，首先在收发电子邮件的客户机上安装电子邮件的客户程序（如 Outlook Express、FoxMail 等）。

2．Web 方式收发电子邮件

① 在提供邮件服务站点的 Web 界面上输入电子邮件账号名和密码，如图 6.17 所示，其主要功能包括“收件箱”、“写信”、“文件夹”、“地址簿”等。

② 单击“收件箱”按钮，接收电子邮件。

③ 单击“写信”按钮，发送新的电子邮件。

发信前，在“收件人”栏输入收件人的电子邮件地址，在“抄送”栏填入要抄送的电子邮件地址，多个电子邮件地址之间用“，”隔开；在“标题”栏填入电子邮件的标题，在内容栏填入电子邮件的内容。如果要同时传送文件，可使用附件功能。

④ 双击“文件夹”按钮，可查看该邮箱的详细信息，并对该邮箱进行管理，内部有“收件箱”、“草稿箱”、“发件箱”等多个文件夹。

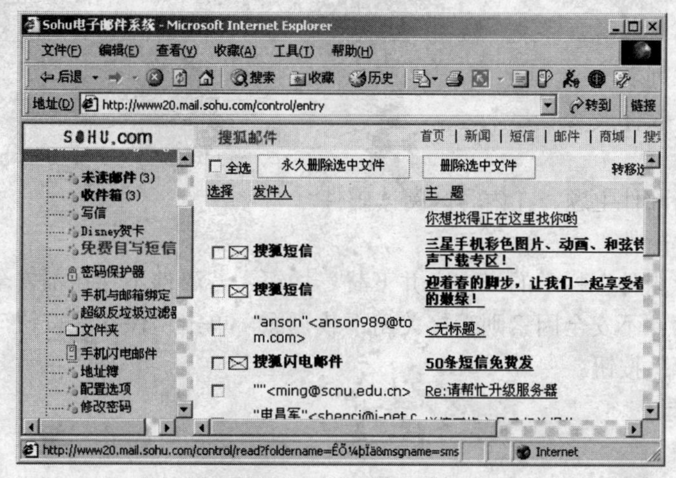

图 6.17　提供邮件服务站点的 Web 站点

6.2.5　实现方法

1．申请电子邮箱

（1）进入新浪邮箱首页

操作：双击桌面 IE 浏览器快捷方式图标，在地址栏中输入：mail.sina.com，按回车键。

（2）注册免费邮箱

操作：单击“注册免费邮箱”按钮。

（3）输入邮箱名并验证

操作：输入邮箱名，单击“查看邮箱名是否可用”按钮进行检验，输入验证码，单击“下一步”按钮。

（4）设置安全信息

操作：输入密码并确认密码，选择密码查询问题并输入答案，输入验证码，单击“提交注册信息”按钮。

2．发送电子邮件

（1）登录邮箱

操作：双击桌面 IE 浏览器快捷方式图标，在地址栏中输入：mail.sina.com，按回车键，输入邮箱名和密码，单击“登录”按钮。

（2）撰写邮件

操作：单击“写信”按钮，输入“收件人”地址，输入“主题”，输入邮件正文。

（3）添加附件

操作：单击“添加附件”按钮，选择附件位置，单击要发送的文件，单击“打开”按钮。

（4）发送邮件

操作：单击“发送”按钮。

3．阅读邮件

（1）登录邮箱

操作：双击桌面 IE 浏览器快捷方式图标，在地址栏中输入：mail.sina.com，按回车键，输入邮箱名和密码，单击“登录”按钮。

（2）进入邮件列表

操作：单击“收件夹”。

（3）打开邮件

操作：单击新邮件主题，在内容区阅读邮件。

（4）下载邮件附件

操作：单击“附件”栏中的“查毒并下载”按钮，若附件不存在不安全因素则单击“点击下载”按钮；存在不安全因素则直接关闭下载页面，单击“保存”按钮，选择存放附件的位置，单击“保存”按钮。

4．添加通讯录

（1）登录邮箱

操作：双击桌面 IE 浏览器快捷方式图标，在地址栏中输入：mail.sina.com，按回车键，输入邮箱名和密码，单击“登录”按钮。

（2）进入通讯录

操作：单击“通讯录”按钮。

（3）添加联系人

操作：单击“新建联系人”按钮，输入联系人姓名、邮箱地址和选择所在组，单击“保存”按钮。

5．新建联系人组

（1）登录邮箱

操作：双击桌面 IE 浏览器快捷方式图标，在地址栏中输入：mail.sina.com，按回车键，输入邮箱名和密码，单击“登录”按钮。

（2）进入通讯录

操作：单击“通讯录”按钮。

（3）新建联系人组

操作：单击“新建组”按钮，输入组名，单击“保存”按钮。

6．使用通讯录发送电子邮件

（1）登录邮箱

操作：双击桌面 IE 浏览器快捷方式图标，在地址栏中输入：mail.sina.com，按回车键，输入邮箱名和密码，单击“登录”按钮。

（2）进入通讯录

操作：单击“通讯录”按钮。

（3）选择地址发送邮件

操作：在右边的联系人组列表中选择联系人所在组，在联系人列表中单击选中想要联系的地址前方的选框，单击“写信”按钮，撰写邮件，发送邮件。

7．删除邮件

（1）登录邮箱

操作：双击桌面 IE 浏览器快捷方式图标，在地址栏中输入：mail.sina.com，按回车键，输入邮箱名和密码，单击“登录”按钮。

（2）进入邮件列表

操作：单击“收件夹”。

（3）删除邮件

操作：单击选中要删除邮件前方的选框，单击“删除”按钮。

（4）清空“已删除”

操作：单击“已删除”右方的“清空”按钮，单击“确定”按钮。

8．在邮件中添加个性签名

（1）登录邮箱

操作：在桌面双击IE浏览器快捷方式图标，在地址栏中输入：mail.sina.com，按回车键，输入邮箱名和密码，单击“登录”按钮。

（2）进入“邮箱设置”页面

操作：在邮箱操作页面上方单击“邮箱设置”按钮。

（3）设置个性签名

操作：在“个性签名”一栏单击选中“随信显示签名”前方的选框，在文本框中输入签名内容后，单击页面最下方的“保存”按钮。

9．修改密码

（1）登录邮箱

操作：双击桌面IE浏览器快捷方式图标，在地址栏中输入：mail.sina.com，按回车键，输入邮箱名和密码，单击“登录”按钮。

（2）进入修改密码页面

操作：单击“邮箱设置”，单击“账户”按钮，单击“修改密码”按钮。

（3）修改密码

操作：输入旧密码验证身份，单击“提交”按钮，两次输入新密码，单击“提交”按钮，单击“关闭本页”按钮。

6.2.6 案例总结

要通过电子邮件进行交流，除了读取电子邮件，还需要创建和发送电子邮件。本次任务主要介绍了电子邮件的收发方法。在网页中收发电子邮件，对于移动办公、临时收发电子邮件是比较方便的，其附件的保存和保存网页的操作方法基本相同。

（1）与传统的邮件相比，电子邮件除了具备快速、经济的特点外，对多媒体的支持和群发功能更显示出其强大的优势。人们常在提供电子邮件收发服务器的网站上，用网页登录的方式收发E-mail，这样操作简单易用。

（2）如果一封信要同时抄送给多个收件人，收信人地址间可分别用逗号或分号分隔。不同的是密件抄送收件人不被其他收件人所看见，而收件人和抄送收件人会被其他收件人看见。如果要从通讯簿中添加电子邮件地址，可以单击密件抄送左侧的书本图标，打开“选择收件人”对话框，可以从中选择所需的地址。

总之，Internet 基本应用一方面是将别人的东西“拿来”，如搜索资料、浏览网页、保存网页、下载 FTP 文件、接收邮件等；另一方面是将自己的东西"送出"，如在网页中发布信息、在 FTP 中上传文件、发送邮件等。

Outlook Express 的使用：

同学们感兴趣的话，还可以使用 Outlook Express 很方便地创建和发送一封电子邮件。Outlook Express 提供了功能强大的邮件编辑工具，用户可以轻轻松松地创建一个图文并茂、美观大方的电子邮件。在邮件中用户不但可以输入文本信息，还可以轻而易举地插入附件、超链接及多媒体信息，这些都是在传统的邮件中办不到的。

6.2.7 课后练习

☎ 请同学们给老师发一封邮件，老师的邮箱地址为：xjnzyjsjzl@126.com。

（1）信件主题：给老师的信——×××同学的问候（自己的真实姓名）。

（2）信件内容：指出老师上课中存在的问题，最好能提出好建议。用适当的图片、文字等对象，设计、撰写一封电子邮件。

（3）根据自己的爱好，可以选择一首歌曲和诗词等文件，作为邮件附件。

（4）同时设置邮箱的自动回复功能，发送邮件后，确认能否收到老师的回信。

☎ 同时给 3 位客户发送一封带附件的邮件。

知识拓展 5：网络安全知识、网络道德与应用简介

一、网络安全和道德教育的重要性

随着互联网技术的日益发展，互联网已经成为青少年学习知识、获取信息、交流思想、开发潜能和休闲娱乐的重要平台。网络是青少年广泛使用的新媒体，是青少年学习、生活、娱乐与认识社会、参与社会的重要途径，已经成为青少年成长的重要环境。网络在促进青少年发展中发挥了重要作用，但必须清醒地看到，伴随互联网快速发展而出现的网络色情、暴力等有害信息严重危害青少年身心健康，许多青少年因过度沉迷网络而影响身心发展和日常的生活与学习。特别是网络犯罪、网络欺诈、网络成瘾等，已成为日益突出的社会问题。

在广大学生中开展网络安全和道德教育十分必要，促进广大学生自觉树立网络安全与道德意识、了解相关的法律法规、提高利用网络学习文化知识和加强自我保护的能力，创建文明健康的网络风气。

二、网络素养教育

网络素养教育是帮助青少年正确使用网络的重要途径。网络素养指的是正确使用和有效

利用网络的知识、能力、意识和行为观念，包括相关知识技能，也包括在使用网络时所持的态度、道德取向、价值观念和行为准则等。

青少年是网络素养教育的重点群体。在我国网民群体中，30 岁以下的青少年占了一半以上。为了在青少年中传播网络素养知识，针对当前青少年在使用网络中出现的问题，为青少年健康安全地使用网络提供建议和参考。青少年应该了解掌握以下几个方面的网络素养知识。

1．正确认识互联网

科学理性地看待互联网是网络素养的基本内容之一。只有正确认识互联网，才能积极健康地使用互联网。

（1）互联网是影响人类的伟大发明

为了更好地从这项伟大发明中受益，在条件许可的情况下，青少年应该文明正确积极地使用互联网，促进自身的快乐生活和全面发展。

（2）互联网是开放的资源平台

互联网已经成为一个世界规模的巨大的信息和服务资源。传统知识和文化转换为数字形式上传到互联网上，可以长久保存和广泛传播。网络上流动和储存着海量的信息资源，使互联网成为记载知识的在线百科全书。在互联网时代，信息的传播与获取，克服了时间和空间的障碍，人们可以通过网络检索到自己感兴趣的东西。日常生活、学习、工作中的许多信息都可以在互联网上找到。比如，可以在网上找到产品和服务的信息、学习和工作信息、健康信息、政府服务和公共政策信息等。

（3）互联网是重要的工具

网络促进人们的沟通，世界各地发生的事情都能通过网络看到，使得世界各地的人能够彼此互通信息。在政治领域，已经广泛采用电子政务治理国家；教育领域，互联网成为检索知识的主要场所和远程教育的重要平台；社会领域，它与人们的日常生活息息相关，人们已经习惯了在网上进行通信、社交、商务等活动。网络已经成为现代社会学习、工作和发展的便利工具。

不可否认，在互联网时代，不掌握网络工具也能生活，但是，如果掌握了这个工具，将使生活更为便利、丰富，获得更多的资讯。青少年应该充分重视并善于利用互联网资源，努力掌握使用网络的知识和技术，利用网络优化自己的学习、生活和娱乐。

网络不是纯净的空间，虚拟世界中有许多不适合青少年浏览使用的不健康内容，也有各种各样的陷阱。不能忽视网络可能带来的负面影响。但是，对于青少年来说，上网的好处显而易见。网络的正面作用居多。不能把网络当成灵丹妙药，也不必把网络当成洪水猛兽。

2．科学掌握网络应用知识和技能

要积极使用互联网，利用互联网促进自己的学习与生活，首先要掌握基本的网络知识和应用技能。把互联网当“老师”。互联网可以无师自通，通过自我摸索学会使用。在网络这本“大百科全书”中，有大量网络应用知识与技能方面的内容，青少年可以上网查找学习资料，让网络当“老师”，教会自己应用网络。比如，在使用电脑或上网时，遇到了问题，或者电脑出了毛病，通常都可以通过搜索引擎找到解决问题的办法。

3. 培养对网络信息的思辨性反应能力

（1）网络上的信息良莠不齐

一些网站通过趣味、猎奇、暴力、色情等内容来提高点击率。有人在网上散播虚假信息，设置陷阱。因此，每个人都要提高对网络信息的思辨性反应能力。青少年在接受网络信息的同时，要形成独立思考的能力和习惯，能够对网络中的各种信息进行是非判断。在获得的众多信息中，要辨别其真伪，做出正确的判断。要批判性地解读所搜索到的信息，思索其价值，以便进行有用的选择。还要学会管理来自网络的信息，以更好地应用信息。

（2）网上的信息并不都是真的

网络是一个开放的空间，会使用网络的人都可以在上面发布和传播信息。一些人正是利用了网络的这个特点，有意在网络上散布虚假信息。因此，网络媒体中的虚假信息比报纸、电视等传统媒体更多。许多人都在网上接到过假的中奖消息、虚假广告、虚假招聘信息等。轻信网上的虚假信息，有可能导致财产损失，危及人身安全，甚至引发道德失范、社会动荡。这就要求人们注意甄别网上信息。

（3）要对信息进行思考和判断

媒体对同一个事物的报道可能有不同的角度，人们对同一件事的看法可能不同，这些信息都会反映在网上。网上的信息都是由人发布的，说什么，不说什么，说到什么程度，都由发布的人或信息发布机构决定，难免有人或机构，特别是商业机构，通过虚假信息，引导青少年做出对其有利的判断，在这种情况下，更要求青少年有独立思考和判断的能力。

（4）要对信息进行筛选

网络信息极其丰富，并不是所有的信息都有价值。在了解事物、解决问题时，面对众多的信息，要能做出选择。

（5）学会管理信息

信息管理也是一种能力，在信息爆炸时代，这种能力尤为重要。有效地管理信息有助于更好地使用信息。要树立信息管理的意识，在有效获取信息后，对其进行分类、整理并保存。为搜集保存信息制订科学的计划与策略，即使计算机资源足够存储搜集的所有信息，也应剔除无用的垃圾信息。保存在计算机的信息也有可能损坏或丢失，应做好相应的防范，进行备份。

4. 提高网络使用的自我管理能力

网络内容丰富，功能强大，对青少年有很强的吸引力，特别是网络聊天和网络游戏，使不少青少年流连忘返，深度沉迷。对于自制能力相对较弱的青少年来说，要有网络使用的自我管理能力，把对网络的使用限定在适度合理的范围内，理性地使用网络至关重要。

（1）分配好上网、学习、生活的时间

网络上有用之不完的资源和很多轻松愉快的内容，但是，学知识、长身体是青少年阶段的主要任务，不应该因为在网上花太多时间而影响到自己的现实生活。青少年要合理分配好上网、学习、生活的时间，将网络世界中的所学所闻运用到自己的学习和成长上来，使自己的学习、娱乐等均衡、协调发展。

（2）避免长时间漫无目的地使用网络

人是网络的主人而不是奴隶。应把互联网当做促进自我发展的工具。在这种健康上网意识的指引下，青少年应该合理地控制上网的时间、频率。

（3）要特别注意不在寒暑假期间沉迷网络

寒暑假是青少年沉迷网络的危险时期，许多青少年都是从寒暑假开始深度沉迷网络的。虽然寒暑假只有一两个月时间，但是，青少年如果在此期间放任自己长时间上网，特别是长时间玩网络游戏，仅一两个月时间就可能深度沉迷网络，重新开学后往往无法有效控制自己对网络的过度依赖。建议青少年应该特别注意不在寒暑假期间长时间上网，并通过多种途径丰富自己的假期生活。

（4）要特别注意把握对网络游戏的参与

虽然在网络上聊天、浏览信息等都可能造成青少年沉迷网络，但造成青少年深度沉迷网络最主要的内容是网络游戏。深度沉迷网络的青少年大多数都是因为沉迷于网络游戏不能自拔。因此，要特别注意把握对网络游戏的参与。

把玩家“粘住”是网络游戏开发时的一个目标，网络游戏有着很强的吸引力，在使用网络游戏时，应该充分意识到这点，并有心理上的准备。网络游戏的“带入感”很强，长时间游戏可能会造成“入戏”很深，出现短时间内无法分清虚拟世界与现实世界的思维混乱。一些青少年可能在长时间参与游戏时，混淆游戏与现实，从而在现实中做出游戏中的行为。因此，在游戏中应避免过于执著和投入，分清游戏与现实。

（5）不依赖和沉迷于网络交往

网络已经成为保持联系与交往的重要渠道，对人们保持联系沟通，拉近彼此距离发挥了重要作用，但是如果长期迷恋网上交往，会在一定程度上影响到与真实世界人的交往能力，严重的还可能产生心理疾病。

如果因为沉迷网络而出现生物钟紊乱、睡眠节奏紊乱、食欲不振、消化不良、体重减轻、体能下降、免疫功能下降等生理症状，要在限制网络使用的同时，通过保持作息规律和相应的体育锻炼等方式调理身体。

如果因为自己上网而与父母长辈冲突，要保持耐心沟通，了解父母为什么反对或限制自己上网，并及时调整自己。

5．遵守虚拟世界的道德规范

网络是虚拟空间，人们可以在不表明身份的情况下参与网络活动，这使得网上活动的道德约束有所减弱。伴随着网络的日益普及，各种网络不良现象对青少年的影响引起社会各界的高度重视。网络道德意识成为青少年道德意识建设的重要环节，是培养青少年网络素养的重要方面。青少年在使用网络时应该时刻提醒自己，网络世界也有道德规范，使用网络，参与网络活动要遵守基本道德要求。

现实生活中的基本道德规范和行为准则也适用于虚拟的网络空间。由于网络的特殊性，网络道德意识更需要强调某些道德内涵和行为规范。其中，尊重、自律、诚信是网络道德意识方面的核心内容，青少年在使用网络时应该做到尊重他人、严格自律、诚实友好。

加强自律。网络并非没有约束的公共场所。网络行为隐藏了身份并不意味着责任和义务的消失。在法律和监督弱化的虚拟空间中，自律意识尤为重要和珍贵。

讲求诚信。诚信是人际交往的重要原则。在网络上，诚信既是个人的一种美德，也是构建良好的网络秩序所倡导的社会公德。

网络道德意识还包括青少年健康的信息意识、时效意识、公正观念、竞争观念、宽容观念、责任观念、公民意识与公共观念、资源有限共享观念等符合时代特征的价值观念。只有树立良好的道德意识，遵守网络中的各种道德准则，网络才能为青少年提供自由发展的空间，青少年与网络之间才能形成和谐的关系。

6. 树立网络法律意识

互联网并不是超越现实不受法律约束的空间，网络行为也要承担法律责任。在互联网上不能损害国家利益、公共利益和他人利益是最基本要求。青少年在使用网络时，要了解学习网络法律法规，增强法律意识，做到知法、守法，自觉维护网络的安全有序。

（1）不传播违法信息

应该了解相关的法律法规，知道在互联网上不能传播什么，应该防止什么。现实生活中非法的内容在互联网上同样非法。互联网相关的法律明确规定不能在网上传播宣扬淫秽、赌博、暴力、邪教、迷信，煽动民族仇恨、民族歧视、破坏民族团结，危害国家统一、主权和领土完整等方面的信息。如果传播这些内容，会危害社会危害他人，触犯法律。青少年不应在网上发布传播这些内容，收到包含这些信息的邮件时，不转发不散布，及时删除。对传言要加以分析，不盲目相信，不加以传播，如果传播虚假信息或未经证实的传言，在社会上形成误导，甚至造成恐慌，同样要受到法律追究。在个人博客、个人网站等网络空间，如果他人的留言有非法信息，应及时删除。

（2）尊重知识产权

在网络上引用他人作品应注明出处。未经允许，不能修改、复制著作权人的计算机软件、著作等。如果个人的网站、博客等有侵权内容，应及时删除或断开链接侵权网络内容。比如，在未经许可的情况下，为提高点击率，在自己的博客上刊载别人的文字、图像、音频作品等，都是侵权行为。

（3）不偷盗骗取虚拟财物

网络游戏中的道具、虚拟货币等与人民币有对价关系，或者是通过智力劳动所得，应受到法律保护。如果直接或间接盗用他人网上游戏账号或者盗用游戏玩家在网络游戏中获得的“游戏工具”等，属未经允许，使用计算机信息网络资源的行为，违反《计算机信息网络国际联网安全保护管理办法》中的有关规定，属于违法行为。在网上盗用他人身份、即时通讯工具、电子邮箱、网站登录密码等账号信息，也可能触犯法律。

7. 增强网络安全意识和自我保护能力

青少年不仅要善于合理地使用网络中的有益资源，也要树立起自我保护意识，掌握自我保护的方法和能力。对网络中的各种潜在威胁、伤害、陷阱保持警觉，当遇到各种威胁时能成功处理或避开，以免遭受伤害和损失。

（1）警惕不良信息

网络中出现的暴力、恐怖、色情、迷信、邪教、反动信息，既对青少年的身心发展不利，也会扭曲青少年的正确思想。青少年在网络中应该明辨是非，分清善恶。

对网络中诸如人肉搜索、传播流言、编制传播病毒等不良行为也应该高度注意。这些行为不仅会给他人造成影响和伤害，而且可能会违反法律。

（2）慎重结交网友

网络交友有它的危险性。因为网络的匿名交往，使得交往的双方都有很强的隐蔽性，有时双方提供的信息真假难辨，使得双方很难真实地了解对方。如果交往的一方别有用心，另一方还会收到各种不良信息，甚至上当受骗。

（3）注意保护个人信息

在网络中泄露个人隐私可能带来难以预料的后果，因此，对于不愿公开的秘密要妥善管理，即使有密码保护，也不将个人的私密信息放在网络空间，不在网上随意泄露自己、亲人、朋友的信息。

网络属于公共空间，在网上发布的信息即使有密码保护也可能让别人看到，信息一旦上传到网络，有可能广泛传播，并且可能难以彻底删除。

学习情境 7：多媒体与常用工具应用

学习情境 7.1：制作多媒体展示系统

内容导入

当前，以文本、图形、图像、动画、音频和视频为基本元素而迅速发展起来的多媒体技术，极大地改变了人们的生活方式。本节以 Authorware 制作的一个多媒体展示系统案例为主线，简要介绍了 Photoshop、Flash、Authorware 等应用软件在多媒体素材制作方面的主要功能及其使用方法，内容包括多媒体的概念及其相关技术，以及 Photoshop、Flash、Authorware 等多媒体创作和编辑工具的主要功能。

7.1.1 制作多媒体展示系统案例分析

张晓同学学习计算机知识有一段时间了，她知道计算机不仅能打字上网玩游戏，还能做许多事，她想在计算机上亲自动手制作一个程序，把文字、图像、声音、动画和视频集成到一个界面上来进行播放，如果能够做出来将是令她非常兴奋的事情。来看看她想制作的程序的界面效果：首先在屏幕上方出现“多媒体展示中心”红色文字标题框，然后在屏幕中间从中心向四周推出一个图像框，作为播放内容显示区域，再以按钮控制播放的形式，在画面中添加了“文学作品”、“山水风光”、“音乐播放”、“欢乐动漫”、“影视欣赏”和“退出”六个按钮，分别控制播放诗歌文本内容、风景图片、MP3 音乐、Flash 动画和影视片段。效果如图 7.1、图 7.2、图 7.3、图 7.4 所示。

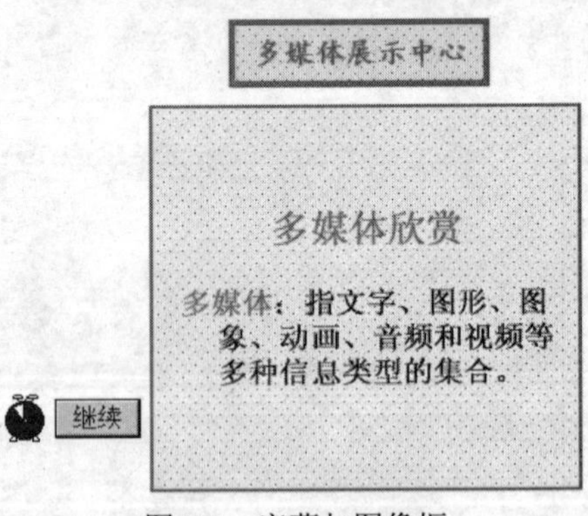

图 7.1　字幕与图像框

多媒体展示中心

明日歌

明日复明日，明日何其多。
我生待明日，万事成蹉跎。
世人若被明日累，春去秋来老将至。
朝看水东流，暮看日西坠。
百年明日能几何？请君听我明日歌。

今日歌

今日复今日，今日何其少！
今日又不为，此事何时了。
人生百年几今日，今日不为真可惜。
若言姑待明朝至，明朝又有明朝事。
为君聊赋今日诗，努力请从今日始。

文学作品
山水风光
音乐播放
欢乐动漫
影视欣赏
退 出

图 7.2 多媒体播放界面

图 7.3 图片的进入效果

图 7.4 动画播放

7.1.2 任务的提出

在本节中，将利用 Authorware 的多媒体集成和交互功能，制作一个“多媒体展示中心”程序。所以本节的任务就是让每个学生自己动手制作一个“多媒体展示系统”，让学生直观理解什么是“多媒体”。如何将其他媒体软件如文字处理软件、图形图像处理软件、音频视频编辑软件、动画制作软件等的处理结果集成在一起制作出一个简单的多媒体播放系统。

7.1.3 解决方案

通过对案例中的“多媒体展示中心”进行分析，本系统具有以下特点：

（1）实用性强

界面结构紧凑、布局合理，采用按钮交互方式，各种媒体播放切换快捷简单。非常适合一些企业和单位作多媒体广告宣传或产品展示之用。

（2）内容完整

既包含了文本、图形、图像、动画、音频和视频等多媒体内容的综合集成利用，又涵盖了这些多媒体素材的采集和加工等知识的应用。

“多媒体展示系统”程序的运行过程：

第一阶段为字幕和布局演示阶段。程序运行后，首先在屏幕的上边，从中间到两边扩展显示该程序的标题“多媒体展示中心”红色文字，标题的背景是具有红色边框的绿色黄底的点状图案。然后在屏幕中间由中心向四周推出一个图像框并显示一些说明文字，图像框为红色边框，绿色黄底点状底纹，以后要展示的多媒体内容会在这个图像框内显示出来。其次屏幕左侧会显示一个“继续”按钮和一个计时小钟。最后单击“继续”按钮或等待 10 s 后，图像框内的文字将被马赛克状地擦除。

第二阶段为多媒体展示阶段。说明文字被清除后，在画面中出现“文学作品”、“山水风光”、“音乐播放”、“欢乐动漫”、“影视欣赏”和“退出”六个按钮。单击“文学作品”按钮将以卷帘格式在图像框内显示一组古诗；单击“山水风光”按钮将在图像框内依次显示三幅自然风光图像，每幅图像都具有不同的进入和擦除特效；单击“音乐播放”按钮在图像框内显示一幅图像和音乐名“高山流水”，同时播放古筝演奏的名曲“高山流水”；单击“欢乐动漫”按钮在图像框内播放一段带有歌曲伴音的“蝴蝶满天飞”动画；单击“影视欣赏”按钮将在图像框内播放一段非常漂亮的山水、花鸟、鱼虫数字电影片段；单击“退出”按钮将擦除整个画面，然后退出程序的运行。

对于“多媒体展示系统”所要展示的内容，“文学作品”内容以文字处理工具软件实现，“山水风光”图像在 Photoshop 中处理，“欢乐动漫”动画在 Flash 中制作，“音乐播放”和“影视欣赏”则分别使用准备好的一首 MP3 歌曲和一段影视片段即可，这 5 个方面的素材处理和准备好后在 Authorware 中集成调用就可以完成整个作品的实现了。

7.1.4 相关知识点

1．多媒体概念

（1）媒体

一般来说，媒体通常被认为是信息的载体。国际电报电话咨询委员会定义了下列 5 种类型的媒体：

① 感觉媒体。能直接作用于人的感觉器官、使人产生直接感觉的媒体。如图像、文字、动画、音乐等均属于感觉媒体。

② 显示媒体。在通信中使电信号和感觉媒体之间产生转换作用的媒体。如键盘、鼠标、显示器、打印机等均属于显示媒体。

③ 表示媒体。为了传送感觉媒体而研究出来的媒体。如电报码、语言编码等均属于表示媒体。

④ 存储媒体。用于存储信号的媒体。如磁盘、光盘、磁带等均属于存储媒体。

⑤ 传输媒体。用于传输信号的媒体。如光缆、电缆等均属于传输媒体。

（2）多媒体

“多媒体”译自英文的“Multimedia”，它是 20 世纪 20 年代初出现的一个英文名词，目前，人们普遍认为多媒体就是指将文字、声音、图形、图像等多种媒体集成应用，并与计算机技术相融合到数字环境中。

（3）多媒体的特征

报刊、杂志、无线电和电视等属于大众信息传媒，与上述传统媒体相比，多媒体具有下列 4 个基本特征。

① 集成性。

传统的信息处理设备具有封闭、独立和不完整性。而多媒体技术综合利用了多种设备（如计算机、照相机、录像机、扫描仪、光盘刻录机、网络等）对各种信息进行表现和集成。

② 多维性。

传统的信息传播媒体只能传播文字、声音、图像等一种或两种媒体信息，给人的感官刺激是单一的。而多媒体综合利用了视频处理技术、音频处理技术、图形处理技术、图像处理技术、网络通信技术，扩大了人类处理信息的自由度，多媒体作品带给人的感官刺激是多维的。

③ 交互性。

人们在与传统的信息传播媒体打交道时，总是处于被动状态。多媒体是以计算机为中心的，它具有很强的交互性。借助于键盘、鼠标、声音、触摸屏等，通过计算机程序人们就可以控制各种媒体的播放。

④ 数字化。

与传统的信息传播媒体相比，多媒体系统对各种媒体信息的处理、存储过程是全数字化的。数字技术的优越性使多媒体系统可以高质量地实现图像与声音的再现、编辑和特技处理，使真实的图像和声音、三维动画以及特技处理实现完美的结合。

（4）多媒体的关键技术

在多媒体技术领域内主要涉及以下几种关键技术：数据压缩与编码技术、数据压缩传输技术以及以它们为基础的数字图像技术、数字音频技术、数字视频技术、多媒体网络技术和超媒体技术等。

① 数据压缩与编码技术。

多媒体系统要处理文字、声音、图形、图像、动画、活动视频等多种媒体信息。高质量的多媒体系统要处理三维图形、高保真立体声音、真彩色全屏幕运动画面。为了得到理想的视听效果，还要实时处理大量的数字视频、音频信息。因此，多媒体系统的数据量非常大。这样的数据量对系统处理、存储和传统能力都是一个严峻的考验。因此，对多媒体信息进行压缩是十分必要的。

目前，最流行的压缩码标准有两种：JPEG（Joint Photographic Experts Group）、MPEG（Moving Picture Experts Group）。JPEG 是用于静态图像压缩的标准算法，可用于灰度图像和彩色图像压缩。JPEG 算法广泛地应用于彩色图像传真、多媒体 CD-ROM、图文档案管理等领域。JPEG 算法可用硬件、软件或两者结合的方法实现。MPEG 是用于动态图像压缩的标准算法，它主要由 3 部分组成：一是 MPEG 影视图像，它是关于影视图像数据的压缩编码技术。二是 MPEG 声音，它是关于声音数据的压缩编码的技术。三是 MPEG 系统，它是关于图像、声音同步播放以及多路复合的技术。

② 数字图像技术。

数字图像技术亦称计算机图像技术。在图、文、声 3 种形式媒体中图像所含的信息量是最大的。人的知识绝大部分是通过视觉获得的；而图像的特点是只能通过人的视觉感受，并且非常依赖于人的视觉器官。计算机图像技术就是图像进行计算机处理，使其更适合人眼或仪器的分辨，拾取其中信息。

计算机图像处理的过程包括输入、数字化处理和输出。输入即图像采集和数字化，就是要对模拟图像抽样、量化后得到数字图像，并存储到计算机中以待进一步处理。数字化处理是按一定要求对数字图像进行诸如滤波、锐化、复原、重现、矫正等处理，以提取图像中的主要信息。输出则是将处理后的数字图像显示、打印或以其他方式表现出来。

③ 数字音频技术。

多媒体技术中的数字音频技术包括 3 个方面的内容：声音采集及回放技术、声音识别技术、声音合成技术。这 3 个方面的技术在计算机的硬件上都是通过“声效卡”（简称声卡）实现的。声卡具有将模拟的声音信号数字化的功能，数字化后的信号可作为计算机文件进行存储或处理，同时声卡还具有将数字化音频信号转换成模拟音频信号回放出来的功能，而数字声音处理、声音识别、声音合成则是通过计算机软件来实现的。

④ 数字视频技术。

数字视频技术与数字音频技术相似。只是视频的带宽更高，大于 6 MHz。而音频带宽只有 20 kHz。数字视频技术一般应包括：视频采集回放、视频编辑、三维动画视频制作等技术。

视频采集及回放与音频采集及回放类似，需要有图像采集卡和相应软件的支持。所不同的是在视频采集时要考虑制式（NTSC 制、PAL 制等）问题和每秒帧数（NTSC 制，30 帧/s；PAL 制，25 帧/s 等）问题。视频采集数据在磁盘上存放时的文件格式多为“AVI”和“MPG”。其中 MPG 文件的存储量大约为 AVI 文件的 1/5 至 1/10。

视频编辑是对磁盘上的视频文件进行剪辑、逐帧修编、加入特技等处理。

三维动画视频制作是运用相应软件，将静止图像转换成为动画视频图像。

⑤ 多媒体网络技术。

可运行多种媒体的计算机网络称为多媒体网络，数字化的多媒体网络将多媒体信息的获取、处理、编辑、存储融为一体，并在网络上运行，这样的多媒体系统不受时空的限制，多个用户可以共享网上的多媒体信息，此外，多个用户还可以同时对同一个文件进行编辑。

⑥ 超媒体技术。

超媒体是收集、存储、浏览离散信息并建立和表示信息之间关系的技术，它可以理解为将多媒体链接组成网，媒体之间的链接是错综复杂的。用户可以对该网进行查询、浏览等操作。

（5）多媒体计算机系统

多媒体计算机系统不是单一的技术，而是多种信息技术的集成，是把多种技术综合应用到一个计算机系统中，实现信息输入、信息处理、信息输出等多种功能。一个完整的多媒体计算机系统由多媒体计算机硬件和多媒体计算机软件两部分组成。

① 多媒体计算机的硬件。

多媒体计算机的主要硬件除了常规的硬件如主机、软盘驱动器、硬盘驱动器、显示器、网卡之外，还要有音频信息处理硬件、视频信息处理硬件及光盘驱动器等部分。

- 声卡（Sound Card）：用于处理音频信息，它可以把话筒、录音机、电子乐器等输入的声音信息进行模数转换（A/D）、压缩等处理，也可以把经过计算机处理的数字化的声音信号通过还原（解压缩）、数模转换（D/A）后用音箱播放出来，或者用录音设备记录下来。
- 视频卡（Video Card）：用来支持视频信号（如电视）的输入与输出。
- 采集卡：能将电视信号转换成计算机的数字信号，便于使用软件对转换后的数字信号进行剪辑处理、加工和色彩控制。还可将处理后的数字信号输出到录像带中。
- 扫描仪：将摄影作品、绘画作品或其他印刷材料上的文字和图像，甚至实物，扫描到计算机中，以便进行加工处理。
- 光驱：分为只读光驱（CD-ROM）和可读写光驱（CD-R、CD-RW），可读写光驱又称刻录机，用于读取或存储大容量的多媒体信息。

② 多媒体计算机的软件。

✧ 多媒体计算机的操作系统必须在原基础上扩充多媒体资源管理与信息处理的功能。

✧ 多媒体编辑工具包括字处理软件、绘图软件、图像处理软件、动画制作软件、声音编辑软件以及视频编辑软件。

✧ 多媒体应用软件的创作工具用来帮助应用开发人员提高开发工作效率，它们大体上都是一些应用程序生成器，将各种媒体素材按照超文本节点和链结构的形式进行组织，形成多媒体应用系统。Authorware、Flash、Director、PowerPoint 等都是比较有名的多媒体创作工具。

2．Windows XP 的多媒体应用

Windows XP 自身所带的多媒体组件可以播放 MIDI、WAV、MP3、AVI、MPG、CD 和 DVD 等。

（1）录音机组件

选择菜单“开始”→“所有程序”→“附件”→“娱乐”→“录音机”命令，即可启动录音机，会出现“声音-录音机”对话框，如图 7.5 所示，其操作界面类似于一台真正的录音机的面板，要录制声音操作很简单，选择菜单“文件”→“新建”命令，建立一个新的声音文件，单击“录音”按钮，即可利用连接到计算机主机箱的麦克风录入声音，录制完毕后，单击“停止”按钮结束录音，选择菜单“文件”→“保存”命令，即可保存录制的声音文件，保存的默认格式是“.wav”文件。

图 7.5 录音机

（2）媒体播放软件 Windows Media Player

Windows Media Player 是一款 Windows 系统自带的播放器，它提供了直观易用的界面，可以播放数字媒体文件、整理数字媒体收藏集、将喜爱的音乐刻录成 CD、从 CD 翻录音乐，将数字媒体文件同步到便携设备，并可从在线商店购买数字媒体内容。

选择菜单“开始”→“所有程序”→“附件”→“娱乐”→“Windows Media Player”命令，即可启动“Windows Media Player”。Windows Media Player11 的界面如图 7.6。

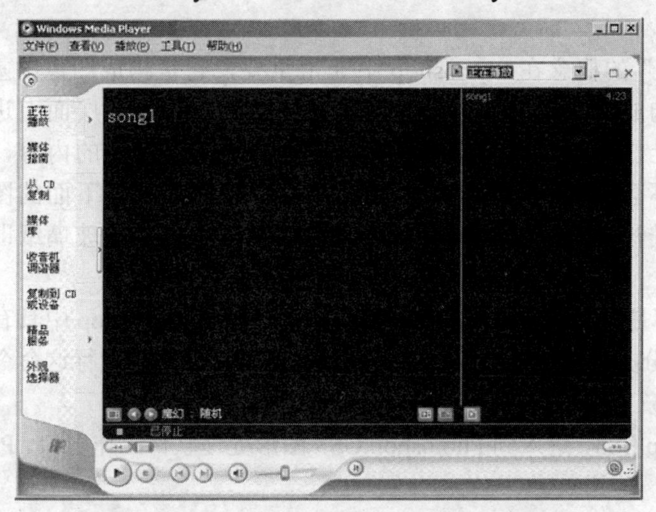

图 7.6 Windows Media Player11 的播放界面

播放媒体文件的方法也很简单，选择菜单“文件”→“打开”命令，弹出“打开”对话框，选择需要播放的对象即可。

3．图形图像处理软件 Photoshop

Photoshop 是 Adobe 公司旗下最为出名的图像处理软件之一，是集图像扫描、编辑修改、图像制作、广告创意、图像输入与输出于一体的图形图像处理软件，深受广大平面设计人员和计算机美术爱好者的喜爱，是目前最优秀的平面图形图像编辑软件之一，广泛应用于广告、影视娱乐和建筑等各个行业。下面以 Adobe Photoshop CS 3.0 版本为例进行介绍。

（1）基本概念

① 位图。位图图像（Bitmap），亦称为点阵图像或绘制图像，是由称作像素（图片元素）的单个点组成的。这些点可以进行不同的排列和染色以构成图样。当放大位图时，可以看见赖以构成整个图像的无数单个方块。扩大位图尺寸的效果是增大单个像素，从而使线条和形状显得参差不齐。然而，如果从稍远的位置观看它，位图图像的颜色和形状又像是连续的。Photoshop 主要处理的是位图图像。

② RGB 色彩模式。是工业界的一种颜色标准，通过对红（R）、绿（G）、蓝（B）3 种颜色通道的变化以及它们相互之间的叠加来得到各式各样的颜色，是目前运用最广的颜色系统之一。RGB 色彩模式使用 RGB 模型为图像中每一个像素的 RGB 分量分配一个 0～255 范围内的强度值。RGB 图像只使用 3 种颜色，就可以使它们按照不同的比例混合，在屏幕上重现 16 777 216 种颜色。在 RGB 模式下，每种 RGB 成分都可使用从 0（黑色）到 255（白色）的值。例如，亮红色使用 R 值 255、G 值 0 和 B 值 0。当所有 3 种成分值相等时，产生灰色阴影。当所有成分的值均为 255 时，结果是纯白色；当该值为 0 时，结果是纯黑色。

③ 色阶。是表示图像亮度强弱的指数标准，也就是色彩指数，图像的色彩丰满度和精细度是由色阶决定的。色阶指亮度，和颜色无关，但最亮的只有白色，最不亮的只有黑色。色阶表现了一幅图的明暗关系。如 8 位色的 RGB 空间数字图像，分布用 2^8（即 256）个阶度表示红、蓝、绿，每个颜色的取值都是[0，255]，理论上共有 256 × 256 × 256 种颜色。

④ 图层。“层”的概念在 Photoshop 中非常重要，它是构成图像的重要组成单位。图层是一种由程序构成的物理层，图像的编辑在各个相对独立的层面上进行。比如，在一张透明的玻璃纸上作画，透过上面的玻璃纸可以看见下面纸上的内容，但是无论在上一层上如何涂画都不会影响到下面的玻璃纸，上面一层会遮挡住下面的图像。最后将玻璃纸叠加起来，通过移动各层玻璃纸的相对位置或者添加更多的玻璃纸即可改变最后的合成效果。

⑤ 滤镜。主要是用来实现图像的各种特殊效果。它在 Photoshop 中具有非常神奇的作用。在 Photoshop 中按分类放置在菜单中，使用时只需要从该菜单中执行这命令即可。

（2）Photoshop CS3 的工作界面

启动 Photoshop CS3，进入到 Photoshop CS3 图形处理软件工作窗口。Photoshop CS3 工作窗口如图 7.7 所示。

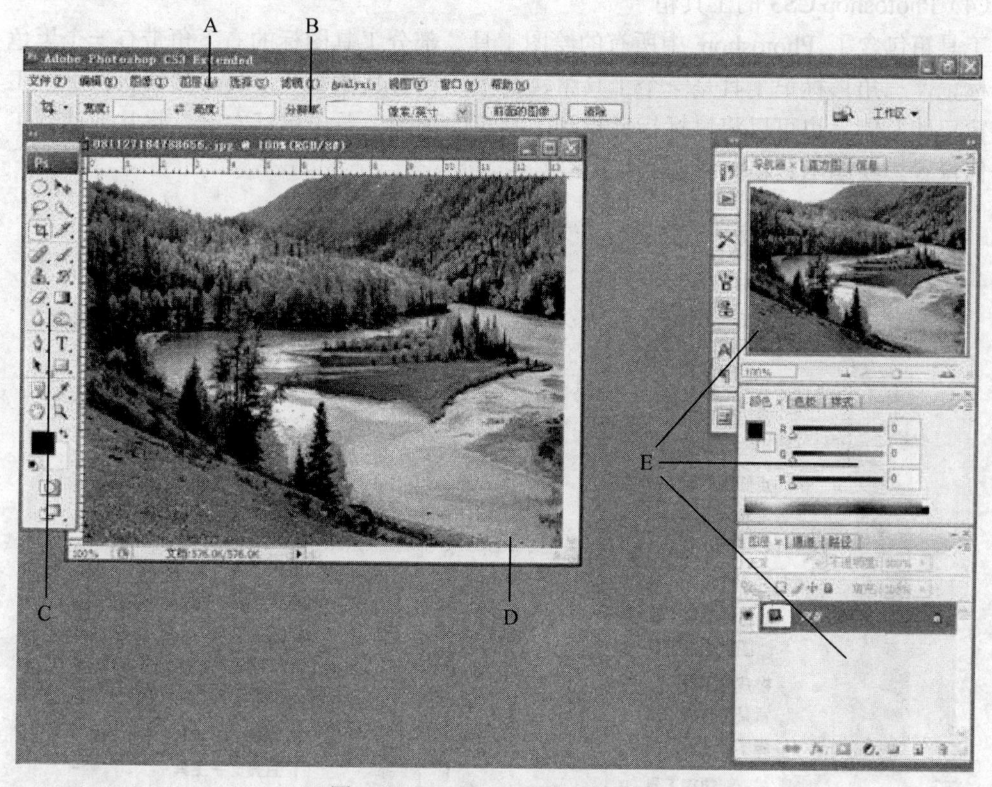

图 7.7　Photoshop CS3 工作窗口

① 菜单栏。共有 9 个菜单，依次为文件（F）、编辑（E）、图像（I）、图层（L）、选择（S）、滤镜（T）、视图（V）、窗口（W）、帮助（H）菜单。

② 选项栏。通过设置参数来控制工具的状态。选择不同的工具，选项栏的内容也随着发生改变。

③ 工具箱。包括 50 多种工具，单击图标可以选择相应的工具，可以用于创建选区、编辑图像、输入文本以及制作渐变效果等。

④ 文件窗口。显示当前编辑文件，是用户的图像编辑区域。窗口的标题包括文件的名称、文件的格式、显示比例以及色彩模式等内容。

⑤ 面板。Photoshop CS3 种共有 19 个面板，主要用于设置色彩、图层、观察视图、修改图像等。面板的位置总在文件窗口之上，可以从窗口（W）菜单中控制各类面板的显示和隐藏。

（3）Photoshop CS3 的常用文件格式

各种文件格式通常是为特定的应用程序创建的，不同的文件格式可以用扩展名来区分。在 Photoshop 中，可以使用和处理的文件格式有 PSD、BMP、JPEG、PCX 和 TIFF 等。其中 PSD 格式文件是 Photoshop 的专用文件格式，也是唯一可以存取所有 Photoshop 特有的文件信息及所有颜色格式的文件。如果文件中含有图层或通道信息，则必须以 PSD 格式存档。PSD 格式可以将不同的物件以图层分离存储，便于修改和制作各种特效。

（4）Photoshop CS3 的工具箱

工具箱包含了 Photoshop 中所有的绘图工具。部分工具图标的右下角带有一个黑色小三角形标记，三角形标记工具是一个工具组，其中还包含其他多个工具。默认状态下，工具箱位于窗口的左侧，也可以将鼠标指针指到工具箱的顶部，单击鼠标左键，将其拖动到工具区的任何位置。绘图工具箱如图 7.8 所示。

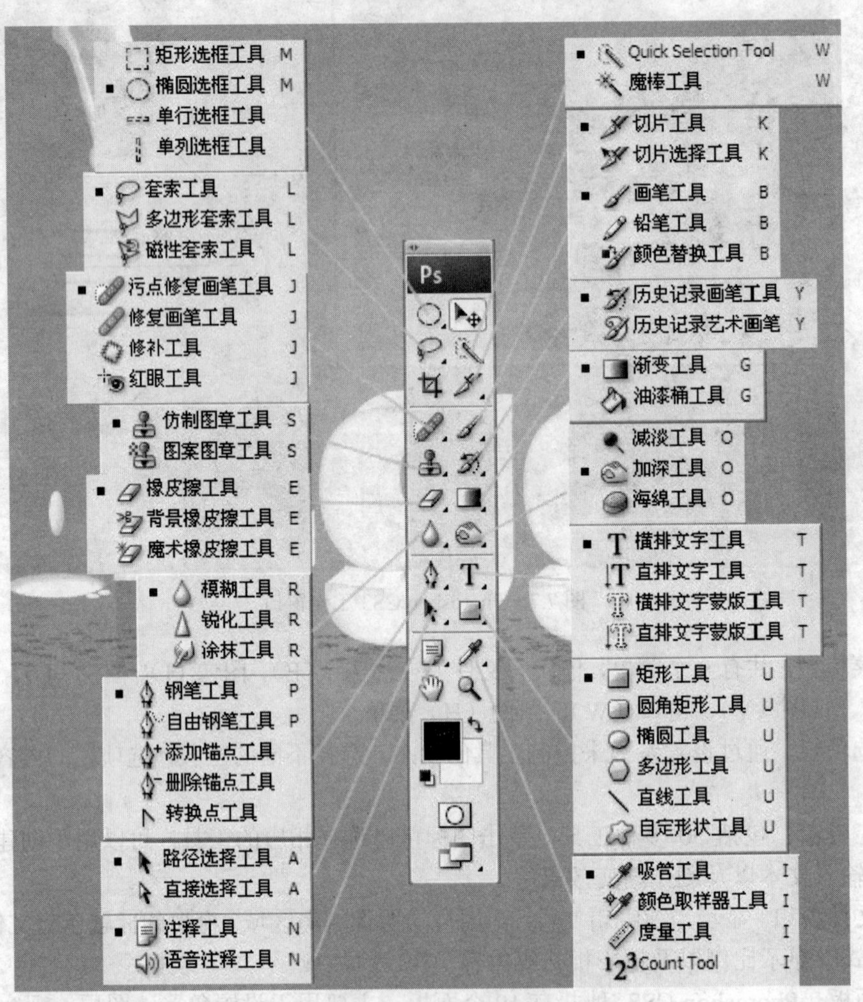

图 7.8　Photoshop CS3 绘图工具箱

（5）Photoshop CS3 的基本操作

在 Photoshop 绘图工具箱中提供了很多工具，掌握好工具箱工具的使用，是进行图形图像处理工作的基础。这里通过具体案例介绍工具箱中几个常用工具和菜单命令的操作。

本案例涉及的知识点有：图层、填充、滤镜、前景色/背景色、图层混合、色阶调整等。图 7.9 为图像添加了下雨效果。

① 启动 Photoshop CS3 程序，选择菜单“文件”→“打开”命令，打开一张要处理的风景图片，如图 7.10 所示。

图 7.9　效果图

图 7.10　风景图片

② 在图层面板单击“新建图层”按钮，在背景层上新建图层 1，用黑色将图层 1 填充。

③ 选择菜单“滤镜”→“杂色”→“添加杂色”命令，在弹出的“添加杂色”对话框中设置参数，如图 7.11 所示，单击“确定”按钮。效果如图 7.12 所示。

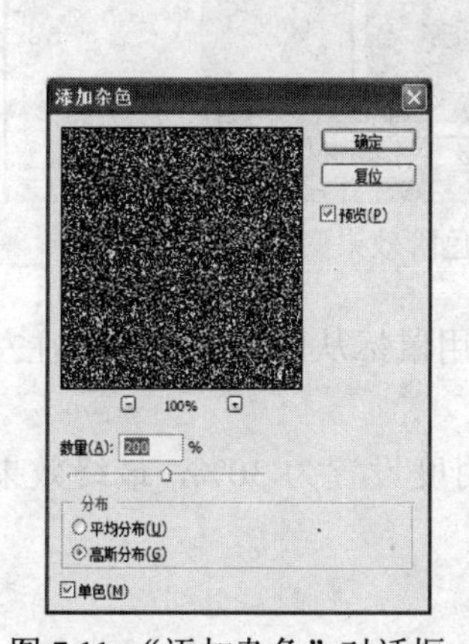

图 7.11 “添加杂色”对话框

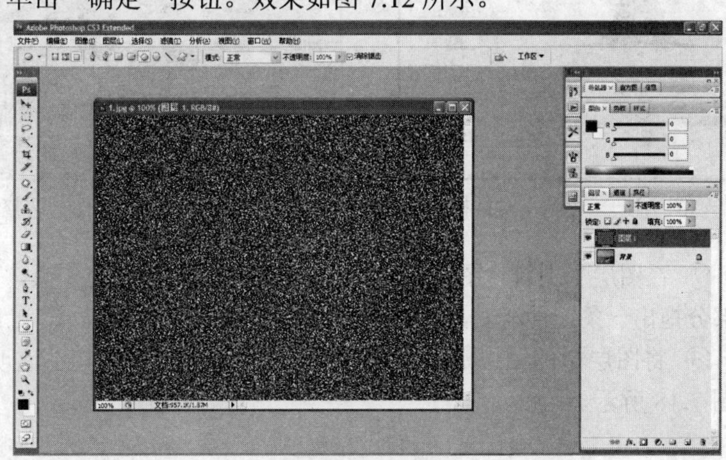

图 7.12　杂色效果

④ 选择菜单“滤镜”→“模糊”→“动感模糊”命令，在弹出的“动感模糊”对话框中设置参数如图 7.13 所示，单击“确定”按钮，添加的杂点变成了雨滴。

⑤ 在工具箱中单击按钮，将前/背景色颜色反转。将图层 1 的图层混合模式设置为“滤色”，这样可以去除雨中的黑色成分，效果如图 7.14 所示。

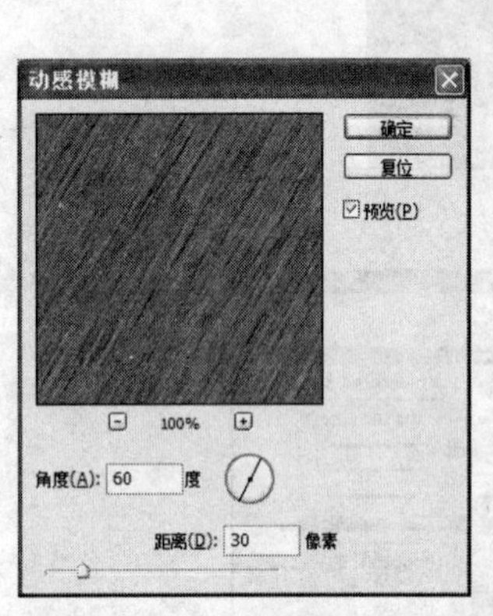

图 7.13 “动感模糊”对话框

图 7.14 滤色效果

⑥ 选择菜单“图像”→“调整”→“色阶”命令，在弹出的“色阶”对话框中设置参数如图 7.15 所示，单击“确定”按钮，效果如图 7.16 所示。

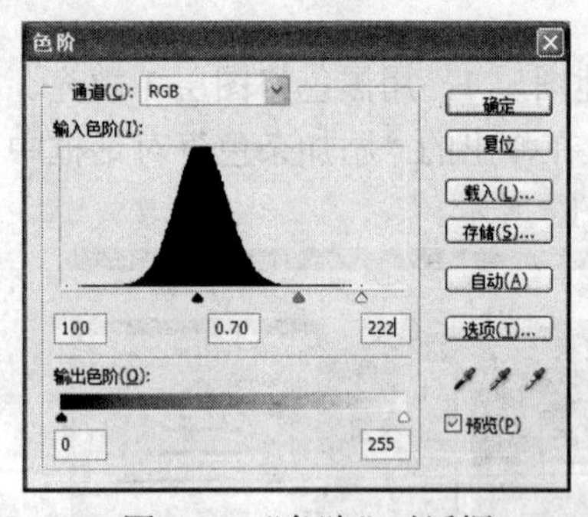

图 7.15 “色阶”对话框

图 7.16 调整色阶效果

⑦ 在图层 1 上新建图层 2，选择工具箱中的渐变填充工具，用鼠标从图像右上部分往左下部分拖出一条线性渐变，如图 7.17 所示。

⑧ 将图层 2 的图层混合模式设置“正片叠底”，将其不透明度设置为 30%，最终效果如图 7.18 所示。

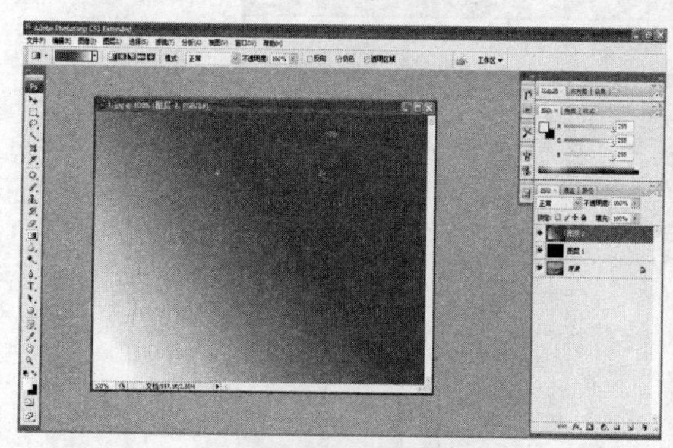

图 7.17　线性渐变

图 7.18　最终效果

4．Flash 8 动画制作

Flash 是 Macromedia 公司推出的一种优秀的矢量动画编辑软件，Flash 8 是其中的一个功能较强大的版本。利用该软件制作的动画占用的空间比位图动画文件（如 GIF 动画）小得多，用户不但可以在动画中加入图像、声音和视频，还可以制作交互式的影片和具有完备功能的网站。

利用 Flash 软件工具可以制作的动画类型有：逐帧动画、补间动画（包括运动补间和形状补间），通过动作脚本来创建更复杂的动画效果。在较新的 Flash 版本中还可以创建 3D 效果动画和反向运动姿势动画等。

（1）动画的基本概念

✧　动画：利用人类视觉暂留的特性，快速播放一系列静态图像，使视觉产生动态效果。

✧　视觉暂留：人的眼睛看到的一幅画或一个物体，在 1/24 s 内不会消失。

（2）Flash 的特点

① 界面清晰、制作简单。

② 使用矢量图形，可以无级放大。

③ 使用流式播放技术。

④ 文件占用空间小，功能强大。

（3）Flash 8 的工作界面

启动 Flash 8，新建一个 Flash 文档，首先看到的就是 Flash 8 的操作界面，如图 7.19 所示。在该主界面中，包括标题栏、菜单栏、常用工具栏、绘图工具栏、时间轴窗口、舞台、属性面板和面板集等。

（4）逐帧动画

逐帧动画是动画中最简单也是最灵活的一种形式，它是将产生运动的关键画面（关键帧）逐个画在时间轴的不同顺序帧上，时间轴上的关键帧顺序播放，就产生了动画。帧上没有过渡动作，一般情况下，这些关键帧间隔相等，播放动画时，这些关键帧会依次播放。这是一种最简单的动画，也是 Flash 动画创作的基础。下面介绍逐帧动画的制作。

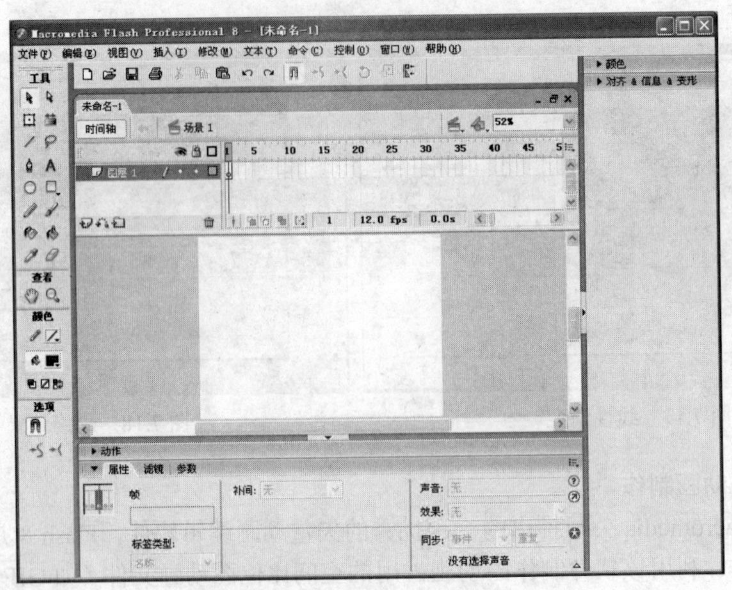

图 7.19 Flash 8 的工作界面

① 新建文件。在 Flash 8 的启动界面中选择“创建新项目”→“Flash 文档”，命名为“逐帧动画”。

② 设置文档。选择菜单“修改”→“文档”命令，设置文档大小为 200 × 200 像素，帧频为 12 帧/s，背景色为白色。

③ 导入图片。选择菜单“文件”→“导入…”→“导入到舞台”命令，打开素材文件夹，选中名称为 01.gif 的图片，点击“打开”按钮，这时将弹出一个对话框，根据提示的内容，选择“是”，将图像导入到舞台上，同时，时间轴上出现 25 个关键帧。

将光标移动到时间轴标尺上，拖动播放头就可以查看各帧的内容，其中每一帧的内容都不相同。

④ 测试动画。按下键盘上的 Ctrl+Enter 组合键，或选择菜单“控制”→“测试影片”命令，打开动画测试窗口，观看动画效果，如图 7.20。

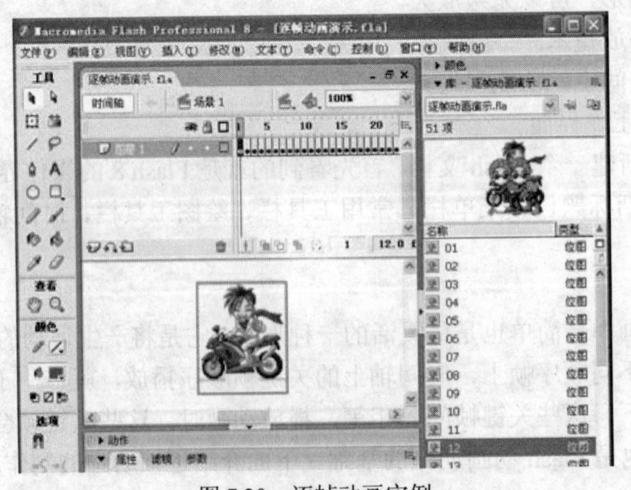

图 7.20 逐帧动画实例

（5）运动动画

运动动画是物体由一个位置变动到另一位置的过程动画。如汽车驶过、文字由右到左移动的动画效果等。下面介绍运动补间动画的制作。

① 新建文件。在 Flash 8 的启动界面中选择“创建新项目”→“Flash 文档”。命名为“运动补间动画”。

② 设置文档。选择菜单“修改”→“文档”命令，设置文档大小为 500×400 像素，帧频为 12 帧/s，背景色为白色。

③ 导入图片。选择菜单“文件”→“导入…”→“导入到舞台”命令，打开素材文件夹，选中名称为篮球.gif 的图片，将图像导入到舞台上。选择菜单“修改”→“转换为元件”命令，将位图转换为元件。

④ 新建图层。新建图层，命名为“阴影”，将“阴影”图层移至篮球图层的下面。在该图层绘制一个椭圆的阴影图形，如图 7.21 所示。选择菜单“修改”→“转换为元件”命令，将阴影图形转换成元件，以便制作运动补间动画。

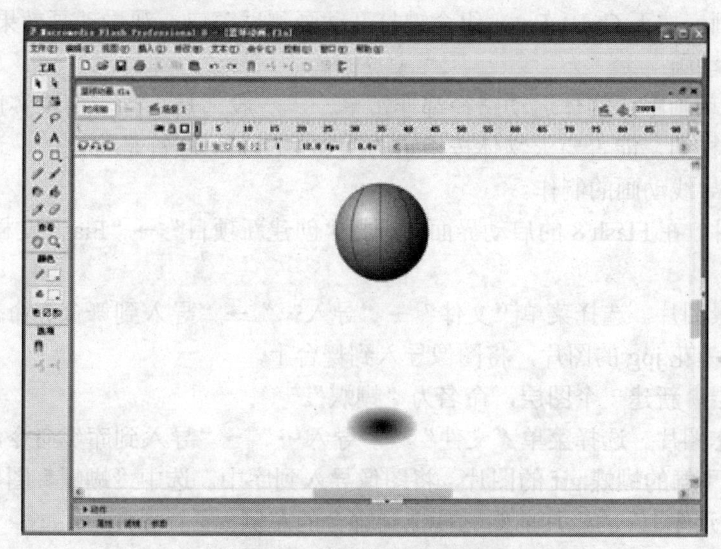

图 7.21　绘制椭圆阴影效果

⑤ 插入关键帧。分别选中“篮球”图层和“阴影”图层的第 8 帧并右击，在弹出的快捷菜单中选择“插入关键帧”，再将两个图层的 16 帧也都插入关键帧。如图 7.22 所示。

⑥ 修改关键帧。选择“篮球”图层的第 8 帧，将篮球移动到地面与阴影相接处，并将第 1 帧与第 16 帧内的篮球上移；再选中“阴影”图层的第 8 帧，将阴影缩小，第 1 帧与第 16 帧的阴影大小不变。结果如图 7.23 所示。

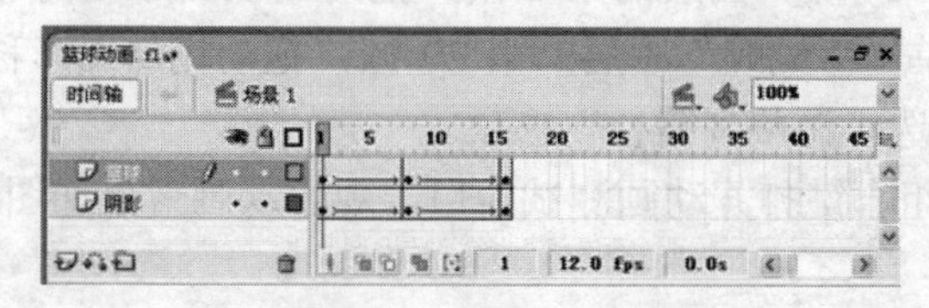

图 7.22　插入关键帧

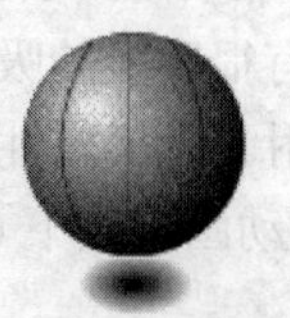

图 7.23　修改关键帧

⑦ 创建运动补间动画。选择“篮球”图层第1帧，在“属性”面板中的补间选项中选择“动作”，创建运动补间动画。依此类推，分别选中“篮球”图层的第8帧，“阴影”图层的第1帧和第8帧，分别创建运动补间动画。

⑧ 测试动画。按下Ctrl+Enter组合键打开动画测试窗口，观看动画效果。

（6）变形动画

变形动画是将物体的一个形状变形为另一个形状的过程动画。形状补间动画的构成元素都是图形，如果不是图形就要把它转变成图形。下面介绍形状补间动画的制作。

① 新建文件。在Flash 8的启动界面中选择“创建新项目”→“Flash文档”。命名为“形状补间动画”。

② 绘制矩形。单击工具箱中的“矩形”工具，在舞台的左侧绘制一个矩形。

③ 插入关键帧。选择第20帧，按键盘上的F6键，插入关键帧。选中第20帧，将矩形删除，选择工具箱中的“椭圆”工具，在舞台的右侧绘制一个椭圆，改变其填充色。

④ 创建形状补间动画。单击第1帧，在“属性”面板中设置补间为“形状”。

⑤ 测试动画。按下Ctrl + Enter组合键打开动画测试窗口，观看动画效果。

（7）引导线动画

在以上运动动画中，物体运动路径都非常单一，一般都是直行，而现实世界物体的运动轨迹却是多种多样的，能否要求物体按指定的路径移动呢，回答是肯定的，这就是引导线动画。下面介绍引导线动画的制作。

① 新建文件。在Flash 8的启动界面中选择“创建新项目”→“Flash文档”。命名为“引导线动画”。

② 导入背景图片。选择菜单“文件”→“导入…”→“导入到舞台”命令，打开素材文件夹，选中名称为花.jpg的图片，将图像导入到舞台上。

③ 新建图层。新建一个图层，命名为“蝴蝶”。

④ 导入动态图片。选择菜单“文件”→“导入…”→“导入到库”命令，打开素材文件夹，选中名称为飞舞的蝴蝶.gif的图片，将图像导入到库中。选中“蝴蝶”图层的第1帧，打开库，将名为“元件1”的影片剪辑元件拖到舞台的左侧。

⑤ 制作运动动画。

⑥ 建立引导线。在“蝴蝶”图层的上面新建一个图层，命名为“引导线”，使用工具箱中的“铅笔工具”，工具“选项”设置为“平滑”，在“引导线”图层上画出一条从左到右的曲线。

⑦ 插入普通帧。同时选中图层1和“引导线”图层的第20帧（按住Shift键）并右击，在弹出的快捷菜单中选择“插入帧”。

⑧ 将蝴蝶吸附到引导线。单击“蝴蝶”图层的第1帧，拖动蝴蝶图形移向引导线的左端，吸附（有很明显的吸引动作）。单击“蝴蝶”图层的第20帧，拖动蝴蝶图形移向引导线的右端，吸附。在“属性”面板中勾选“调整到路径”选项。

⑨ 测试动画。按下Ctrl + Enter组合键打开动画测试窗口，观看动画效果如图7.24。

图 7.24　引导线动画效果

（8）遮罩层动画

遮罩是 Flash 中一个很实用的功能，如果选中一个图层为遮罩层，它的下一层则是被遮挡住的，只有在遮罩层的填充色块之下的内容才是可见的，而遮罩层的填充色块本身是不可见的。遮罩层中的内容可以是图形、文字、实例、影片剪辑在内的各种对象，每个遮罩层可以有多个被遮罩层。这样，就可以制作出很多奇妙的动画效果。下面介绍遮罩层动画的制作。

① 新建文件。在 Flash 8 的启动界面中选择“创建新项目”→“Flash 文档”。命名为“遮罩层动画”。

② 设置文档。选择菜单“修改”→“文档”命令，设置文档大小为 500 × 60 像素，帧频为 12 帧/s，背景色为黑色。

③ 输入文字。选择工具箱中的“文本”工具，在舞台上输入“新疆伊犁职业技术学院”，选中输入的文字，打开“属性”面板，在属性面板中设置字体为“华文行楷”、字体大小为 50 磅、文本颜色为红色。

④ 文字居中。选中文字，打开“对齐”面板，先单击“相对于舞台”按钮，再单击“垂直中齐”和“水平居中分布”按钮，将文字在舞台上居中。选中第 20 帧，单击右键，在弹出的快捷菜单中选择“插入帧”命令。

⑤ 新建图层。新建一个图层，命名为“遮罩层”。

⑥ 制作运动动画。选中“遮罩层”的第 1 帧，选择工具箱中的“椭圆”工具，在文字的正左边画出一个大小稍大于文字高度的椭圆，利用“选择工具”双击椭圆，然后右击，在弹出的快捷菜单中选择“转换为元件”命令，类型为“图形”。右击“遮罩层”的第 20 帧，在弹出的快捷菜单中选择“插入关键帧”命令，按住 Shift 键，拖动椭圆到文字的正右边。选中“遮罩层”的第 1 帧，在“属性”面板中设置补间为“动画”。

⑦ 创建遮罩层。右击“遮罩层”，在弹出的快捷菜单中选择“遮罩层”命令。

⑧ 测试动画。按下 Ctrl + Enter 组合键打开动画测试窗口，观看动画效果，如图 7.25。

图 7.25　遮罩效果

（9）Flash 8 音频、视频文件的使用

Flash 8 动画文件也可导入音频、视频文件，从而制作出集音频、视频于一体的多媒体动画。通常在制作游戏、Flash MTV 时要用到此功能。比如，若要对上例蝴蝶飞舞动画加一首 MP3 歌曲作伴音，可通过以下操作完成：

① 打开“蝴蝶满天飞”动画文件，选择菜单“文件”→“导入”→“导入到库”命令，在“导入”对话框中，选择MP3歌曲的位置，单击“确定”按钮，将MP3歌曲导入到库中。

② 新建图层，打开库面板，找到MP3歌曲元件，将其拖入新建图层中，调整其帧数量，使动画与MP3歌曲长度相匹配，操作结束。

对Flash 8动画，可导入多种视频文件，如AVI、MPG、ASF和MOV等，操作方法与插入音频相似。

5．多媒体制作软件Authorware7.02简介

Authorware是美国Macromedia公司推出的适合于专业人员以及普通用户开发多媒体软件的创作工具。可以制作资料类、广告类、游戏类、教育类等各种类型的多媒体作品。

（1）Authorware的特点

① 面向对象的可视化编程能力。

② 优秀的媒体资源整合能力。

③ 强大的人机交互功能。

④ 提供库和模块功能。

⑤ 卓越的自我完善能力。

（2）Authorware的工作界面

启动Authorware，新建一个Authorware文档，首先看到的就是Authorware的操作界面，如图7.26所示。在该主界面中，包括标题栏、菜单栏、工具栏、图标栏、设计窗口、演示窗口、属性面板和控制面板集等。

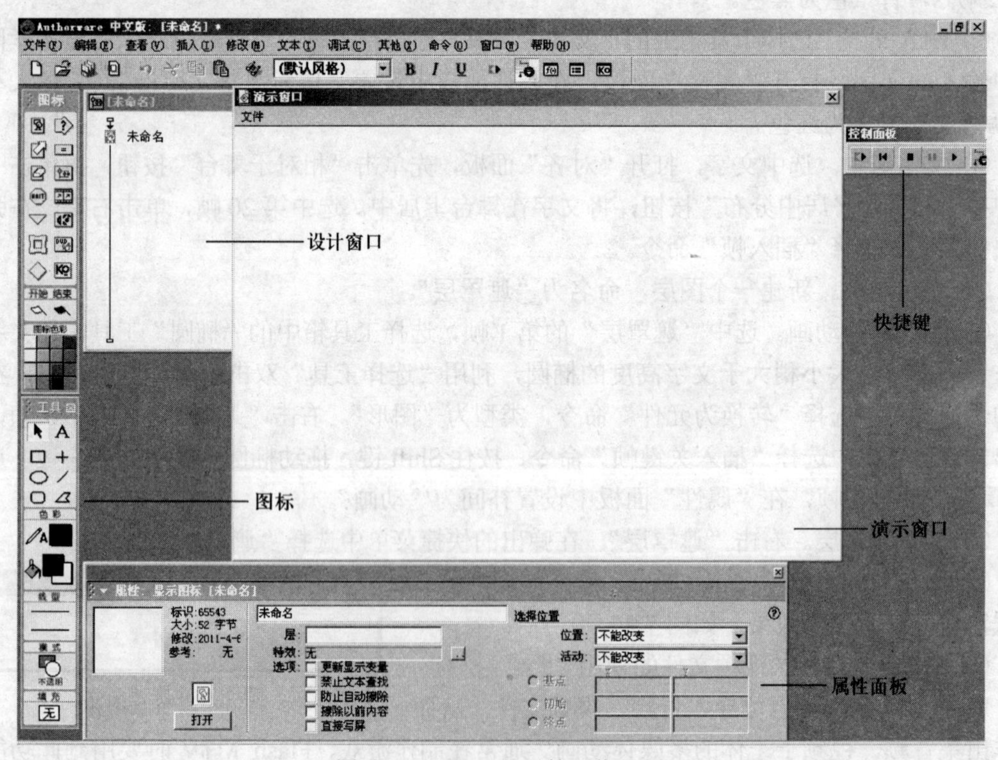

图7.26　Authorware的工作界面

（3）显示图标

显示图标是 Authorware 中使用频率最高的设计图标，几乎所有的程序都有一个或多个显示图标。可以通过图标创建和编辑文本及图形图像对象，设置对象的特殊显示效果等。

① 使用显示图标。

当需要在多媒体程序中显示文本或图形图像时，就需要用到显示图标。

方法：从图标栏上将显示图标拖动到设计窗口流程线上的相对位置，即可将显示图标加入到程序中。

② 设置显示图标属性。

方法：在设计窗口中选取一个显示图标，选择菜单“修改”→“图标”→“属性”命令，这样即可开启显示图标的属性面板，如图 7.27 所示。

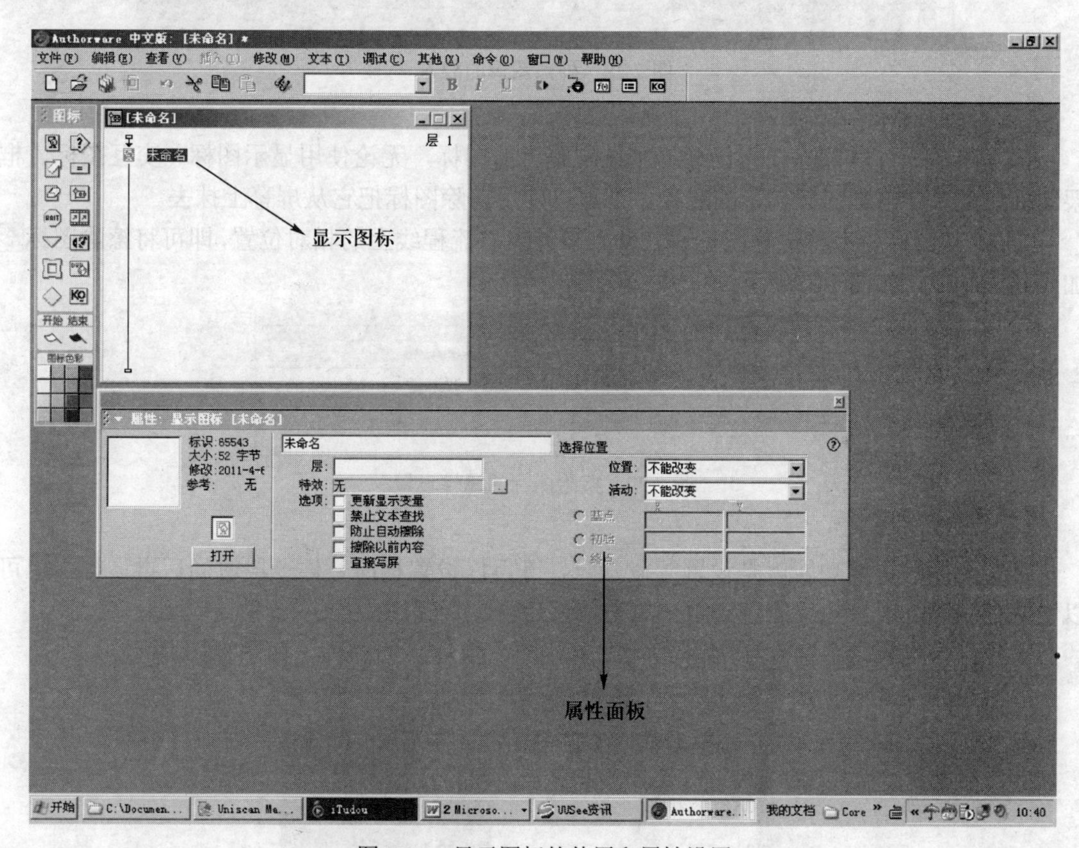

图 7.27 显示图标的使用和属性设置

（4）外部图像的导入

如图 7.28 所示，有以下几种方式：

① 以粘贴的方式。

② 以拖动方式导入图像。

③ 从外部文件直接导入图像。

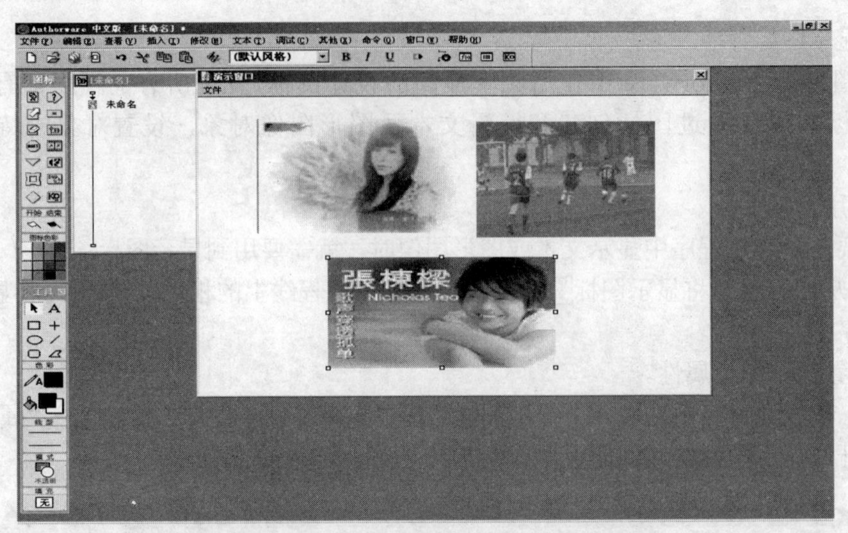

图 7.28　外部图像的导入

（5）擦除图标

擦除图标可以擦除任何已经显示在屏幕上的图标，无论使用显示图标、交互图标、框架图标还是数字电影图标显示的对象，都可以使用擦除图标把它从屏幕上抹去。

方法：从图标栏上将擦除图标拖动到设计窗口流程线上的相对位置，即可将擦除图标加入到程序中，如图 7.29 所示。

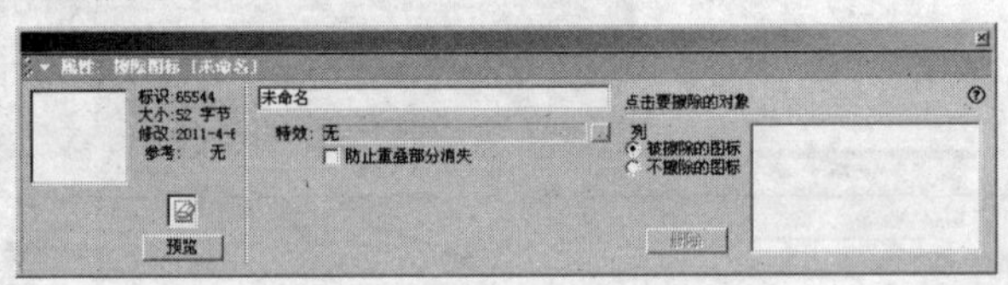

图 7.29　擦除图标的属性设置

（6）等待图标

等待图标的主要功能就是设置等待延时，既可以设置程序暂停一段时间后再运行，也可以设置程序等待用户的反应直到用户单击按钮后再运行程序。

方法：拖曳等待图标到流程线上，然后双击流程线的图标，如图 7.30 所示。

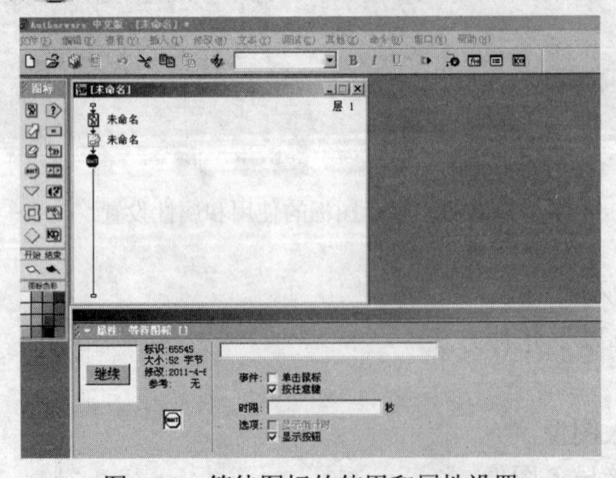

图 7.30　等待图标的使用和属性设置

6．多媒体素材的使用

（1）Authorware 支持的声音文件和数字电影文件

Authorware 支持的声音格式文件主要有 AIFF、PCM、SWA、VOX、WAVE 和 MP3 等，同时可以通过调用函数的方式来播放 MIDI 音乐。

Authorware 支持的电影格式文件主要有“.DIR”、“.DXR”、“.FLI”、“.FLC”、“.MPEG”、“.AVI”、“.WMV”。

（2）导入声音文件

方法：首先在流程线上添加一个声音图标，然后再导入声音文件并进行下一步的设置。属性面板的设置如图 7.31 所示。

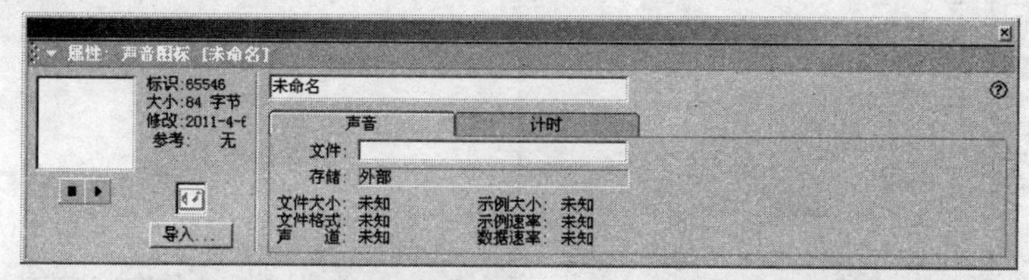

图 7.31　声音图标属性面板的“声音”选项卡属性设置

（3）导入数字电影文件

方法：首先在流程线上添加一个数字电影图标，然后再导入数字电影文件即可。属性面板的设置如图 7.32 所示。

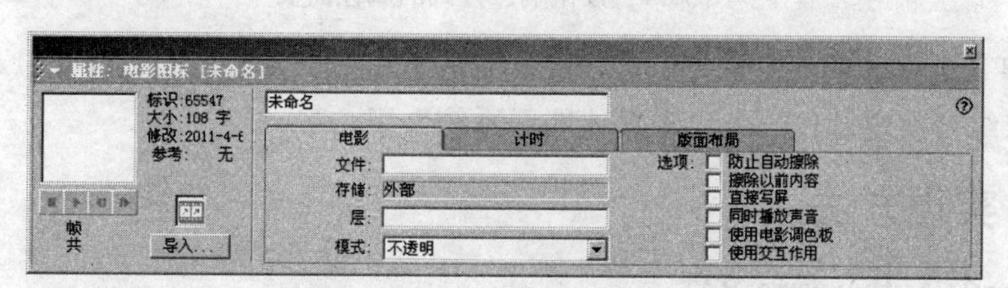

图 7.32　数字电影图标属性面板

（4）插入 Flash 动画

方法：在流程线上显示图标的下面单击定位插入点，然后选择菜单“插入”→“媒体”→“FlashMovie”命令，弹出如图 7.33 所示的对话框。设置完毕后，单击 OK 按钮，如图 7.33 所示。

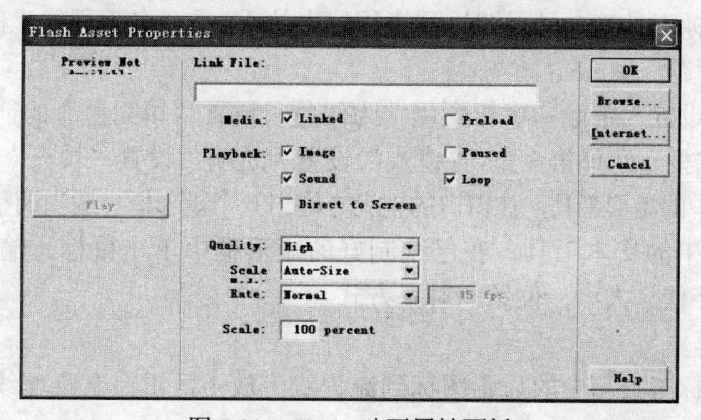

图 7.33　Flash 动画属性面板

（5）按钮响应

按钮响应是多媒体程序中使用最广泛的一种交互响应类型。

方法：拖动一个交互图标到流程线上，拖动一个群组图标到交互图标的右侧，在弹出的“交互类型”对话框中选择“按钮”类型，单击“确定”按钮。双击群组图标，在里面添加相应的图标并进行属性的设置。单击交互流程线上的响应类型符号，在打开的属性面板中对当前交互响应分支进行属性的设置，如图 7.34 所示。

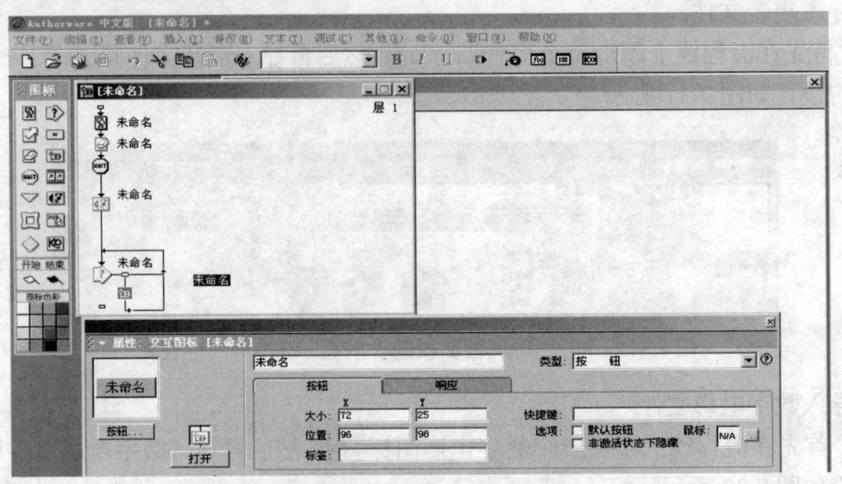

图 7.34　按钮响应方式的属性面板

以上了解了多媒体的概念和学习了 Photoshop、Flash、Authorware 3 个软件的基本操作后，就可以来综合实现制作一个“多媒体展示系统”了。

7.1.5　实现方法

1．新建一个 Authorware 文件

启动 Authorware 建立一个新文件后，选择菜单“文件”→“保存”命令，在弹出的“保存文件为”对话框“文件名”中输入文件名为“多媒体展示中心”并选择合适的保存位置，单击“保存”按钮。

2．制作字幕

用鼠标拖动图标工具箱中显示图标到流程线上放手，重命名流程线上的显示图标名为“标题”，双击打开“标题”图标。

（1）在工具中设置“笔触和字符颜色”为红色，设置“填充色”的前景色和背景色分别为绿色和黄色，“线型”选择第 3 条，“模式”设置为透明，设置“填充”图案为点状。

（2）单击工具中的矩形工具，在窗口的正上方拖出一个矩形框，适当调整其大小和位置。

（3）单击工具中的文本工具，在已绘制好的矩形框中单击鼠标，输入“多媒体展示中心”，设置文字的字体、大小、位置和对齐方式。

3．制作图像框

用鼠标拖动图标工具箱中的显示图标到流程线上放手，重命名流程线上的显示图标名为“图像框”，双击打开“图像框”图标。

（1）单击工具中的矩形工具，在窗口的正中拖出一个矩形框，适当调整其大小和位置，用于多媒体内容的显示。

（2）在显示图标的属性面板中设置“特效”、“内部”“特效”为“以点式由内向外”、“周期”为3秒、“平滑”为1、“确定”。

4．添加图像框文字说明

用鼠标拖动图标工具箱中显示图标到流程线上放手，重命名流程线上的显示图标名为“文字”，双击打开“文字”图标。单击工具中的“文本”工具，在已绘制好的图像框中对应的适当位置处单击，输入标题“多媒体欣赏”和一段关于多媒体概念的说明文字，设置文字的字体、大小、位置和对齐方式。

5．设计计时器

用鼠标拖动图标工具箱中等待图标到流程线上放手，命名流程线上的等待图标名为“等待”，双击打开“等待”图标。在等待图标的属性面板中勾选“显示倒计时”和“显示按钮”选项，“时限”为10秒。

6．设计文字渐出效果

用鼠标拖动图标工具箱中擦除图标到流程线上放手，命名流程线上的擦除图标名为“擦除文字”，双击打开“擦除文字”图标。单击“文字”图标中的说明文字（在流程线上将“文字”图标拖向“擦除文字”图标上放手也可），在擦除图标的属性面板中设置“特效”、“内部”“特效”为“马赛克效果”、“周期”为2秒、“平滑”为1、“确定”。

7．整合设计元素

按住shift键，依次单击流程线上的全部图标，选择菜单“修改”→“群组”命令，将多个图标合并为一个群组图标，重命名群组图标为“字幕”。

8．设计交互图标

用鼠标拖动图标工具箱中交互图标到流程线上的“字幕”群组图标下方放手，重命名流程线上的交互图标名为“选择”。

9．设计控制播放文本按钮

用鼠标拖动图标工具箱中群组图标到流程线上的交互图标的右方放手，选择“交互类型”为“按钮”、“确定”，重命名群组图标名为“文学作品”。单击交互图标和右方群组图标的交叉位置处的小矩形，打开交互图标“文学作品”的属性面板，单击“响应”标签，在属性面板中选择“分支”类型为“重试”。

10．设计控制播放图像、音乐、动画、影视和退出的按钮

连续向交互图标的右方拖放5个群组图标，分别重命名为“山水风光”、“音乐播放”、“欢乐动漫”、“影视欣赏”和“退出”。单击交互图标和右方“退出”群组图标的交叉位置处的小矩形，打开交互图标“退出”的属性面板，单击“响应”标签，在属性面板中选择“分支”类型为“退出交互”。

11．排列按钮

双击主流程线上的交互图标，用鼠标依次拖放将“文学作品”、“山水风光”、“音乐播放”、“欢乐动漫”、“影视欣赏”和“退出”等6个按钮到窗口的左边，并进行纵向排列。全选6个按钮，选择菜单“修改”→“排列…”命令，打开排列工具，单击“左对齐”工具按钮，将按钮对齐。

12．链接播放文本按钮到文本文件

双击打开交互图标右方的“文学作品”群组图标，选择菜单“文件”→“导入和导出”→“导入媒体…”命令，在“导入哪个文件？”对话框中查找“明日歌.txt”文件，单击“导入”按钮，在“RTF 导入”对话框中选择“创建新的显示图标”和“滚动条”选项。双击“明日歌.txt”显示图标，根据“图像框”多媒体展示区域的大小调整“明日歌”文本区域的大小和位置，并使用文本工具编辑“明日歌”内容的大小、字体和对齐方式。

13．链接播放图像按钮到图像文件

双击打开交互图标右方的“山水风光”群组图标，在流程线上拖放一个显示图标，重命名为“图像 1”。

（1）双击打开“图像 1”显示图标，导入第一幅山水风光图片，根据“图像框”多媒体展示区域的大小调整图片的大小和位置。

（2）在“图像 1”图标的下面拖放一个等待图标，并重命名为“暂停 1”，单击“暂停 1”图标，在等待图标“暂停 1”的属性面板中设置“时限”为 2 秒并取消其他勾选项。

（3）拖放一个擦除图标到“暂停 1”图标的下面，重命名为“擦除 1”，拖放“图像 1”图标到“擦除 1”图标上。

（4）选中“图像 1”、“暂停 1”和“擦除 1”，在本流程线上复制并粘贴两次，分别重命名为“图像 2”、“暂停 2”、“擦除 2”、“图像 3”、“暂停 3”和“擦除 3”。

（5）分别打开“图像 2”和“图像 3”显示图标，替换导入第 2 幅和第 3 幅图片，并根据“图像 1”的设置调整图片的大小和位置。

（6）设置每幅图片的进入和擦除特效。

14．链接播放音乐按钮到 MP3 音乐文件

双击打开交互图标右方的“音乐播放”群组图标，在流程线上拖放一个显示图标，重命名为“图像 4”。

（1）双击打开“图像 4”显示图标，导入第 4 幅伊犁风光图片，根据“图像框”多媒体展示区域的大小调整图片的大小和位置。

（2）选择菜单“文件”→“导入和导出”→“导入媒体…”命令，在“导入哪个文件？”对话框中查找“高山流水.mp3”文件，单击“导入”按钮。

15．链接播放动画按钮到动画文件

双击打开交互图标右方的“欢乐动漫”群组图标，选择菜单“插入”→“媒体”→“Flash Movie…”命令，在对话框中单击“Browse…”按钮，查找“蝴蝶满天飞.swf”动画文件，单击 OK 按钮。测试后按 Ctrl+P 组合键用鼠标拖动调整其大小和位置。

16．链接播放影视按钮到电影文件

双击打开交互图标右方的“影视欣赏”群组图标，选择菜单“文件”→“导入和导出”→“导入媒体…”命令，在“导入哪个文件？”对话框中查找“电影.mpg”文件，单击“导入”按钮，测试后按 Ctrl + P 组合键用鼠标拖动调整其大小和位置。

在 Authorware 中整个多媒体展示中心设计如图 7.35 和图 7.36。

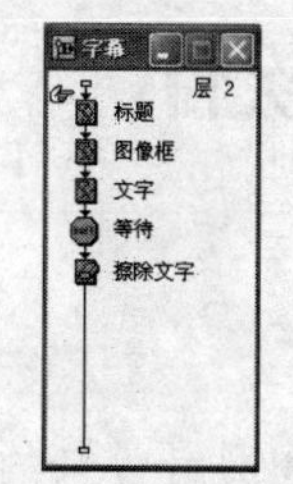

图 7.35 字幕程序结构

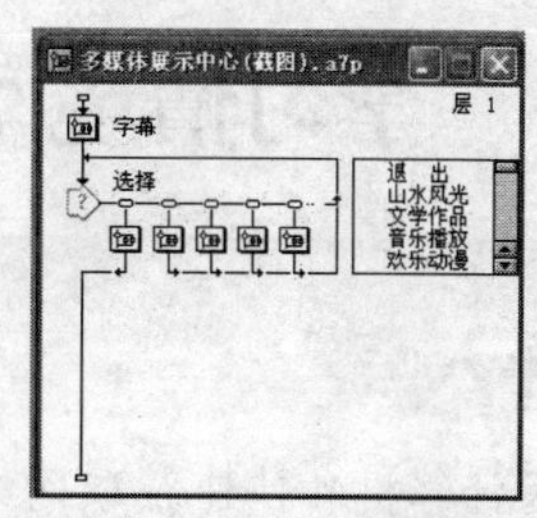

图 7.36 程序整体结构

7.1.6 案例总结

(1) 本次任务主要介绍了通过 Authorware 的强大多媒体集成功能将文字、图形、图像、音频、视频和动画等多媒体内容进行综合集成，而制作出一个“多媒体展示”系统的过程。

(2) 文字内容可以通过预先编辑好的文本文件导入，也可以通过软件自带的文本工具进行录入。当文字内容较多窗口不够时，可设置为“卷帘文本”(即垂直滚动条)。

(3) 图片在导入前一定要在其他图像处理工具（如 PhotoShop）中进行编辑处理，其大小和格式都有一定的要求，大小要符合展示窗口，格式最好为 JPG 压缩格式。

(4) Authorware 软件自带了很多动画特效和多种动画制作方式，本实例使用较少。更复杂的动画当然应由 Flash 工具软件来制作，制作完成后要导出为 SWF 格式文件，这样可以在 Authorware 中直接插入使用。

(5) 音频和视频在导入后要在其对应的属性面板“计时”标签中设置其“执行方式”、“播放”方式或“播放次数”。

(6) 在系统的制作过程中，要边制作、边测试、边调整，只有反复地进行测试和调整，才能设计出满意的结果。

(7) 对制作好的最终结果可进行发布设置和打包。

对多媒体展示程序的设计应遵循以下原则：

（1）在系统制作之前，首先要详细分析系统所应达到的目的和具有的意义，确定系统的功能模块和结构，然后制订系统制作方案。

（2）根据制作方案，在制作过程中要反复地进行测试和调整。

（3）在系统制作过程中，所使用的各种素材应提前用对应的媒体工具制作好，或采用其他方法进行收集整理，并统一保存在磁盘同一位置较好。

7.1.7 课后练习

☎ 采用菜单交互形式，仿照案例，制作一个某公司成立 5 周年的多媒体展示系统。

☎ 在 Flash 8 中，制作一个具有探照灯相关的运动动画。

学习情境 7.2：常用工具软件

内容导入

要安全使用计算机和快速获取网络上的资源，享受计算机和网络带来的乐趣，掌握一些日常必备工具软件的使用方法是必要的。本节通过案例介绍了几个目前在我们工作学习和生活当中，使用较多且有一定代表性的常用工具软件的操作，如系统优化与安全检测工具（如 360 安全卫士与杀毒）、文件下载工具、解压缩工具 WinRAR、ACDSee 看图工具等。

7.2.1 常用工具案例分析

小李是公司办公室的秘书，最近他要负责把公司各部门所有员工的工作照片收集整理好报档案科备份。公司各部门负责人已经将本部门员工的工作照片以压缩包附件的形式通过互联网发到了小李的办公信箱中，小李必须保证下载的文件是基本安全的，之后对收到的所有员工的电子版工作照片进行整理，然后打包压缩后报到档案科进行备份。

7.2.2 任务的提出

本节中以公司秘书小李的一项工作为主线，完成员工照片文件的下载、安全性检测、图像的处理、打包压缩备份等一系列工作。那么小李将到底是如何完成好这项工作的呢。

7.2.3 解决方案

在计算机的使用过程中，病毒与木马是让所有用户与管理人员头痛的事情，病毒与木马通过各种形式的文件来传播，因此对通过网络发送的文件进行安全性检查是十分必要的。如果小李收到的员工照片邮件或者自己所用的计算机中包含病毒与木马程序而没有及时查杀，将有可能造成公司业务受到危害，因此他首先需要用安全性检测工具软件如 360 安全卫士与杀毒对工作计算机做安全检测，下载照片邮件后检测文件的安全性，然后使用解压缩工具 WinRAR 对下载的文件压缩包进行解压，再用 ACDSee 看图工具对照片进行尺寸等方面的处理，最后再将处理好的照片文件压缩打包后交档案科备份完成任务。

7.2.4 相关知识点

1. 系统优化与安全检测工具

计算机系统优化的作用很多，它可以清理 Windows 临时文件夹中的临时文件，释放硬盘空间；可以查杀木马，防止数据受到窃取和破坏；可以清理注册表的垃圾文件，减少系统错误的产生；它还能加快开机速度，阻止一些程序开机自动执行；还可以加快上网和关机速度；并可以用它对系统进行个性化设置。以前这些工作需要计算机专业技术人员一项一项去做，而现在有了专门的系统优化与安全检测工具软件，一切将变得很轻松，一般使用计算机的人员都可以自己动手完成。

（1）360 安全卫士简介

360 安全卫士是当前功能最强、效果最好、最受用户欢迎的上网必备安全软件。由于使用方便，用户口碑好，目前 4.2 亿中国网民中，首选安装的已超过 3 亿。

360 安全卫士拥有查杀木马、清理插件、修复漏洞、电脑体检等多种功能，并独创了“木马查杀”功能，依靠抢先侦测和云端鉴别，可全面、智能地拦截各类木马，保护用户的账号、隐私等重要信息。目前木马威胁之大已远超病毒，360 安全卫士运用云安全技术，在拦截和查杀木马的效果、速度以及专业性上表现出色，能有效防止个人数据和隐私被木马窃取，被誉为“防范木马的第一选择”。360 安全卫士自身非常轻巧，同时还具备开机加速、垃圾清理等多种系统优化功能，可大大加快计算机运行速度，内含的 360 软件管家还可帮助用户轻松下载、升级和强力卸载各种应用软件。

（2）360 杀毒软件简介

360 杀毒是完全免费的杀毒软件，它创新性地整合了四大领先防杀引擎，包括国际知名的 BitDefender 病毒查杀引擎、360 云查杀引擎、360 主动防御引擎、360QVM 人工智能引擎。4 个引擎智能调度，提供全时全面的病毒防护，不但查杀能力出色，而且能第一时间防御新出现的病毒木马。此外，360 杀毒轻巧快速不卡机，误杀率远远低于其他杀毒软件，荣获多项国际权威认证，已有超过 2 亿用户选择 360 杀毒软件保护计算机安全。

知识窗：

（1）病毒：一种具有隐蔽性、破坏性、传染性的恶意代码。可以破坏系统程序，占用空间，盗取账号密码，严重时可以导致网络、系统瘫痪。病毒无法自动获得运行的机会，必须附着在其他可执行程序代码上或隐藏在具有执行脚本的数据文件中才能被执行。

（2）木马：利用计算机程序漏洞侵入后窃取文件的程序被称为木马。它是一种具有隐藏性的、自发性的可被用来进行恶意行为的程序，多不会直接对计算机产生危害，而是以控制为主，木马离不开网络。

（3）插件：这里指 IE 浏览器插件，是指那些会随着 IE 浏览器的启动自动执行的程序，有些插件程序能够帮助用户更方便浏览因特网或调用上网辅助功能，也有部分程序被称为广告软件或间谍软件。此类恶意插件程序监视用户的上网行为，并把所记录的数据报告给插件程序的创建者，以达到投放广告，盗取游戏或银行账号密码等非法目的。

（4）漏洞：系统中的安全缺陷。漏洞可以导致入侵者获取信息并导致不正确的访问。漏洞是在硬件、软件、协议的具体实现或系统安全策略上存在的缺陷，从而可以使攻击者能够在未授权的情况下访问或破坏系统。

（5）防火墙：是一项协助确保信息安全的设备，会依照特定的规则，允许或是限制传输的数据通过。

2．文件解压缩工具

压缩软件是利用算法将文件有损或无损地处理，以达到保留最多文件信息，而令文件体积变小的应用软件。压缩软件一般同时具有解压缩的功能。

WinRAR 是目前流行的压缩工具，界面友好，使用方便，在压缩率和速度方面都有很好的表现。其压缩率比高，3.x 版本采用了更先进的压缩算法，是现在压缩率较大、压缩速度较快的格式之一。它能备份数据，减少 E-mail 附件的大小，解压缩从 Internet 上下载的 RAR、ZIP 和其他格式的压缩文件，并能创建 RAR 和 ZIP 格式的压缩文件。还可以将一般 RAR 或 ZIP 格式的压缩文件转换为 EXE 格式的自解压格式，经过压缩的文件要比源文件小很多，默认设置为原来大小的 59%，还可以根据自己的实际情况自行设置。

主要特点：

✧ 对 RAR 和 ZIP 的完全支持。
✧ 支持 ARJ、CAB、LZH、ACE、TAR、GZ、UUE、BZ2、JAR、ISO 类型文件的解压。
✧ 多卷压缩功能。
✧ 创建自解压文件，可以制作简单的安装程序，使用方便。
✧ 压缩文件大小可以达到 8 589 934 TB。

知识窗：

（1）压缩文件：简单地说，就是经过压缩软件压缩后的文件。

（2）解压缩文件：解压缩就是将一个通过软件压缩的文档、文件等各种东西恢复到压缩之前的样子。

（3）常见压缩软件：WinRAR、好压（Haozip）、WinZip、7-Zip、WinMount、Peazip、UHARC、FreeARC 等。

（4）常见压缩文件格式：RAR、ZIP、7Z、CAB、ARJ、LZH、TAR、GZ、ACE、UUE、BZ2、JAR、ISO 以及 MPQ。平时常见的 JPG、RMVB 等格式的音视频文件也属于压缩文件。

3．文件下载工具

下载（Download）是通过网络进行文件传输，把互联网上的信息保存到本地计算机上的一种网络活动。下载可以显式或隐式地进行，只要是获得本地计算机上所没有的信息的活动，都可以认为是下载，如在线观看、通过浏览器上网等。

文件下载方式分为两种形式，一是使用浏览器下载，二是使用专业下载工具软件下载。

使用浏览器下载操作简单方便，在互联网上浏览页面的过程中，只要单击想下载的链接（一般是“.zip”、“.exe”之类），浏览器就会自动启动下载，只要给下载的文件找个存放路径即可正式下载了。若要保存图片，只要右击该图片，在弹出的快捷菜单中选择“图片另存为”命令即可。这种方式的下载虽然简单，但也有它的弱点，那就是功能太少、不支持断点续传。初上网的网友选择这种方式。

专业的下载软件使用文件分切技术，就是把一个文件分成若干份同时进行下载，这样下载软件时就会感觉到比浏览器下载快得多，更重要的是，当下载出现故障断开后，下次下载仍旧可以接着上次断开的地方下载，早期网友多用网络蚂蚁（NetAnts）和网际快车（FlashGet），现在多用电骡（eMule）、迅雷（Thunder）等。

知识窗：

（1）断点续传：在下载或上传时，将下载或上传任务（一个文件或一个压缩包）人为地划分为几个部分，每一个部分采用一个线程进行上传或下载，如果碰到网络故障，可以从已经上传或下载的部分开始继续上传下载以后未上传下载的部分，而没有必要从头开始上传下载。可以节省时间，提高速度。

（2）P2P：“对等”技术，是一种网络新技术，依赖网络中参与者的计算能力和带宽，而不是仅仅依靠较少的几台服务器。它是下载术语，意思是在自己下载的同时，自己的计算机还要继续做主机上传，这种下载方式，人越多速度越快，但缺点是对硬盘损伤比较大（在写的同时还要读），还有对内存占用较多，影响整机速度，同时对公共网络带宽资源占用较大，存在侵犯知识产权的问题。

4．看图工具

随着数字化技术的深入应用，在日常的工作与学习中获得图像越来越快捷方便，应用也越来越广泛。获取图像的方式大多是数码相机与扫描仪，这样的图像是用数字描述像素点、强度和颜色的位图。图像有多种编码的格式，每种格式都要有相对应的解码器来还原图像，而操作系统并不专门为查看与管理图像而设计，并不携带所有的图像解码器，所以在计算机上查看与管理图像需要专门的浏览图像或图像处理工具。对普通的图像应用只要简单的看图工具就可以了，这样的看图工具很多，其中不乏精品，ACDSee 就是颇有影响的一个。

ACDSee 是使用最为广泛的看图工具之一。它提供了良好的操作界面，简单人性化的操作方式，支持丰富的图形格式，能打开包括 ICO、PNG、JPG 在内的 20 余种图像格式。优质的快速图形解码方式，高品质地快速显示图像。它还有强大的图形文件管理功能。大多数计算机爱好者都使用它来浏览图片，甚至近年在互联网上十分流行的动画图像文件都可以利用 ACDSee 来欣赏。

① 用 ACDSee 来管理图像文件

ACDSee 提供了简单的文件管理功能，用它可以进行文件的复制、移动和重命名等。还可以更改文件的日期时间戳。

ACDSee 为文件批量更名，这是与扫描图片并顺序命名配合使用的一个功能。它的使用方法是：选中 Browses 窗口内需要批量更名的所有文件，单击文件列表中的项目名称，使其按文件名、大小、日期等规律排列。再选择菜单“Tools”→“Rename series”命令打开对话框。在“Template”框内按“前缀#.扩展名”的格式输入文件名模板，其中通配符#的个数由数字序号的位数决定。另在“Start at”框内选择起始序号（如“1”），单击 OK 按钮后所选文件的名称全部被更改为模板指定的形式。

为图片添加简单的说明注释，在机器里一般都存放了许多图片，时间一长，别说文件名，就是连它是干什么用的都不知道了，这时候就需要对它们进行管理，以提高效率。选中指定图片文件，在里面写上注释的内容和关键字，以后就可以通过ACDSee的查询功能快速地找到所需要的图片了。

② 用ACDSee查看图像

用全屏幕查看图形，在全屏幕状态下，查看窗口的边框、菜单栏、工具条、状态栏等均被隐藏起来以腾出最大的桌面空间，用于显示图片，这对于查看较大的图片自然是十分重要的功能。使用ACDSee实现全屏幕查看图片的过程很简单，首先将图片置于查看状态，而后按Ctrl＋F组合键，这时工具条就被隐藏起来了，再按一次Ctrl＋F组合键，即可恢复到正常显示状态。另外，利用鼠标也可以实现全屏幕查看，先将光标置于查看窗口中，而后单击鼠标中键，即可在全屏幕和正常显示状态之间来回地切换。如果使用的是双键鼠标，则将光标置于查看窗口中，而后按住左键的同时右击，也能够实现全屏幕和正常查看状态的切换。

用固定比例浏览图片，有时候，得到的图片文件比较大，一个屏幕显示不下，而有时候所要看的图片又比较小，以原先的大小观看又会看不清楚，这时候就必须使用到ACDSee的放大和缩小显示图片的功能，使用起来非常简单，只在浏览状态下，单击相关工具栏上的按钮即可。但是一旦切换到下一张时，ACDSee仍然默认以图片的原大小显示图片，这时候又必须重新单击放大或缩小按钮，非常麻烦。其实，在ACDSee软件中有一个ZoomLock开关，只要在浏览一个文件时将画面调整至合适大小，再右击画面，选中“Zoom Lock”选项（即在前打一外小勾），当单击“下一张”按钮浏览下一张图片时就会以固定的比例浏览图片，从而减少了再次放大和缩小调整图片的麻烦。

ACDSee中内置了声音文件、MPG和AVI格式文件的解码器，可以以缩略图形式播放声音、动画文件，免去打开文件和切换之烦恼，给选择素材文件提供了很大的方便。

③ 用ACDSee处理图像

用图像增强器美化图像，对图像尺寸、色彩进行调整，优化改善某些压缩格式的图像质量，从而获得比较满意的效果。在处理图像时，首先通过Tools/Photo Enhance命令，打开图像处理窗口；在该窗口的工具栏中选择需要的工具，如色彩调整，程序将打开一个调整窗口，窗口中有两个对比图，拖动窗口中的滑块，即可调整图像的色彩；如果选择菜单“Filter”，程序将打开优化过滤窗口，该窗口中有一个“Despeckle”工具，这个工具能够改善某些压缩格式的图像质量，从而获得比较满意的效果。

ACDSee可以制作屏幕保护程序。在机器里一定存放了不少自己喜欢的图片，只要巧妙地利用ACDSee的连续播放功能就可以将它们制作成一个漂亮的屏幕保护程序，慢慢地欣赏。

在ACDSee中允许将同一文件夹下的多张图片缩印在一张纸上，形成缩印的效果。也可以利用ACDSee的HTML相册功能插件实现制作HTML相册。

ACDSee可以成批转换图片格式。图像文件有若干种格式，其中大部分格式都会对图像进行不同方式的压缩处理，也就是说在使用某种格式来保存图像时，会对图像进行自动压缩。压缩了的图像文件在传送和存储时固然有它的好处，但是有些软件不能认识这些压缩的图形，转换图片格式在许多情况下是必须的。

知识窗：

ACD Systems 是全球图像管理和技术图像软件的先驱公司，总部设在加拿大的维多利亚市，提供 ACD™ 品牌的各类产品，产品名称以 ACDSee 和 Canvas 开头。ACD 为图像管理和技术图像提供领先平台，为客户和专业人员在打印、演讲、网站制作时对内容进行管理、创建、编辑、共享和发布等提供所需的所有服务。

ACD Systems Ltd.于 1989 年合并成立，并于 1993 年 4 月 28 日更名，起初从事于 CD-ROM 软件开发行业。随着 ACDSee 与 Mosaic 浏览器绑定，可用于 JPEG 解码和浏览。ACDSee 迅速崛起，作为共享软件迅速占领全球网络，成为图像浏览和管理的主导软件。全球拥有超过 2 500 万的用户。许多 500 强公司依靠 ACD Systems 进行资产管理和处理技术图像。

7.2.5 实现方法

1. 检查机器的安全性

（1）运行 360 杀毒软件

查杀计算机系统是否有病毒或木马，主界面如图 7.37。可以使用“快速扫描”、“全盘扫描”和“指定位置扫描”3 种方式进行查杀。

如果有文件被查杀出病毒和木马则默认被自动清除，若需要查看这些文件可以单击“打开隔离区”按钮弹出图 7.38 界面，检查被隔离文件。

图 7.37　360 杀毒软件界面

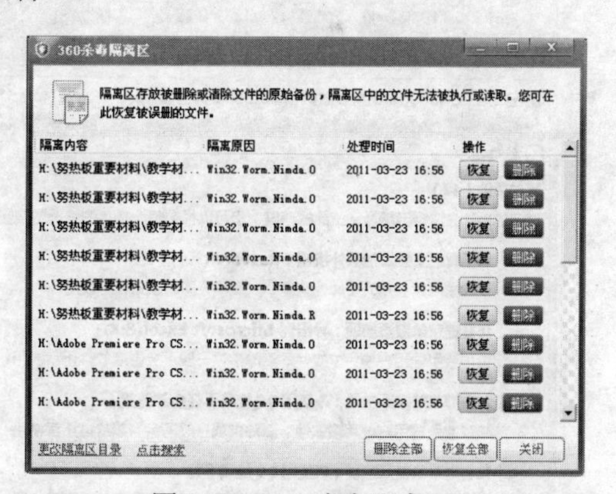

图 7.38　360 病毒隔离区

对 360 杀毒软件执行方式的设置，可以单击打开“实时防护”标签，对实时防护方式进行设置，选择相应的“关闭/开启”按钮，关闭或开启相应的实时防护。

（2）用 360 安全卫士维护系统

一般选择打开 360 安全卫士主窗口（如图 7.39）“常规”工具图标，用“一键修复”功能即可完成主要的系统维护工作。也可以使用单项功能操作，清理插件功能如图 7.40，清理痕迹功能如图 7.41，清理垃圾功能如图 7.42。还可以进一步完成系统修复、进程管理、开机启动优化等功能。

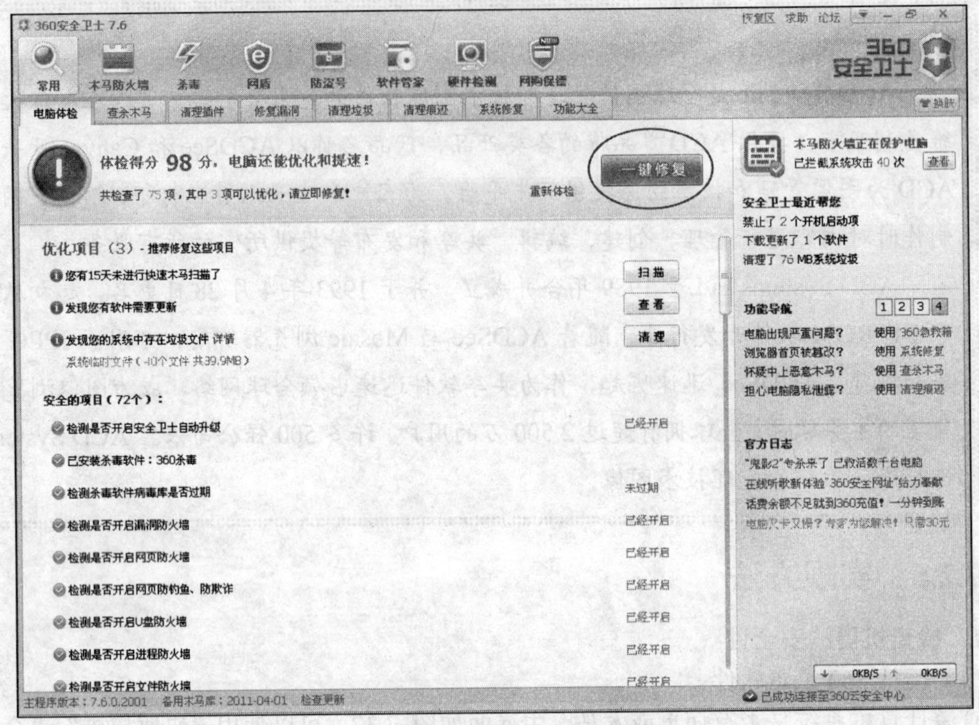

图 7.39 360 安全卫士界面

图 7.40 清理插件

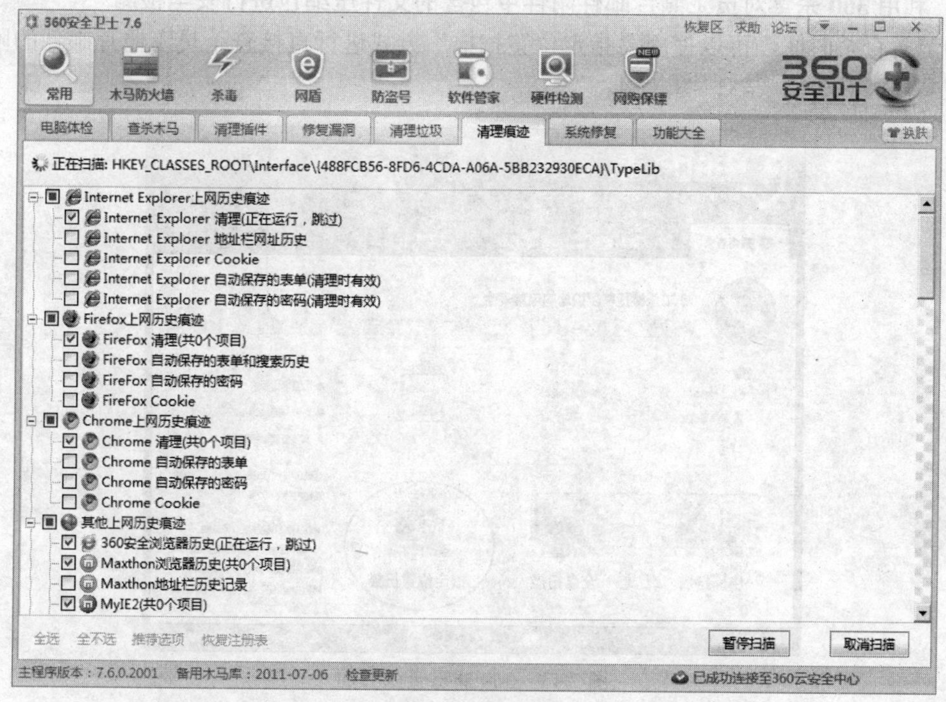

图 7.41 清理痕迹

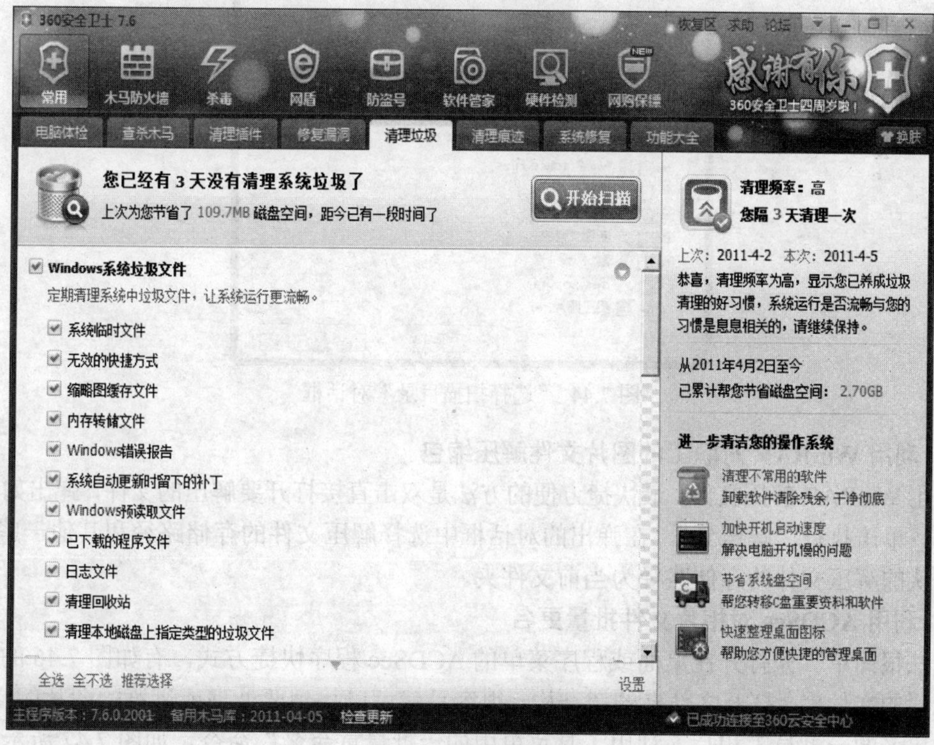

图 7.42 清理垃圾界面

2．利用 360 杀毒对员工照片邮件附件中包含的文件压缩包进行安全检测

为节省查杀时间，可以使用“指定位置扫描”方式进行直接查杀员工照片邮件的附件文件所在文件夹，如图 7.43、图 7.44。

图 7.43　360 病毒查杀界面

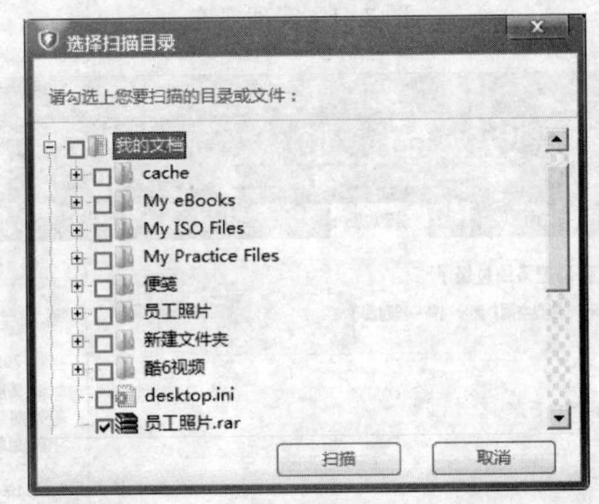

图 7.44　“选择扫描目录”对话框

3．利用 WinRAR 对职工的图片文件解压缩包

利用 WinRAR 解压文件，最快捷方便的方法是双击直接打开要解压的文件，弹出如图 7.45 的界面。单击执行“解压到”，在弹出的对话框中选择解压文件的存储路径和其他一些选项，系统默认的解压文件的存储路径为当前文件夹。

4．利用 ACDSee 对相片文件批量更名

方法很简单，先打开在桌面或程序菜单的 ACDSee 程序快捷方式，有如图 7.46 的界面。在左侧栏的文件夹，打开文件夹的树结构，很容易就可以找到要处理或浏览的图片的文件夹，选择要更名的一批员工相片，利用工具菜单中的“批量重命名”命令，如图 7.47 所示，对文件批量更名。

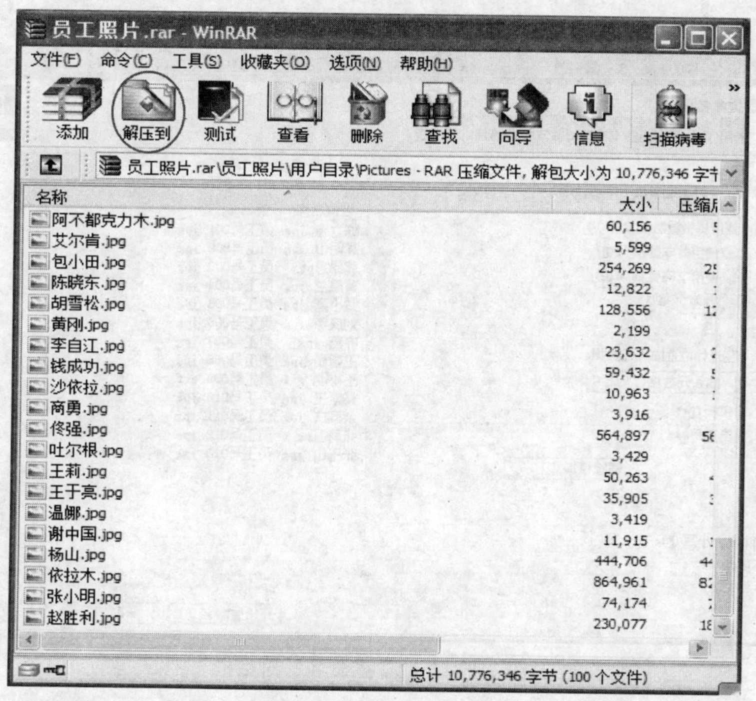

图 7.45 WinRAR 界面

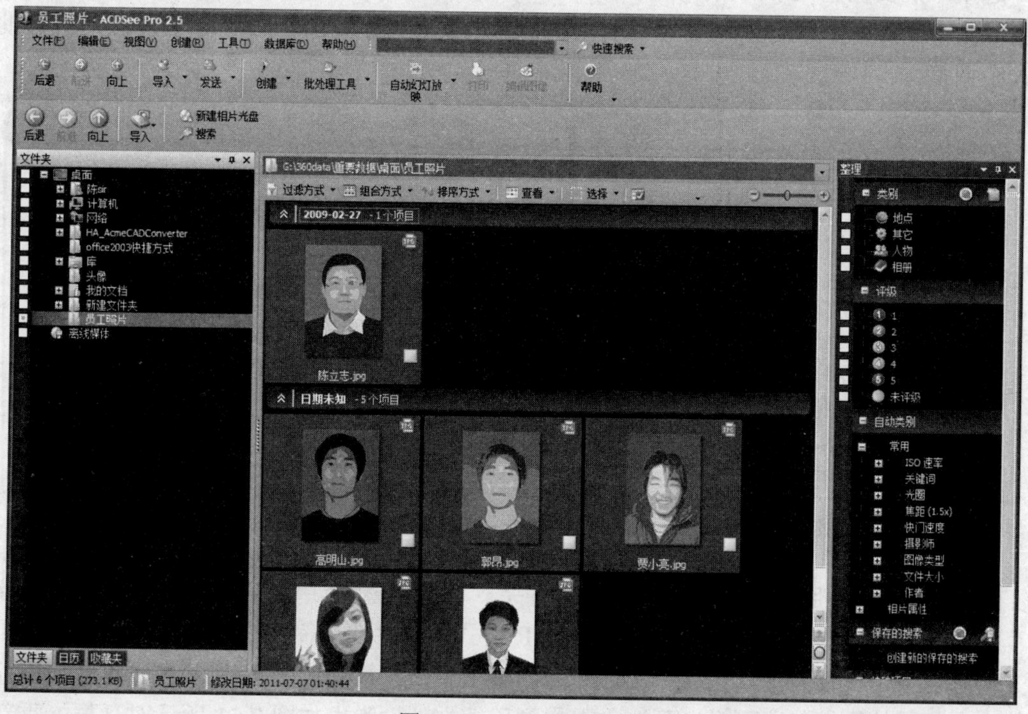

图 7.46 ACDSee 界面

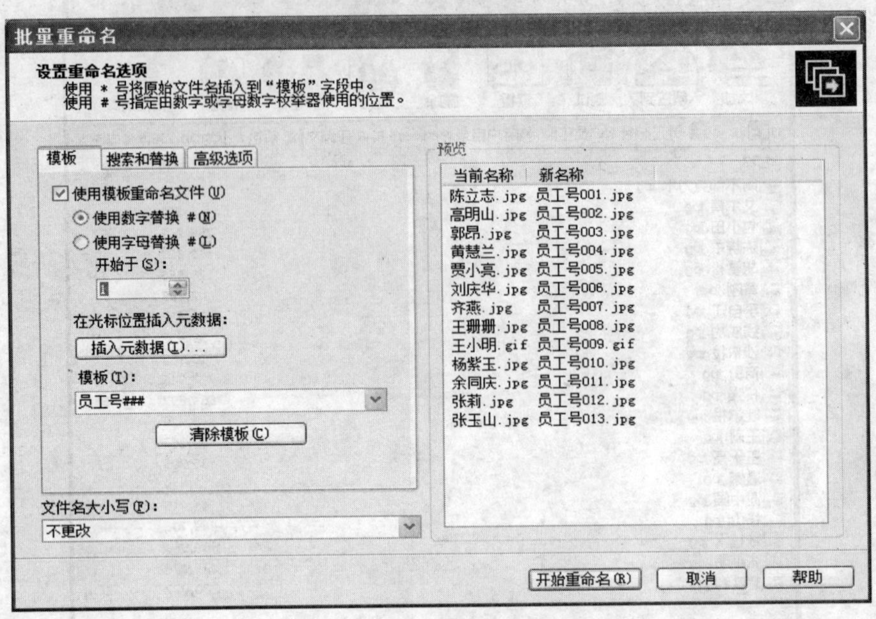

图 7.47 “批量重命名”对话框

5．利用 ACDSee 修剪相片尺寸

选中一批要调整大小的员工照片，在图 7.46 所示的窗口中选择菜单“工具”→“批量调整图像大小”命令，弹出图 7.48 对话框，其中的选项对话框如图 7.49 所示，对照片进行批量的大小调整。

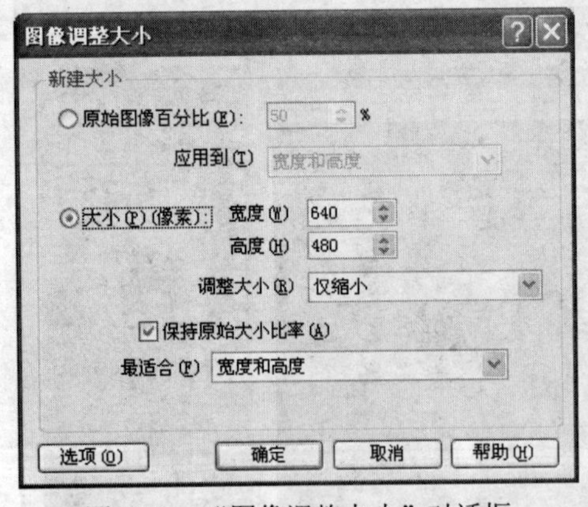

图 7.48　“图像调整大小”对话框

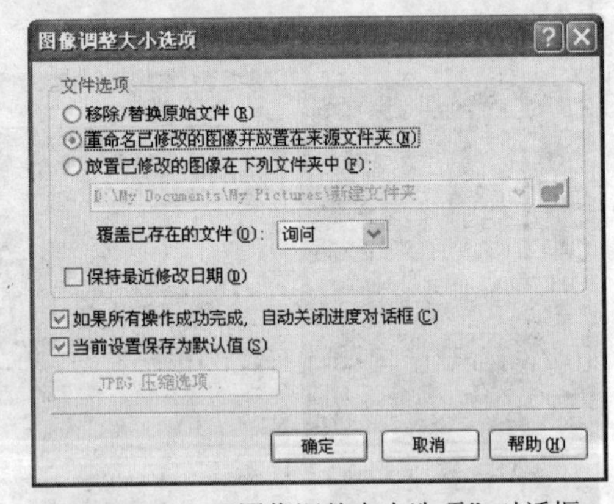

图 7.49　“图像调整大小选项”对话框

6．将修改好的相片按部门放在不同的文件夹下，打包压缩成单个 WinRAR 格式文件备份

打包压缩多个文件为一个单一的 WinRAR 格式的文件的最简单方法是，先把要打包压缩的文件存在一个文件夹中，在这个文件夹的图标上单击鼠标右键如图 7.50，设置直接压缩与文件夹名相同的压缩包即可。也可选“添加到压缩文件”弹出如图 7.51 所示对话框，重新确定压缩文件的保存位置及文件名后再开始压缩。

至此，小李完成了本案例的主要工作，可以将公司员工的工作照片电子版传送到档案科存档了。

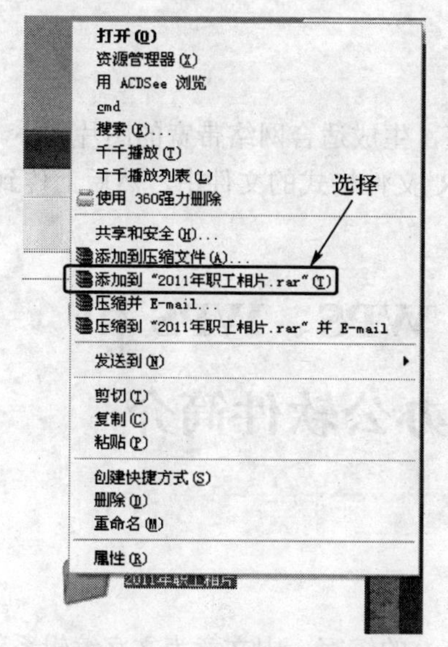

图 7.50　压缩包快捷菜单

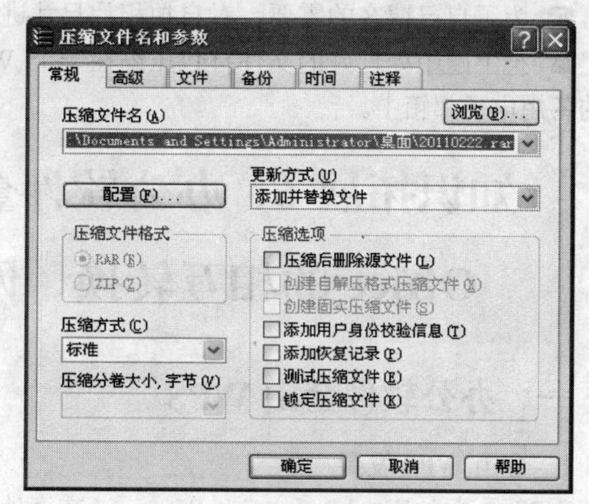

图 7.51　压缩对话框

7.2.6　案例总结

（1）本次任务主要介绍了系统优化与安全检测工具、文件解压缩工具、看图工具以及文件下载方式等电脑系统常用工具的使用方法。

（2）使用 360 杀毒的“快速扫描”功能，可以快速扫描系统的关键位置的安全性，缩短操作时间。

（3）使用 360 安全卫士的“电脑体检”和“一键修复”功能可以“傻瓜”式地自动完成系统维护工作，使用简单方便。

（4）WinRAR 既是压缩软件又是解压软件，在对压缩包进行解压时要注意解压后的文件位置即存储路径；对文件进行压缩时选择“创建自解压格式压缩文件”可以在没有解压软件的计算机上解压开压缩包。

（5）ACDSee 看图工具的“整理”窗格提供了对大量图像进行快速分类归档的功能。

（6）图像尺寸大小直接影响其文件容量大小。在网络上传输如果对图像的使用要求不高则尽量减小图像的尺寸，以提高网络传输的速度。

常用工具使用提示：

（1）安装系统优化与安全检测（杀毒）软件是安全使用计算机的一种有效措施。

（2）定期进行系统清理和杀毒扫描才能保障计算机能够正常和快速运行。

（3）对收到的邮件或其他网络上下载的文件一定要先安全扫描再打开使用，对于来历不明的文件不要随意打开，以避免病毒和木马入侵。

（4）使用压缩软件对一批文件进行压缩不仅可以分类归档并且可以大大减小磁盘存储空间，但对于一些格式的图像及音视频文件压缩比例不太大，容量减小不明显。

7.2.7 课后练习

☎ 为了自己博客的需要，对自拍相片尺寸进行调整，生成适合网络带宽的图片大小。

☎ 把上题中处理好的文件打包压缩在一个 WinRAR 文件格式的文件中，然后上传到自己的备用电子邮箱中。

知识拓展6：办公软件金山WPS、WPS和Office的相互转换、网络办公软件简介

一、办公软件金山WPS

1. 金山WPS发展

WPS是英文Word Processing System（文字处理系统）的缩写，中文意为文字编辑系统，是金山软件公司的一种办公软件，它集编辑与打印为一体，具有丰富的全屏幕编辑功能，而且还提供了各种控制输出格式及打印功能，使打印出的文稿既美观又规范。金山WPS最初出现于1989年，在微软Windows系统出现以前，DOS系统盛行的年代，WPS曾是中国最流行的文字处理软件，现在WPS最新版为2010版。

金山 WPS 的一个特色是可以兼容 Windows 与 Linux 两个操作系统，是一套基于OpenOffice核心技术的本地化办公软件，能在Windows及Linux上运行。它主要包含了文本文档、电子表格、演示文稿、矢量绘图等几项主要功能。KingStorm 应用程序不但能够读写Microsoft Office的文件格式，而且还可以将文件转换成PDF文档，将绘图文档转换成SWF（Flash）文件。在中国大陆，金山软件公司在政府采购中多次击败微软公司，现在的我国政府、机关很多都装有WPS Office办公软件。

2. 金山WPS特点

WPS Office 2003结合政府办公的实际需求，贴近用户的使用习惯，在文字处理与电子表格中提供了标准的二次开发接口，它拥有完整的对象层次和丰富的接口函数，从而实现了与办公自动化系统的无缝连接。提供了全新的用户界面，由以往单一界面下的集成环境转换为各个独立功能运行的环境，运行机制更加灵活。在各个功能模块中也加入了许多新功能，与WPS Office以前的版本相比，WPS Office 2003的新特性主要表现在以下几方面：

（1）提供开放的数据接口

WPS Office 2003 提供了标准的二次开发接口，它拥有完整的对象层次和丰富的接口函数，同时还支持一些脚本语言（如BASIC）的开发，以及可以实现在网页中编写脚本运行。WPS Office 2003立足于办公自动化的基础建设，通过开放的数据接口，实现与办公自动化系统的无缝连接，单机与网络的平滑过渡，丰富了办公自动化系统的功能，可以与办公自动化系统（OA）有效结合，提供一整套成熟且适应于行业应用的办公解决方案。

（2）中间层技术

WPS Office 2003 定义了一套非常完整的通用数据传输协议（可称为“中间层”），通过中间层，可以将应用程序的所有数据用一种标准的形式输出，任何可以理解中间层协议的接受方都可以解释接收到的数据。

（3）格式兼容

通过对 Microsoft Office 文件格式分析，在全面地掌握了其文件格式的同时，WPS Office 2003 还配合使用中间层技术，实现了从 Microsoft Office 到 WPS，以及从 WPS 到 Microsoft Office 2003 文件格式的转换。从全面公正的技术评测结果，可以看出 WPS 的格式兼容已经取得了突破性的进展。同时由于中间层的灵活性，还能非常容易地实现 WPS Office 2003 与其他文件格式的转换，起到事半功倍的效果。

（4）高效办公

WPS Office 2003 含有批量转换工具，实现大量文件格式之间的相互转换，还支持对目录的操作，在优秀兼容性的基础上进一步减小换装成本；同时支持局域网内自动升级，有效降低系统维护的压力；并且两年内免费升级和定期的服务与培训，进一步降低了维护成本。

（5）专注中文

WPS Office 2003 具备文字、表格、演示、邮件 4 大模块，完全满足现代办公对软件的需求。符合中文行文习惯的标准公文模板、商业模版大大方便了业务文档的起草，共有 32 大类，280 个不同样式的标准模版可供选择。

3．四大功能模块展示

金山文字 2003 采用先进的图文混排引擎，加上独有的文字竖排、稿纸方式，丰富的模板可以编排出更专业、更生动的文档，更加符合中文办公需求；通过绘制表格功能（斜线表头、橡皮擦、合并单元格），可以轻松地绘制出形状各异的各种复杂表格；同时率先采用国家机关最新公文模板、合同范本，加快起草速度，统一行文规范。金山文字 2003 界面如图 7.52 所示。

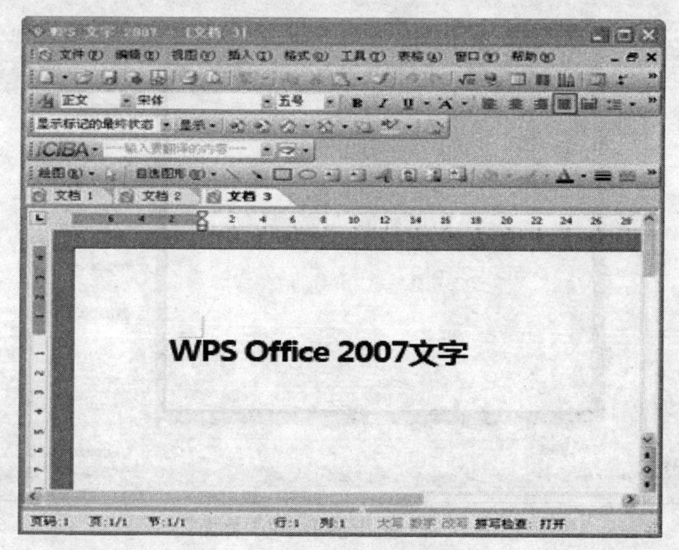

图 7.52　金山文字 2003 界面

金山表格 2003 中的各项功能，能实现对数据资源系统化的管理，并有优化的计算引擎和强大的处理功能，支持 7 大类，近百种函数，条件表达式，可以跨表计算；还有直观的表现方式可以通过创建柱形图、饼图等图表，使单调繁杂的数据变成形象明了的图表。金山表格 2003 界面如图 7.53 所示。

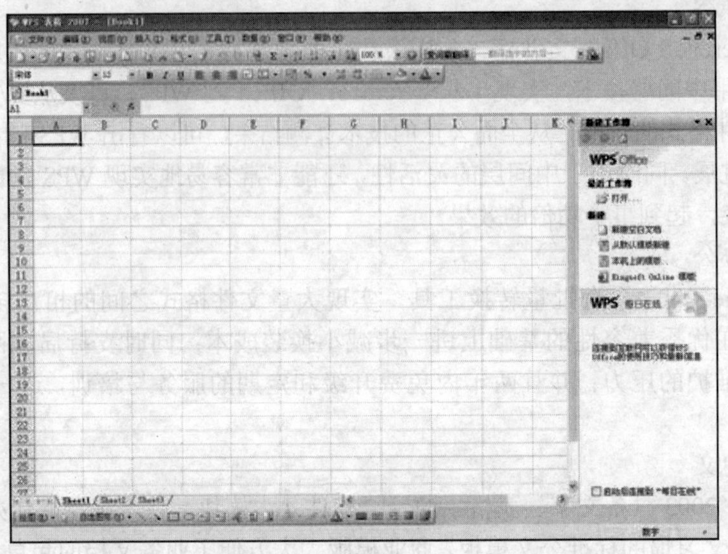

图 7.53　金山表格 2003 界面

金山演示 2003 能让冗长枯燥的报告变成条理清晰、富有表现力的屏幕幻灯片，全面提高会议质量。在金山演示 2003 中提供 70 多个外观模板，多种配色方案，10 多种页版式。同时，灵活的出现方式可以突出重点，结合声音、图片、视频图像等多媒体手段，增加了演示文稿的趣味性。金山演示 2003 如图 7.54 所示。

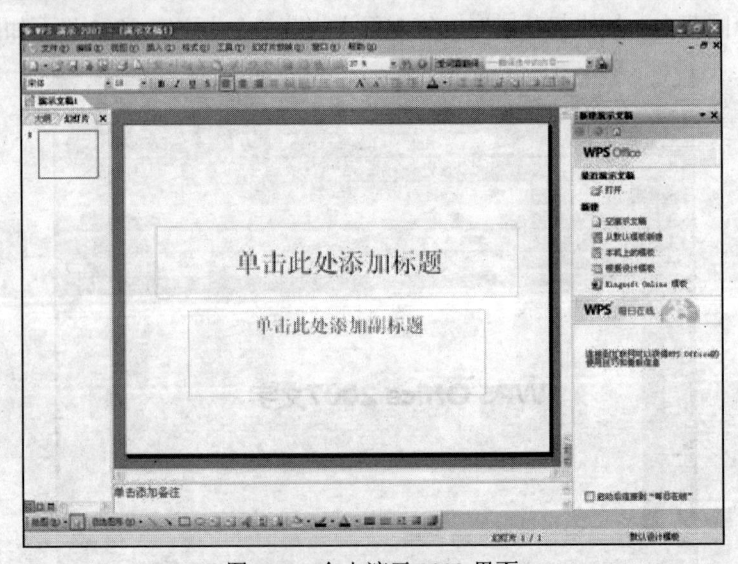

图 7.54　金山演示 2003 界面

金山邮件 2003 提供电子邮件收发管理功能，减少沟通环节，推动扁平化管理，是金山邮件 2003 的显著功能。它提供了更为丰富的内码支持。具有功能强大的电子邮件接收、管理功能。提供邮件加密发送、远程邮箱管理、排序收取、垃圾邮件过滤器以及邮件查毒等独具特色的功能，能有效解决邮件阻塞和安全性的问题。以往的 WPS 着眼于文字处理，而现在的 WPS Office 2003 以高效办公、无限开放的特色呈现于国人面前。相信凭借它的稳定性与实用性，以及与 OA 的完美结合，将会成为日常办公的首选产品。

二、WPS 和 Office 的相互转换

Word 与 WPS 是国内最为常用的文字处理系统。该如何实现 Word 和 WPS 文档的相互转换呢？

1．Word 文档转为 WPS 文档

在 WPS 2000 的安装盘中，有一个不引人注目的文件叫做 Word2wps.exe，这是一个自解压文件，双击可以安装。然后重新启动计算机，打开 WPS 2000，选择“文件”→“打开”命令，在“打开类型”中可以找到 DOC 文档，这样就可以打开 Word 文档了（支持 Word 97 与 Word 2000）。

2．WPS 文档转为 Word 文档

无独有偶，在 Office 2000 光盘中也能找到一个类似的文件，文件名为 Wps2word.exe，这也是一个自解压文件，安装后重启机器并运行 Word，将“打开”对话框中的“文件类型”设置为“所有文件”，选择一个 WPS 文件点击“打开”，这时系统将弹出一个“转换文件”对话框，在“文件类型”选择框中选择“WPS”选项就可以直接打开 WPS 文件了，同样支持 WPS 97 与 WPS 2000。

通过上面的方法，可以实现 Word 文档与 WPS 文档的互转，并且能够保持原先文档的基本格式。但是互转并非是万能法宝，有些特殊版式，如 Word 中的艺术字、WPS 中的稿纸等没法保持。有时在转换时会出问题，这是因为版本的问题，软件开发都是向下兼容的，也就是说 Word 2000 的文档不能在 WPS 97 系统上转换，但可以在 WPS 2000 及以上版本上转换。

三、网络办公软件简介

1．OA 协同办公系统

办公自动化（Office Automation，OA）就是采用 Internet/Intranet 技术，基于工作流的概念，使企业内部人员方便快捷地共享信息，高效地协同工作；改变过去复杂、低效的手工办公方式，实现迅速、全方位的信息采集、信息处理，为企业的管理和决策提供科学的依据。一个企业实现办公自动化的程度也是衡量其实现现代化管理的标准。

通过计算机网络实现全面协作办公，对办公事务和公文进行全面、完善的管理和处理；建立用户的内外部信息互访平台，提高信息交流的效率和共享程度，使各协作机构、部门内外部相互间的信息交流更为安全、稳定、快捷、可靠，方便地实现分布式办公和移动办公。

目前市面的商品化 OA 基本具备如下模块：

（1）个人事务：待办事宜、电子邮件、个人通讯录、个人文档、工作计划。

（2）日常公务：通知管理、会议管理、外出登记（包括公务出差、请假等）、年月计划等。

（3）公文管理：收/发文管理、请示报告、文档管理、质量文件、工作协商等。

（4）行政管理：会议室管理、接待管理、车辆管理等。

（5）公共信息：最新动态、公司大事记、常用信息、公告栏、规章制度、公共通讯录、交通时刻表等。

（6）内部交流：电子论坛。

功能完善的还有：短信群发功能，传真-邮件对接功能，网络即时通信功能，以及网络视频系统的集成，也有的加上财务、生产、物流等，形成一个完整的管理软件。

总之，现在市面上商品化的 OA 产品在技术方面都比较成熟，模块比较稳定，功能也都可以满足客户需求，所不同的是注重的开发重点各有不同，这也就形成了各自产品的特色。对用户来说选择的关键的是看其是否适应自己的需求和业务的侧重点。

2．西安奥科网络协同办公系统

西安奥科网络协同办公系统是西安奥科公司专为中小型企事业单位定制的网络办公软件，融合了西安奥科公司长期从事管理软件开发的丰富经验与先进技术，该系统采用领先的 B/S（浏览器/服务器）操作方式，使得网络办公不受地域限制。奥科 OA 网络协同办公系统能够帮助用户轻松实现办公自动化，以整体工作效率的提升赢得竞争。

奥科 OA 系统集成了包括内部电子邮件、短信息、公告通知、日程安排、工作日志、通讯录、考勤管理、工资上报、网络会议、讨论区、聊天室、列车时刻查询、电话区号查询、邮政编码查询、法律法规查询等 20 余个极具价值的功能模块，如图 7.55 所示。

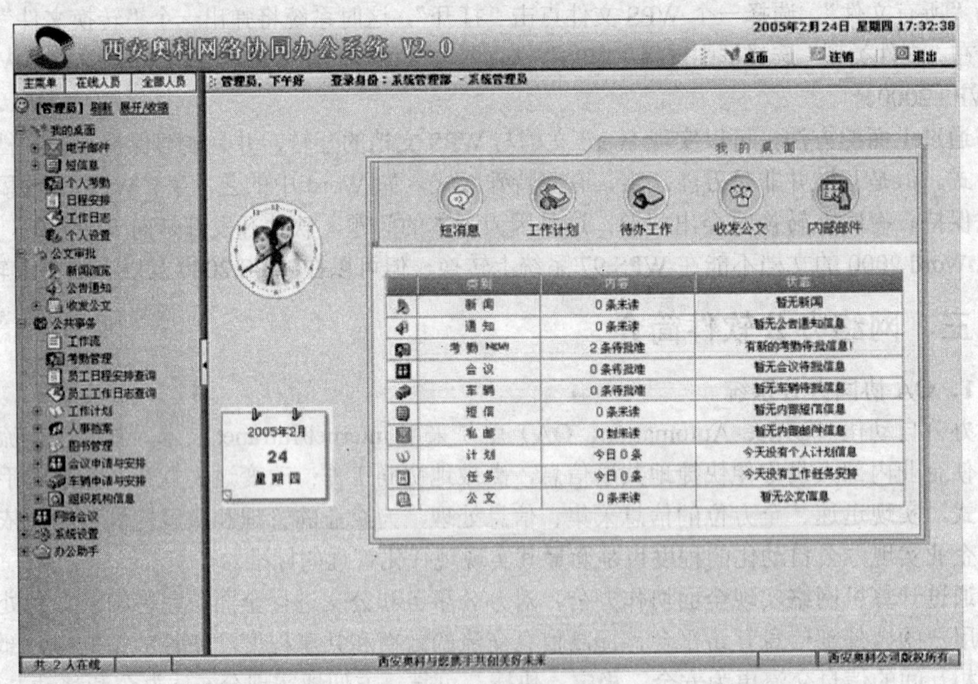

图 7.55　奥科 OA 系统

奥科 OA 网络协同办公系统价格适宜、交流畅通、使用简单、功能实用、权限分明、维护简便、自定义工作流，在安装维护上提供了采用独有技术开发的傻瓜型安装工具、配置工具和数据库管理工具，用户可在 30 s 内自行安装完毕，无需专业人员即可自行维护。

西安奥科网络协同办公系统采用基于 Web 的企业计算，主 HTTP 服务器采用了世界上最先进的 Apache 服务器，性能稳定可靠。数据存取集中控制，避免了数据泄露的可能。提供数据备份工具，保护系统数据安全。多达 5 级的权限控制，完善的密码验证与登录验证机制更加强了系统安全性。

3．万辰网络办公软件

万辰网络办公软件创造数字化办公环境，突破沟通障碍，基于 Internet 技术实现全球化远程办公和移动办公，是适用于企事业单位的通用型网络办公软件，融合了通达科技长期从事管理软件开发的丰富经验与先进技术，该系统采用领先的 B/S（浏览器/服务器）操作方式，使得网络办公不受地域限制。

系统集成了包括内部电子邮件、短信息、公告通知、日程安排、工作日志、通讯录、考勤管理、工作计划、网络硬盘、工作流、讨论区、投票、聊天室、文件柜、人事档案、工资管理、人员考核、办公用品、会议管理、车辆管理、图书管理、手机短信、CRM、列车时刻查询、电话区号查询、邮政编码查询、法律法规查询、万年历、世界时间等数十个极具价值的功能模块，如图 7.56 所示。

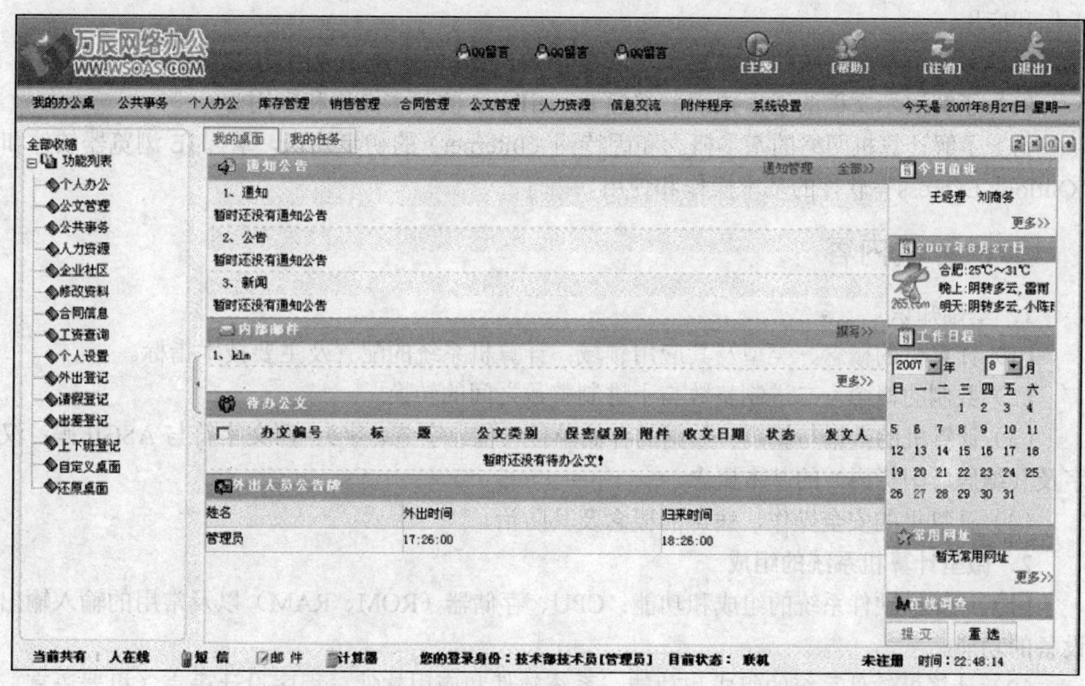

图 7.56　万辰网络办公软件

另外，还提供网络硬盘、界面设置、游戏、系统访问控制、系统资源管理等模块。

附录 1：

全国计算机一级等级考试内容与要求

一、基本要求

（1）具有使用微型计算机的基础知识（包括防止计算机病毒的常识）。

（2）了解微型计算机系统的组成和各组成部分的功能。

（3）了解操作系统的基本功能和作用，掌握 Windows 的基本操作和应用。

（4）了解文字处理的基本知识，掌握 Word 输入方法，熟练掌握一种汉字（键盘）的基本操作和应用。

（5）了解电子表格软件基本知识，掌握 Excel 的基本操作和应用。

（6）了解演示文稿的基本知识，掌握 PowerPoint 的基本操作和应用。

（7）了解计算机网络的基本概念和因特网（Internet）的初步知识，掌握 IE 浏览器软件和“Outlook Express”软件的基本操作和使用。

二、考试内容

1．基础知识

（1）计算机的概念、类型及其应用领域；计算机系统的配置及主要技术指标。

（2）数制的概念，二进制整数与十进制整数之间的转换。

（3）计算机的数据与编码。数据的存储单位（位、字节、字）；西文字符与 ASCII 码；汉字及其编码（国标码）的基本概念。

（4）计算机的安全操作，病毒的概念及其防治。

2．微型计算机系统的组成

（1）计算机硬件系统的组成和功能：CPU、存储器（ROM、RAM）以及常用的输入输出设备的功能。

（2）计算机软件系统的组成和功能：系统软件和应用软件，程序设计语言（机器语言、汇编语言、高级语言）的概念。

（3）多媒体计算机系统的初步知识。

3．操作系统的功能和使用

（1）操作系统的基本概念、功能、组成和分类（DOS、Windows、UNIX、Linux）。

（2）Windows 操作系统的基本概念和常用术语，文件、文件名、目录（文件夹）、目录（文件夹）树和路径等。

（3）Windows 操作系统的基本操作和应用。

① Windows 概述、特点和功能、配置和运行环境。

② Windows 开始按钮、任务栏、菜单、图标等的使用。

③ 应用程序的运行和退出。

（4）掌握资源管理系统“我的电脑”或“资源管理器”的操作与应用。文件和文件夹的创建、移动、复制、删除、更名、查找、打印和属性设置。

（5）软盘格式化和整盘复制，磁盘属性的查看等操作。

（6）中文输入法的安装、删除和选用。

（7）在 Windows 环境下，使用中文 DOS 方式。

（8）快捷方式的设置和使用。

4．字表处理软件的功能和使用

（1）字表处理软件的基本概念，中文 Word 的基本功能、运行环境、启动和退出。

（2）文档的创建，打开和基本编辑操作，文本的查找与替换，多窗口和多文档的编辑。

（3）文档的保存、保护、复制、删除、插入和打印。

（4）字体格式、段落格式和页面格式等文档编排的基本操作，页面设置和打印预览。

（5）Word 的对象操作：对象的概念及种类，图形、图像对象的编辑，文本框的使用。

（6）Word 的表格功能：表格的创建，表格中数据的输入与编辑，数据的排序和计算。

5．电子表格软件的功能和使用

（1）电子表格的基本概念，中文 Excel 的功能、运行环境、启动和退出。

（2）工作簿和工作表的基本概念，工作表的创建、数据输入、编辑和排版。

（3）工作表的插入、复制、移动、更名、保存和保护等基本操作。

（4）单元格的绝对地址和相对地址的概念，工作表中公式的输入与常用函数的使用。

（5）数据清单的概念，记录单的使用，记录的排序、筛选、查找和分类汇总。

（6）图表的创建和格式设置。

（7）工作表的页面设置、打印预览和打印。

6．电子演示文稿 PowerPoint 软件的功能和使用

（1）中文 PowerPoint 的功能、运行环境、启动和退出。

（2）演示文稿的创建、打开和保存。

（3）演示文稿视图的使用，文字编排、图片和图表插入及模板的选用。

幻灯片的手稿和删除，演示顺序的设置，多媒体对象的插入，演示文稿的打包和改变，幻灯片格式的设置，幻灯片放映效果的设置打印。

7．因特网（Internet）的初步知识和使用

（1）计算机网络的概念和分类。

（2）因特网的基本概念和接入方式。

（3）因特网的简单应用：拨号连接、浏览器（IE6.0）的使用，电子邮件的收发和搜索引擎的使用。

三、考试规定

全国计算机等级考试一级 MS Office 的时间定为 90 分钟。考试时间由系统自动进行计时，提前 5 分钟自动报警来提醒考生应及时存盘，考试时间用完，系统将自动锁定计算机，考生将不能再继续考试。

一级 MS Office 中只有汉字录入考试具有时间限制，必须在 10 分钟内完成，汉字录入系统自动计时，到时后自动存盘退出，此时考生不能再继续进行汉字录入考试。

四、考试界面

全国计算机等级考试系统登录界面、考试须知、考试界面如附图 1、附图 2、附图 3 所示。

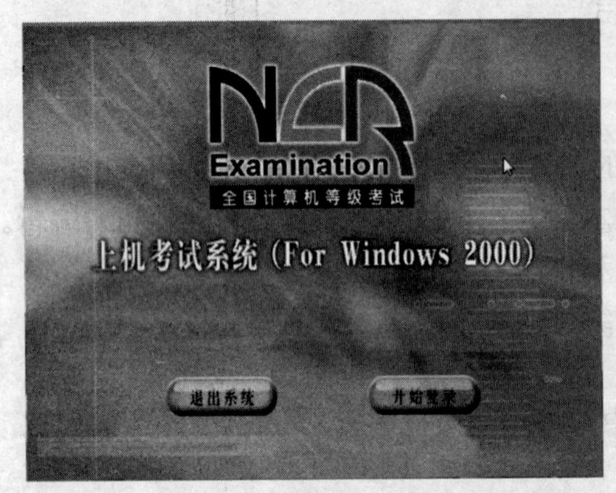

附图 1　全国计算机等级考试系统登录界面

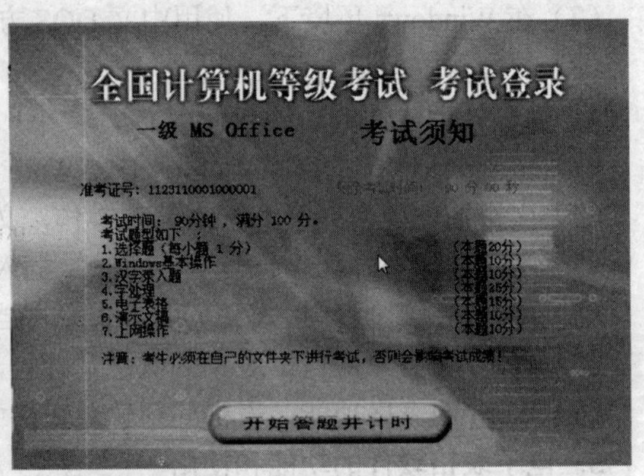

附图 2　全国计算机等级考试系统考试须知界面

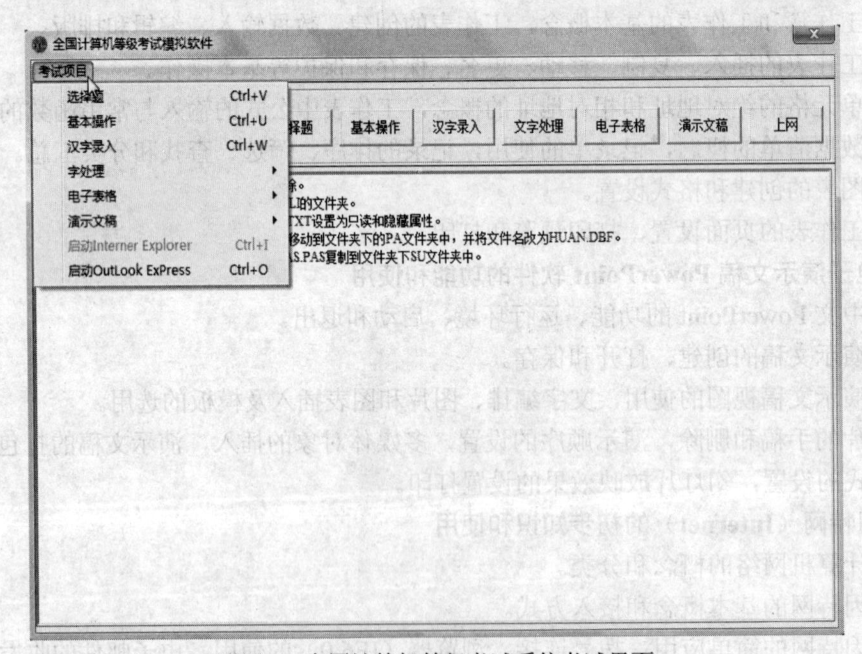

附图 3　全国计算机等级考试系统考试界面

附录 2：新疆计算机一级等级考试内容与要求

一、课程教学要求

（1）了解和掌握计算机及信息技术基础知识。

（2）了解和掌握操作系统的概念，基本功能和中文 Windows XP 的使用方法。

（3）掌握处理字软件 Word 2003、表格处理软件 Excel 2003、文稿演示软件 PowerPoint 2003 的使用方法，具有表达信息的能力。

（4）了解多媒体计算机的初步知识，掌握 Windows 环境的多媒体操作。

（5）了解计算机网络的基本知识。掌握电子邮件的收发和浏览器的使用。

（6）了解网页制作的基础知识，具有网页制作的基本技能。

（7）了解计算机安全知识，掌握计算机病毒防治常识。

二、知识点分配

（1）计算机基础知识（约 23%）

（2）Windows（约 20%）

（3）Word（10%）

（4）Excel（8%）

（5）PowerPoint（5%）

（6）网络基础（15%）

（7）多媒体（7%）

（8）网页制作（10%）

（9）计算机信息应用技术（2%）

三、考试题型与分值分配

（1）理论题（60 分）

① 单选题（30 × 0.5=15 分）。

② 多选题（10 × 2=20 分）。

③ 判断题（15 × 1=15 分）。

④ 填空题（5 × 2=10 分）。

（2）操作题（40 分）

① Windows（10 分）。

② Word（12 分）。

③ Excel（12 分）。

④ PowerPoint（6 分）。

四、考试规定

新疆计算机等级考试一级 MS Office 的时间定为 100 分钟。考试时间由系统自动进行计时，考试时间用完，系统将自动锁定计算机，考生将不能再继续考试。

五、考试界面

新疆计算机等级考试系统登录界面、考试须知、考试界面如附图 4、附图 5、附图 6 所示。

附图 4　新疆计算机等级考试系统登录界面

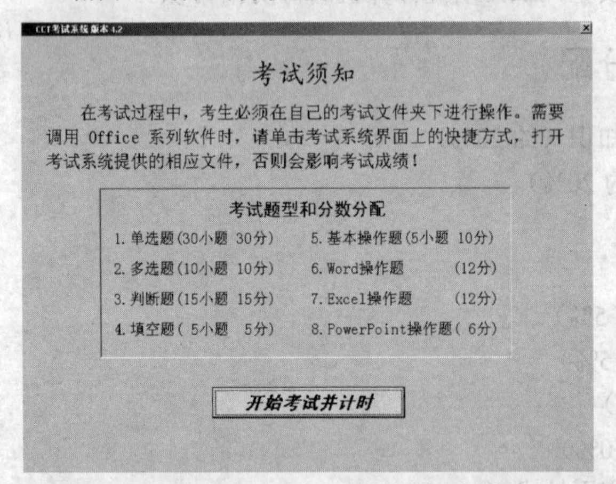

附图 5　新疆计算机等级考试系统考试须知界面

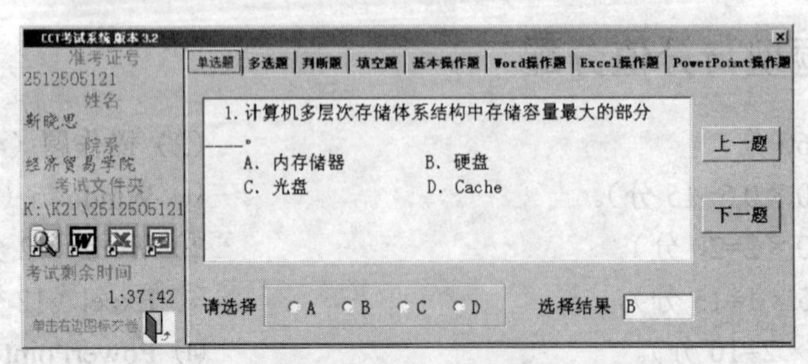

附图 6　新疆计算机等级考试系统考试界面

参 考 文 献

[1] 李占平．新编计算机基础案例教程，长春：吉林大学出版社，2009.
[2] 许晞．计算机应用基础．北京：高等教育出版社，2007.
[3] 赵志伟．计算机应用基础．天津：南开大学出版社，2010.
[4] 刘延岭．计算机应用基础．成都：电子科技大学出版社，2010.
[5] 黄培周，江速勇．办公自动化案例教程．北京：中国铁道出版社，2008.
[6] 赵丽．计算机文化基础．北京：人民邮电出版社，2007.
[7] 卜锡滨．大学计算机基础．北京：人民邮电出版社，2006.
[8] 冯泽森，王崇国．计算机与信息技术基础（第 3 版）．北京：电子工业出版社，2010.